EUROPA-FACHBUCHREIHE
für Metallberufe

Industriemeister Metall

Aufgaben für die Prüfungsvorbereitung

2. Auflage

VERLAG-EUROPA-LEHRMITTEL – Nourney, Vollmer GmbH & Co. KG – Düsselberger Straße 23
42781 Haan-Gruiten

Europa-Nr.: 80486

Autoren

Roland Gomeringer	Meßstetten
Volker Menges	Lichtenstein
Thomas Rapp	Albstadt
Andreas Stenzel	Balingen

Lektorat:

Roland Gomeringer, Meßstetten

Bildbearbeitung:

Zeichenbüro des Verlages Europa-Lehrmittel, Ostfildern

2. Auflage 2023

Druck 5 4 3 2 1

Alle Drucke derselben Auflage sind parallel einsetzbar, da sie bis auf die Behebung von Druckfehlern unverändert sind.

ISBN 978-3-8085-8437-8

www.europa-lehrmittel.de
Umschlag: Andreas Sonnhüter, 41372 Niederkrüchten
Umschlagmotiv: © Aumm graphixphoto-shutterstock.com
Satz: Punkt für Punkt GmbH · Mediendesign, 40549 Düsseldorf
Druck: mediaprint solutions GmbH, 33100 Paderborn

Vorwort

Im Rahmen von Weiterbildungsprüfungen der Kammern werden umfassende Kenntnisse in handlungsorientierten und projekthaften Aufgabenstellungen erwartet. Dabei werden technische und organisatorische Fragen eingebaut. Das Lösen der Aufgaben erfordert einen sicheren Umgang mit Formeln, Tabellen und Fachinformationen ebenso wie die Verknüpfung mit der vorangestellten Projektaufgabe.

Zielgruppen dieses Buches sind alle, die sich auf eine Meisterprüfung in einem Metallberuf aus Handwerk und Industrie, wie z. B. Industriemechaniker, Werkzeugmechaniker, Feinwerkmechaniker und Zerspanungsmechaniker oder Technische Produktdesigner vorbereiten.

Das vorliegende Buch **„Industriemeister Metall – Aufgaben für die Prüfungsvorbereitung“** ist als Arbeitsbuch und Kompendium angelegt, um den Umgang mit projekthaften Prüfungsaufgabenstellungen zu trainieren, dabei werden alle „Handlungsorientierten Qualifikationen“, Teil B der Industriemeisterprüfung, abgedeckt.

Es soll unterstützen im Unterricht und fit machen für die Meisterprüfung. Dies wird unterstützt durch die Voranstellung eines „Projektes“ mit der jeweiligen Aufgabenstellung, um sie einzeln mit oder ohne die vorgegebene Lösung zu bearbeiten. Ergänzende Aufgaben runden die Projekte ab, deren Lösungen als Selbstkontrolle im Anhang gegeben sind.

Inhaltliche Schwerpunkte mit Aufgaben für die Meisterprüfung sind:

- **Technischen Grundlagen der Mathematik, der Physik, der Mechanik und Festigkeitslehre und der Elektrotechnik**
- **Technische Kommunikation**
- **Werkstofftechnologie und Fertigungstechnik**
- **Montage- und Betriebstechnik**
- **Qualitätstechnik**
- **Kostenwesen, Arbeits- und Gesundheitsschutz, Personalführung**
- **Prüfungsaufgaben**

Hinweise zur 2. Auflage:

- Fachbegriffe, Zeichnungen und Referenzkennzeichnungen in Schaltplänen wurden den neuen Normen entsprechend angepasst.
- Sprachliche Verbesserungen wurden vorgenommen und vereinzelte Fehler wurden korrigiert.
- Zur besseren Lesbarkeit von Zeichnungen wurde auf eine vollständige Bemaßung von Bauteilen weitgehend verzichtet.

Hinweise, die zur Verbesserung und Erweiterung dieses Buches beitragen, nehmen wir dankbar entgegen. Verbesserungsvorschläge können dem Verlag und damit den Autoren unter der Verlagsadresse oder per E-Mail (lektorat@europa-lehrmittel.de) gerne mitgeteilt werden.

Sommer 2023

Autoren und Verlag

Inhalt

Umgang mit Formeln

Ausgangssituation

Formeln dienen dazu verschiedenste Sachverhalte zu berechnen. Beispielsweise werden physikalische Zusammenhänge, Flächen und Körperberechnungen als Formel dargestellt. Welche Größen durch Rechenoperationen miteinander verknüpft werden, geben Platzhalter (Variablen) an.

Aufgaben

$$n = \frac{v_c}{\pi \cdot d} \rightarrow (1)$$

$$A = \frac{\pi}{4} \cdot (D^2 - d^2) \rightarrow (2)$$

$$x_{BEP} = \frac{K_{fix}}{db} \rightarrow (3)$$

1. Umstellung der Gleichung (1) nach v_c bzw. d.
2. Bestimmung von v_c [m/min], wenn $n = 1\,900\ ^1/_{min}$ und $d = 20$ mm.
3. Umstellung der Gleichung (2) nach D bzw. d.
4. Bestimmung von d [mm], wenn $A = 1\,600$ mm² und $D = 60$ mm.
5. Herleitung der Gleichung (3) für den Break-Even-Point.
6. Berechnung des Break-Even-Points, wenn $K_{fix} = 20.000{,}00$ €, $p = 1{,}50$ €/St und $k_{var} = 1{,}00$ €/St.
7. Ergänzende Aufgaben.
   - Bestimmung der Höhe eines Trapezes, wenn der Flächeninhalt $A = 300$ mm², die Seite $l_1 = 100$ mm und die Seite $l_2 = 20$ mm groß sind. Ferner ist bekannt, dass die Seiten l_1 und l_2 parallel sind.
   - Bestimmung des Durchmessers einer Kugel bei der bekannt ist, dass das Volumen 200 mm³ beträgt.
   - Bestimmung des Durchmessers einer Kugel, wenn das Volumen eines Kugelabschnittes $V = 1\,300$ mm³ und die Höhe des Kugelabschnittes $h = 20$ mm beträgt.

Lösungen

1. und 2. Umstellung der Gleichung (1) und Berechnung des Wertes v_c

$$n = \frac{v_c}{\pi \cdot d} \quad | \cdot (\pi \cdot d)$$
$$n \cdot \pi \cdot d = v_c$$
$$v_c = n \cdot \pi \cdot d$$

$$n = \frac{v_c}{\pi \cdot d} \quad | \cdot d$$
$$n \cdot d = \frac{v_c}{\pi} \quad | : n$$
$$d = \frac{v_c}{\pi \cdot n}$$

$$v_c = n \cdot \pi \cdot d = 1\,900\ ^1/_{min} \cdot \pi \cdot 20\ \text{mm} \cdot \frac{1\ \text{m}}{1\,000\ \text{mm}} = 119{,}38\ ^m/_{min}$$

3. und 4. Umstellung der Gleichung (2) und Berechnung des Wertes d

$$A = \frac{\pi}{4} \cdot (D^2 - d^2) \quad | \cdot 4 \,|\, : \pi$$
$$\frac{A \cdot 4}{\pi} = D^2 - d^2 \quad | - D^2$$
$$\frac{A \cdot 4}{\pi} - D^2 = -d^2 \quad | \cdot (-1)$$
$$d^2 = D^2 - \frac{A \cdot 4}{\pi} \quad | \sqrt{\ }$$
$$d = \sqrt{D^2 - \frac{A \cdot 4}{\pi}}$$

$$A = \frac{\pi}{4} \cdot (D^2 - d^2) \quad | \cdot 4 \,|\, : \pi$$
$$\frac{A \cdot 4}{\pi} = D^2 - d^2 \quad | + d^2$$
$$\frac{A \cdot 4}{\pi} + d^2 = D^2$$
$$D^2 = \frac{A \cdot 4}{\pi} + d^2 \quad | \sqrt{\ }$$
$$D = \sqrt{\frac{A \cdot 4}{\pi} + d^2}$$

$$d = \sqrt{D^2 - \frac{A \cdot 4}{\pi}} = \sqrt{(60\ \text{mm})^2 - \frac{1\,600\ \text{mm}^2 \cdot 4}{\pi}} = 39{,}53\ \text{mm}$$

5. und 6. Herleitung der Gleichung (3) für den Break-Even-Point und dessen Berechnung

$$U = K \quad | \text{ mit } U = p \cdot x_{BEP}$$
$$p \cdot x_{BEP} = K \quad | \text{ mit } K = K_{fix} + k_{var} \cdot x_{BEP}$$
$$p \cdot x_{BEP} = K_{fix} + k_{var} \cdot x_{BEP} \quad | - (k_{var} \cdot x_{BEP})$$
$$p \cdot x_{BEP} - k_{var} \cdot x_{BEP} = K_{fix} \quad | \, x_{BEP}()$$
$$x_{BEP} \cdot (p - k_{var}) = K_{fix} \quad | : (p - k_{var})$$
$$x_{BEP} = \frac{K_{fix}}{p - k_{var}} \quad | \text{ mit } (p - k_{var}) = db$$
$$x_{BEP} = \frac{K_{fix}}{db}$$

$$x_{BEP} = \frac{K_{fix}}{p - k_{var}} = \frac{20.000{,}00\ €}{1{,}50\ ^€/_{St} - 1{,}00\ ^€/_{St}} = 40\,000\ \text{St}$$

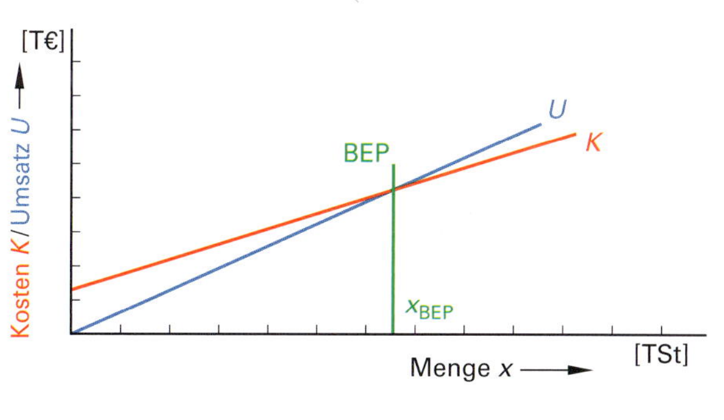

Rechtwinkliges Dreieck

Ausgangssituation

Ein rechtwinkliges Dreieck ist ein Dreieck, das einen rechten Winkel zwischen zwei Seiten enthält, also einen 90-Grad-Winkel. Die Seite gegenüber dem rechten Winkel nennt man Hypotenuse (die längste Seite im Dreieck), die beiden anderen Seiten, die im rechten Winkel zueinander stehen, Katheten. Sind zwei beliebige Werte (mindestens eine Länge) bekannt, können alle restlichen Werte bestimmt werden.

Grafische Darstellung

A, B, C → Eckpunkte
a, b → Katheten
c → Hypotenuse
p, q → Hypotenusenabschnitte
h → Höhe
A → Fläche
α, β → Winkel

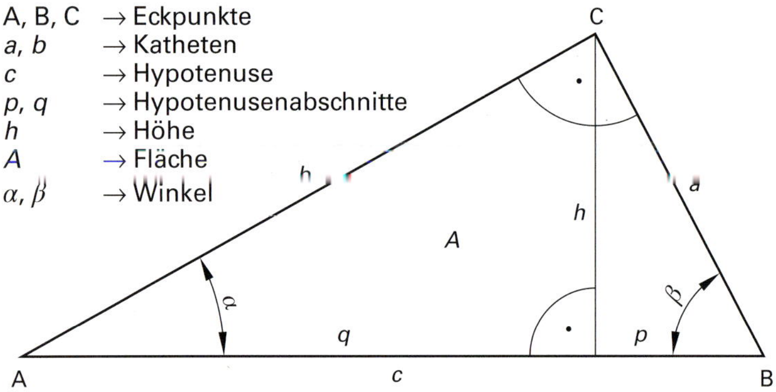

Formeln

$a^2 + b^2 = c^2$ → Satz des Pythagoras

$A = \frac{a \cdot b}{2}$ $A = \frac{c \cdot h}{2}$ → Flächensatz

$a^2 = c \cdot p$ $b^2 = c \cdot q$ → Kathetensatz

$h^2 = p \cdot q$ → Höhensatz

$\varphi + \beta = 90°$ → Winkelsummen

$\sin\alpha = a/c$ $\sin\beta = \frac{b}{c}$ → Sinus

$\cos\alpha = \frac{b}{c}$ $\cos\beta = \frac{a}{c}$ → Cosinus

$\tan\alpha = \frac{a}{b}$ $\tan\beta = \frac{b}{a}$ → Tangens

Aufgaben

1. Bestimmung aller Werte, wenn die Werte $a = 30$ mm und $b = 60$ mm gegeben sind.
2. Bestimmung aller Werte, wenn die Werte $\beta = 50°$ und $a = 80$ mm gegeben sind.
3. Bestimmung aller Werte, wenn die Werte $p = 65$ mm und $q = 92$ mm gegeben sind.
4. Ergänzende Aufgaben.
   - Bestimmung aller Werte, wenn $c = 80$ mm und $h = 40$ mm gegeben sind.
   - Bestimmung aller Werte, wenn $A = 7\,500$ mm² und $h = 80$ mm gegeben sind.

Lösungen

1. Bestimmung aller Werte, wenn die Werte $a = 30$ mm und $b = 60$ mm gegeben sind

$c = \sqrt{a^2 + b^2} = \sqrt{(30\text{ mm})^2 + (60\text{ mm})^2} = 67{,}08\text{ mm}$

$p = \frac{a^2}{c} = \frac{(30\text{ mm})^2}{67{,}08\text{ mm}} = 13{,}42\text{ mm}$

$q = c - q = 67{,}08\text{ mm} - 13{,}42\text{ mm} = 53{,}66\text{ mm}$

$h = \sqrt{p \cdot q} = \sqrt{13{,}42\text{ mm} \cdot 53{,}66\text{ mm}} = 26{,}83\text{ mm}$

$A = \frac{a \cdot b}{2} = \frac{30\text{ mm} \cdot 60\text{ mm}}{2} = 900\text{ mm}^2$

$\sin\alpha = \frac{a}{c} = \frac{30\text{ mm}}{67{,}08\text{ mm}} = 0{,}447 \rightarrow \alpha = 26{,}57°$

$\sin\beta = \frac{b}{c} = \frac{60\text{ mm}}{67{,}08\text{ mm}} = 0{,}894 \rightarrow \beta = 63{,}43°$

2. Bestimmung aller Werte, wenn die Werte $\beta = 50°$ und $a = 80$ mm gegeben sind

$c = \frac{a}{\cos\beta} = \frac{80\text{ mm}}{\cos(50°)} = 124{,}46\text{ mm}$

$b = \sqrt{c^2 - a^2} = \sqrt{(124{,}46\text{ mm})^2 - (80\text{ mm})^2} = 95{,}34\text{ mm}$

$q = \frac{b^2}{c} = \frac{(95{,}34\text{ mm})^2}{124{,}46\text{ mm}} = 73{,}03\text{ mm}$

$p = c - q = 124{,}46\text{ mm} - 73{,}03\text{ mm} = 51{,}43\text{ mm}$

$\tan\alpha = \frac{a}{b} = \frac{80\text{ mm}}{94{,}34\text{ mm}} = 0{,}848 \rightarrow \alpha = 40{,}3°$

$h = \sqrt{p \cdot q} = \sqrt{51{,}43\text{ mm} \cdot 73{,}03\text{ mm}} = 61{,}29\text{ mm}$

$A = \frac{c \cdot h}{2} = \frac{124{,}46\text{ mm} \cdot 61{,}29\text{ mm}}{2} = 3\,814\text{ mm}^2$

3. Bestimmung aller Werte, wenn die Werte $p = 65$ mm und $q = 92$ mm gegeben sind

$c = p + q = 65\text{ mm} + 92\text{ mm} = 157\text{ mm}$

$a = \sqrt{c \cdot p} = \sqrt{157\text{ mm} \cdot 65\text{ mm}} = 101{,}02\text{ mm}$

$b = \sqrt{c \cdot q} = \sqrt{157\text{ mm} \cdot 92\text{ mm}} = 120{,}18\text{ mm}$

$h = \sqrt{p \cdot q} = \sqrt{65\text{ mm} \cdot 92\text{ mm}} = 77{,}33\text{ mm}$

$\tan\beta = \frac{b}{a} = \frac{120{,}18\text{ mm}}{101{,}02\text{ mm}} = 1{,}190 \rightarrow \beta = 49{,}95°$

$A = \frac{a \cdot b}{2} = \frac{101{,}02\text{ mm} \cdot 120{,}18\text{ mm}}{2} = 6\,070\text{ mm}^2$

$\cos\alpha = \frac{b}{c} = \frac{120{,}18\text{ mm}}{157\text{ mm}} = 0{,}765 \rightarrow \alpha = 40{,}05°$

Schiefwinkliges Dreieck

Ausgangssituation

Ein schiefwinkliges Dreieck wird durch drei Punkte definiert, die nicht auf einer Linie liegen. Sie sind die Ecken des Dreiecks. Die Verbindungsstrecken zwischen den Punkten nennt man Seiten. Sind drei beliebige Werte (davon mindestens eine Länge) bekannt, können alle restlichen Werte bestimmt werden.

Grafische Darstellung

A, B, C → Eckpunkte
a, b, c → Seiten
h_c, h_b, h_a → Höhe über Seite c, b, a
A → Fläche
α, β, γ → Winkel

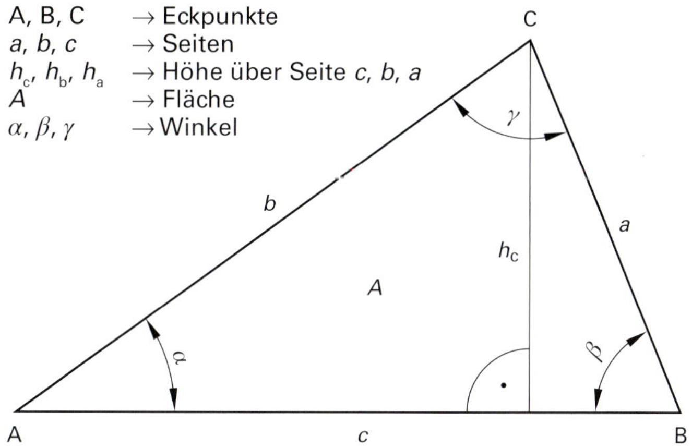

Formeln

$$\frac{a}{\sin\alpha} = \frac{b}{\sin\beta} = \frac{c}{\sin\gamma}$$ → Sinussatz

$$a^2 = b^2 + c^2 - 2bc \cdot \cos\alpha$$
$$b^2 = a^2 + c^2 - 2ac \cdot \cos\beta$$
$$c^2 = a^2 + b^2 - 2ab \cdot \cos\gamma$$
→ Cosinussatz

$$A = \frac{c \cdot h_c}{2} = \frac{b \cdot h_b}{2} = \frac{a \cdot h_a}{2}$$ → Flächensatz

Aufgaben

1. Bestimmung aller Werte, wenn die Werte $a = 30$ mm, $b = 60$ mm und $c = 80$ mm gegeben sind.
2. Bestimmung aller Werte, wenn die Werte $a = 40$ mm, $c = 50$ mm und $\beta = 20°$ gegeben sind.
3. Bestimmung aller Werte, wenn die Werte $b = 80$ mm, $\alpha = 25°$ und $\gamma = 130°$ gegeben sind.
4. Ergänzende Aufgaben.
   - Bestimmung aller Werte, wenn die Werte $c = 80$ mm, $\alpha = 45°$ und $\beta = 45°$ gegeben sind.
   - Bestimmung aller Werte, wenn $A = 1\,000$ mm² und $h_c = 25$ mm und $\alpha = 25°$ gegeben sind.

Lösungen

1. Bestimmung aller Werte, wenn die Werte $a = 30$ mm, $b = 60$ mm und $c = 80$ mm gegeben sind

$$\cos\alpha = \frac{b^2 + c^2 - a^2}{2bc} = \frac{(60\text{ mm})^2 + (80\text{ mm})^2 - (30\text{ mm})^2}{2 \cdot 60\text{ mm} \cdot 80\text{ mm}} = 0{,}948 \rightarrow 18{,}56°$$

$$\sin\beta = \frac{b}{a} \cdot \sin\alpha = \frac{60\text{ mm}}{30\text{ mm}} \cdot \sin 18{,}56° = 0{,}637 \rightarrow 39{,}54°$$

$$\gamma = 180° - \alpha - \beta = 180° - 18{,}56° - 39{,}54° = 121{,}9°$$

$$h_c = a \cdot \sin\beta = 30\text{ mm} \cdot \sin 39{,}54° = 19{,}1\text{ mm}$$

$$A = \frac{c \cdot h_c}{2} = \frac{80\text{ mm} \cdot 19{,}1\text{ mm}}{2} = 764\text{ mm}^2$$

2. Bestimmung aller Werte, wenn die Werte $a = 40$ mm, $c = 50$ mm und $\beta = 20°$ gegeben sind

$$b = \sqrt{a^2 + c^2 - 2ac \cdot \cos\beta} = \sqrt{(40\text{ mm})^2 + (50\text{ mm})^2 - 2 \cdot 40\text{ mm} \cdot 50\text{ mm} \cdot \cos 20°} = 18{,}47\text{ mm}$$

$$\sin\gamma = \frac{c}{b} \cdot \sin\beta = \frac{50\text{ mm}}{18{,}47\text{ mm}} \cdot \sin 20° = 0{,}926 \rightarrow 112{,}22°$$

$$\alpha = 180° - \beta - \gamma = 180° - 20° - 112{,}22° = 47{,}78°$$

$$h_c = b \cdot \sin\alpha = 18{,}47\text{ mm} \cdot \sin 47{,}78° = 13{,}68\text{ mm}$$

$$A = \frac{c \cdot h_c}{2} = \frac{50\text{ mm} \cdot 18{,}46\text{ mm}}{2} = 342\text{ mm}^2$$

3. Bestimmung aller Werte, wenn die Werte $b = 80$ mm, $\alpha = 25°$ und $\gamma = 130°$ gegeben sind

$$\beta = 180° - \alpha - \gamma = 180° - 25° - 130° = 25°$$

$$a = \frac{b}{\sin\beta} \cdot \sin\alpha = \frac{80\text{ mm}}{\sin 25°} \cdot \sin 25° = 80\text{ mm}$$

$$c = \frac{b}{\sin\beta} \cdot \sin\gamma = \frac{80\text{ mm}}{\sin 25°} \cdot \sin 130° = 145{,}01\text{ mm}$$

$$h_c = b \cdot \sin\alpha = 80\text{ mm} \cdot \sin 25° = 33{,}81\text{ mm}$$

$$A = \frac{c \cdot h_c}{2} = \frac{145{,}01\text{ mm} \cdot 33{,}81\text{ mm}}{2} = 2\,451{,}4\text{ mm}^2$$

→ Sonderfall: Gleichschenkliges Dreieck
$\alpha = 25°$ und $\beta = 25°$
$b = 80$ mm und $a = 80$ mm

Gleichförmig geradlinige Bewegung – Fräsvorschub

Ausgangssituation

Auf einem Bearbeitungszentrum sollen große Blöcke aus 42CrMoV4, die auf 1200 N/mm² Mindestzugfestigkeit vergütet sind, plangefräst werden. Verwendet wird ein Planfräser mit Durchmesser 125 mm und einer Zähnezahl von $z = 7$. Die vorgeschlagene Schnittgeschwindigkeit beträgt 180 m/min, der vorgeschlagene Zahnvorschub 0,3 mm/Zahn.

Schematische Darstellung Planfräser

D_c = 125 mm, L_c = 6,5 mm, d_1 = 40 mm, l_4 = 63 mm, z = 10.
v_c = 180 m/min, f_z = 0,3 mm/Zahn

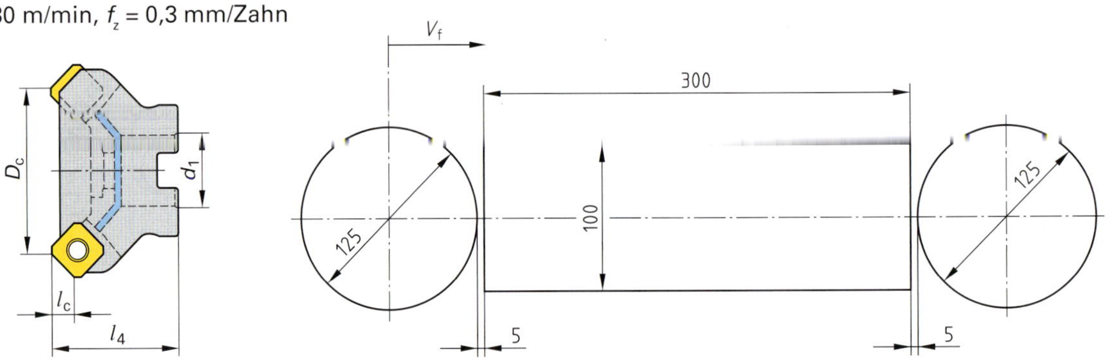

Aufgaben

1. Bestimmung der Drehzahl des Werkzeuges.
2. Bestimmung der Vorschubgeschwindigkeit des Werkzeuges.
3. Bestimmung der Hauptzeit des Werkzeuges bei 5 mm An- und Überlauf.
4. Bestimmung der Vorschubgeschwindigkeit, wenn ein Werkzeug mit z = 10 verwendet wird.
5. Bestimmung der Hauptzeit bei 5 mm An- und Überlauf, wenn ein Werkzeug mit z = 10 verwendet wird.
6. Ergänzende Aufgaben.
   - Bestimmung der Drehzahl eines Werkzeuges mit Durchmesser D_c = 100 mm und einer Schnittgeschwindigkeit von v_c = 180 m/min.
   - Bestimmung der Vorschubgeschwindigkeit des Werkzeuges bei einer Zähnezahl von z = 7 und einem Zahnvorschub von f_z = 0,3 mm/Zahn.
   - Bestimmung der Hauptzeit des Werkzeuges bei 5 mm An- und Überlauf.

Lösungen

1. Bestimmung der Drehzahl des Werkzeuges

$$n = \frac{v_c}{\pi \cdot D_c} = \frac{180\,\frac{\text{m}}{\text{min}} \cdot 1\,000\,\frac{\text{mm}}{\text{m}}}{\pi \cdot 125\ \text{mm}} = 458\,\frac{1}{\text{min}}$$

2. Bestimmung der Vorschubgeschwindigkeit des Werkzeuges

$$v_f = n \cdot z \cdot f_z = 458\,\frac{1}{\text{min}} \cdot 7 \cdot 0{,}3\,\frac{\text{mm}}{\text{Zahn}} = 962\,\frac{\text{mm}}{\text{min}}$$

3. Bestimmung der Hauptzeit des Werkzeuges bei 5 mm An- und Überlauf

$$t_h = \frac{l_W}{v_f} = \frac{435\ \text{mm}}{962\,\frac{\text{mm}}{\text{min}}} \cdot \frac{60\ \text{s}}{1\ \text{min}} = 27{,}13\ \text{s}$$

4. Bestimmung der Vorschubgeschwindigkeit, wenn ein Werkzeug mit z = 10 verwendet wird

$$v_f = n \cdot z \cdot f_z = 458\,\frac{1}{\text{min}} \cdot 10 \cdot 0{,}3\,\frac{\text{mm}}{\text{Zahn}} = 1\,374\,\frac{\text{mm}}{\text{min}}$$

5. Bestimmung der Hauptzeit bei 5 mm An- und Überlauf, wenn ein Werkzeug mit z = 10 verwendet wird

$$t_h = \frac{l_W}{v_f} = \frac{435\ \text{mm}}{1\,374\,\frac{\text{mm}}{\text{min}}} \cdot \frac{60\ \text{s}}{1\text{min}} = 19\ \text{s}$$

Gleichförmige Kreisbewegung – Drehen

Ausgangssituation

Auf einem Drehautomaten sollen Getriebehauptwellen aus 16 MnCr5 hergestellt werden. Verwendet wird ein Drehmeißelhalter mit geschraubten Hartmetall-Wendeschneidplatten. Die vorgeschlagene Schnittgeschwindigkeit beträgt 210 m/min, der vorgeschlagene Vorschub 0,2 mm/Umdrehung. Das Längsdrehen soll untersucht werden.

Schematische Darstellung Drehmeißel

$h = h_1 = 20$ mm, $b = 20$ mm, $f = 20$ mm, $l_1 = 125$ mm, $l_4 = 25$ mm, $v_c = 210$ m/min, $f_z = 0{,}2$ mm/Umdrehung

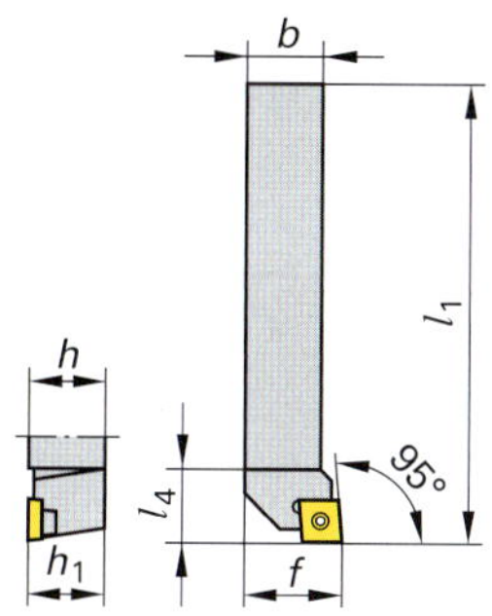

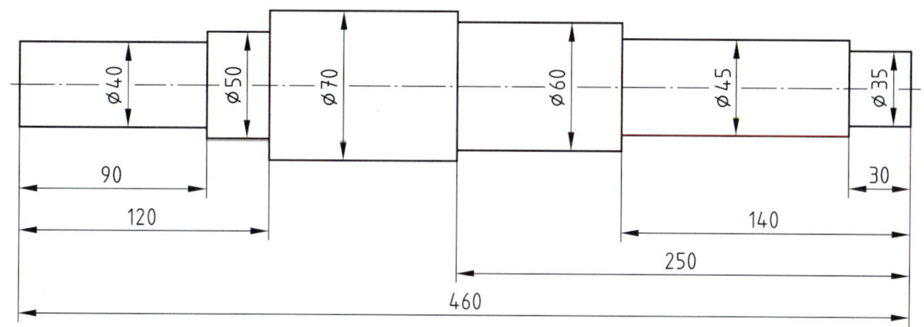

Aufgaben

1. Bestimmung der Drehzahl und Frequenz des Werkstückes am Durchmesser 40 mm.
2. Bestimmung der Umlaufzeit des Werkstückes am Durchmesser 40 mm.
3. Bestimmung der Winkelgeschwindigkeit des Werkstückes am Durchmesser 40 mm.
4. Bestimmung der Vorschubgeschwindigkeit des Werkzeuges am Durchmesser 40 mm.
5. Bestimmung der Hauptzeiten bei einem Schnitt am Durchmesser 40 mm, wobei An- und Überlauf zu vernachlässigen sind.
6. Ergänzende Aufgaben.
   - Bestimmung der Drehzahl und Frequenz des Werkstückes an den restlichen Durchmessern.
   - Bestimmung der Umlaufzeit des Werkstückes an den restlichen Durchmessern.
   - Bestimmung der Winkelgeschwindigkeit des Werkstückes an den restlichen Durchmessern.
   - Bestimmung der Vorschubgeschwindigkeit des Werkzeuges an den restlichen Durchmessern.
   - Bestimmung der Hauptzeiten bei einem Schnitt an den restlichen Durchmessern.

Lösungen

1. Bestimmung der Drehzahl und Frequenz des Werkstückes am Durchmesser 40 mm

$$n = \frac{v_C}{\pi \cdot D_C} = \frac{210\,\frac{\text{m}}{\text{min}} \cdot 1\,000\,\frac{\text{mm}}{\text{m}}}{\pi \cdot 40\text{ mm}} = 1\,671\,\frac{1}{\text{min}} \rightarrow f = 27{,}85\,\frac{1}{\text{s}} = 27{,}85\text{ Hz}$$

2. Bestimmung der Umlaufzeit des Werkstückes am Durchmesser 40 mm

$$T = \frac{1}{f} = \frac{1}{27{,}85\,\frac{1}{\text{s}}} = 0{,}036\text{ s} = 36\text{ ms}$$

3. Bestimmung der Winkelgeschwindigkeit des Werkstückes am Durchmesser 40 mm

$$\omega = 2 \cdot \pi \cdot f = 2 \cdot \pi \cdot 27{,}85\,\frac{1}{\text{s}} = 174{,}99\,\frac{1}{\text{s}}$$

4. Bestimmung der Vorschubgeschwindigkeit des Werkzeuges am Durchmesser 40 mm

$$v_f = n \cdot f_U = 1\,671\,\frac{1}{\text{min}} \cdot 0{,}2\,\frac{\text{mm}}{\text{Umdrehung}} = 334\,\frac{\text{mm}}{\text{min}}$$

5. Best. der Hauptzeiten bei einem Schnitt am Durchmesser 40 mm, wobei An- und Überlauf zu vernachlässigen sind

$$t_h = \frac{L \cdot i}{n \cdot f_U} = \frac{90\text{ mm} \cdot 1}{1\,671\,\frac{1}{\text{min}} \cdot 0{,}2\,\frac{\text{mm}}{\text{Umdrehung}}} = 0{,}269\text{ min} = 16{,}1\text{ s}$$

Zentrifugalkraft

Ausgangssituation

In der mechanischen Bearbeitung sollen in Zukunft aussteuerbare Werkzeuge mittels Zentrifugalkraft zur Herstellung von Präzisionsbohrungen eingesetzt werden. Diese aussteuerbaren Werkzeuge werden in einem ersten Schritt auf die möglichen Axialkräfte F untersucht. Aus Vereinfachungsgründen wird der Idealzustand ohne Reibverluste angenommen.

Schematische Darstellung

Schaftdurchmesser Pinole → d_P = 18 mm
Durchmesser Kolben → d_K = 35 mm
Höhe Kolben → h_K = 25 mm

Schwerpunktabstand Kolben
- minimal → $d_{A\,min}$ = 55 mm
- maximal → $d_{A\,max}$ = 75 mm

Anzahl Kolben → $z = 2$
Material Kolben → 42CrMo4

Quelle: MAPAL Präzisionswerkzeuge Dr. Kress KG
Aussteuern über Fliehkraft

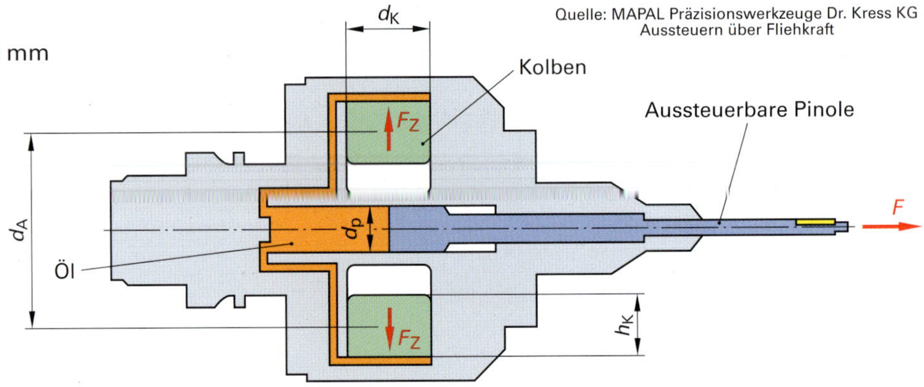

Das Aussteuern erfolgt unter Verwendung der bei der Rotation des Werkzeuges durch zwei symmetrisch angeordnete Kolben entstehenden Zentrifugalkraft. Das Werkzeug steuert nach Abbremsen der Spindel automatisch über Federkraft ein.

Aufgaben

1. Bestimmung des Volumens der beiden Kolben.
2. Bestimmung der Masse der beiden Kolben.
3. Bestimmung der Zentrifugalkraft der beiden Kolben bei einer Drehzahl von $n = 5\,000\,\frac{1}{\text{min}}$ und $d_{A\,max}$.
4. Bestimmung des axialen Druckes auf den Pinolenschaft.
5. Bestimmung der axialen Kraft auf den Pinolenschaft.
6. Ergänzende Aufgaben.
   - Bestimmung der Drehzahl, wenn eine Axialkraft F_P = 1 500 N erreicht werden soll.

Lösungen

1. Bestimmung des Volumens der beiden Kolben

$$V_K = \frac{\pi \cdot d_K^2}{4} \cdot h_K = \frac{\pi \cdot (35\text{ mm})^2}{4} \cdot 25\text{ mm} = 24\,053\text{ mm}^3$$

2. Bestimmung der Masse der beiden Kolben

$$m_K = V_K \cdot \rho_{(42\text{Cr Mo4})} = 24\,053\text{ mm}^3 \cdot \frac{1\text{dm}^3}{1\,000\,000\text{ mm}^3} \cdot 7{,}9\,\frac{\text{kg}}{\text{dm}^3} = 0{,}19\text{ kg}$$

3. Bestimmung der Zentrifugalkraft der beiden Kolben bei einer Drehzahl von n = 5 000 1/min und $d_{A\,max}$

$$F_Z = \frac{m_K \cdot v_C^2}{r_{A\,max}} = \frac{m_K \cdot (n \cdot \pi \cdot d_{A\,max})^2}{\frac{d_{A\,max}}{2}} = \frac{0{,}19\text{ kg} \cdot \left(5\,000\,\frac{1}{\text{min}} \cdot \frac{1\text{min}}{60\text{ s}} \cdot \pi \cdot 75\text{ mm} \cdot \frac{1\text{m}}{1\,000\text{ mm}}\right)^2}{\frac{75\text{ mm} \cdot \frac{1\text{ m}}{1\,000\text{ mm}}}{2}} = 1\,953\text{ N}$$

4. Bestimmung des axialen Druckes auf den Pinolenschaft

$$p_P = \frac{F_Z}{A_K} \cdot z = \frac{F_Z}{\frac{\pi \cdot d_K^2}{4}} \cdot z = \frac{1\,953\text{ N}}{\frac{\pi \cdot (35\text{ mm})^2}{4}} \cdot 2 = 4{,}06\,\frac{\text{N}}{\text{mm}^2}$$

5. Bestimmung der axialen Kraft auf den Pinolenschaft

$$F_P = p_P \cdot A_P = p_P \cdot \frac{\pi \cdot d_P^2}{4} = 4{,}06\,\frac{\text{N}}{\text{mm}^2} \cdot \frac{\pi \cdot (18\text{ mm})^2}{4} = 1\,033\text{ N}$$

Gleichförmig beschleunigte geradlinige Bewegung

Ausgangssituation

In der Abteilung „Mechanische Fertigung" soll ein neues Bearbeitungszentrum angeschafft werden. Im Vorfeld ist die maximale Beschleunigung der Maschine zu bewerten. Zur Vereinfachung wird ein idealer Zustand (keine Trägheit) angenommen. Untersucht wird die maximale Beschleunigung bezogen auf die Eilganggeschwindigkeit, sowie auf den Bearbeitungsvorschub eines PKD-Messerkopffräsers in der Aluminiumbearbeitung.

Ausgangsdaten:			
	maximale Beschleunigung	a_{max}	= 1,2 · g (g = 9,81 m/s²)
	Eilganggeschwindigkeit	$v_{Eilgang}$	= 60 m/min
	Durchmesser Messerkopf	d	= 125 mm
	Zähnezahl Messerkopf	z	= 10
	Schnittgeschwindigkeit Messerkopf	v_c	= 6 000 m/min
	Vorschub pro Zahn	f_z	= 0,2 mm/Zahn

Aufgaben

1. Bestimmung der Zeit, bis das Bearbeitungszentrum auf Eilganggeschwindigkeit beschleunigt hat.
2. Bestimmung des Weges, bis das Bearbeitungszentrum auf Eilganggeschwindigkeit beschleunigt hat.
3. Bestimmung der Zeit, bis der Messerkopffräser auf Bearbeitungsvorschub beschleunigt hat.
4. Bestimmung des Weges, bis der Messerkopffräser auf Bearbeitungsvorschub beschleunigt hat.
5. Ergänzende Aufgaben.
   - Bestimmung der Zeit und des Weges bis der Messerkopffräser auf Bearbeitungsvorschub beschleunigt hat bei $z = 15$.

Lösungen

1. Bestimmung der Zeit, bis das Bearbeitungszentrum auf Eilganggeschwindigkeit beschleunigt hat

$$t_{Eilgang} = \frac{v_{Eilgang}}{a_{max}} = \frac{60\,\frac{\text{m}}{\text{min}} \cdot \frac{1\,\text{min}}{60\,\text{s}}}{1{,}2 \cdot 9{,}81\,\frac{\text{m}}{\text{s}^2}} = 0{,}085\,\text{s} = 85\,\text{ms}$$

2. Bestimmung des Weges, bis das Bearbeitungszentrum auf Eilganggeschwindigkeit beschleunigt hat

$$s_{Eilgang} = \frac{1}{2} \cdot a_{max} \cdot t^2_{Eilgang} = \frac{1}{2} \cdot 1{,}2 \cdot 9{,}81\,\frac{\text{m}}{\text{s}^2} \cdot (0{,}085\,\text{s})^2 = 0{,}043\,\text{m} = 43\,\text{mm}$$

3. Bestimmung der Zeit, bis der Messerkopffräser auf Bearbeitungsvorschub beschleunigt hat

$$n_{Messerkopf} = \frac{v_{cMesserkopf}}{\pi \cdot d_{Messerkopf}} = \frac{6\,000\,\frac{\text{m}}{\text{min}} \cdot \frac{1\,000\,\text{mm}}{1\,\text{m}}}{\pi \cdot 125\,\text{mm}} = 15\,279\,\frac{1}{\text{min}}$$

$$v_{f\,Messerkopf} = n_{Messerkopf} \cdot z_{Messerkopf} \cdot f_{z\,Messerkopf} = 15\,279\,\frac{1}{\text{min}} \cdot 10 \cdot 0{,}2\,\frac{\text{mm}}{\text{Zahn}} = 30\,558\,\frac{\text{mm}}{\text{min}}$$

$$t_{Messerkopf} = \frac{v_{f\,Messerkopf}}{a_{max}} = \frac{30\,558\,\frac{\text{mm}}{\text{min}} \cdot \frac{1\,\text{m}}{1\,000\,\text{mm}} \cdot \frac{1\,\text{min}}{60\,\text{s}}}{1{,}2 \cdot 9{,}81\,\frac{\text{m}}{\text{s}^2}} = 0{,}043\,\text{s} = 43\,\text{ms}$$

4. Bestimmung des Weges, bis der Messerkopffräser auf Bearbeitungsvorschub beschleunigt hat

$$s_{Messerkopf} = \frac{1}{2} \cdot a_{max} \cdot t^2_{Messerkopf} = \frac{1}{2} \cdot 1{,}2 \cdot 9{,}81\,\frac{\text{m}}{\text{s}^2} \cdot (0{,}043\,\text{s})^2 = 0{,}011\,\text{m} = 11\,\text{mm}$$

Freier Fall

Ausgangssituation

In der Kunststoffprüfung werden Fallwerke zur Durchführung von Durchstoßversuchen eingesetzt. Ein solches Fallwerk soll nun bezüglich der Falldauer und der Aufprallgeschwindigkeit untersucht werden. Aus Vereinfachungsgründen wird ein homogenes System unter Vernachlässigung von Reibung, Luftwiderstand und sonstigen Störgrößen angenommen.

Die Fallhöhe des Fallwerkes kann von 0,1 m bis 1,0 m eingestellt werden. Das Fallgewicht beträgt 23,5 kg.

Schematische Darstellung Fallwerk

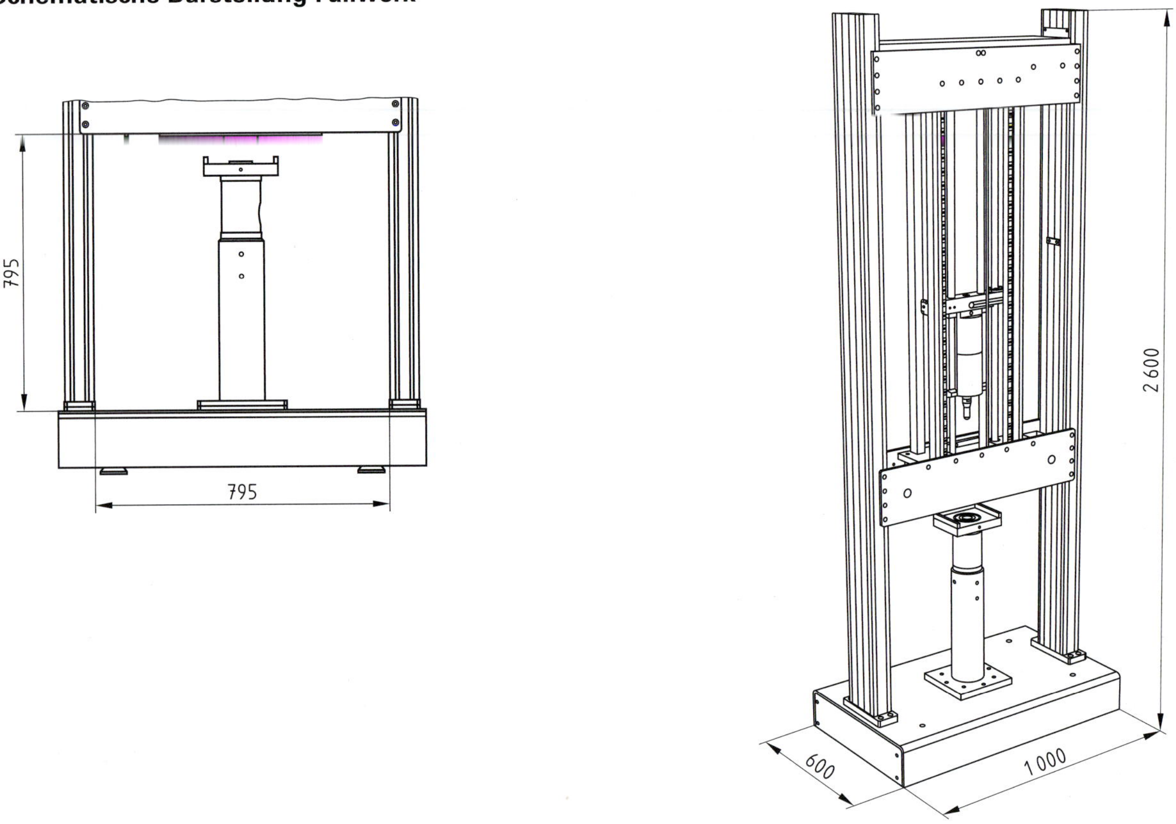

Aufgaben

1. Bestimmung der Falldauer und Aufprallgeschwindigkeit bei einer Fallhöhe von 0,1 m, 0,2 m, 0,4 m, 0,6 m, 0,8 m und 1 m.
2. Ergänzende Aufgaben.
   - Berechnung der Fallhöheneinstellung, wenn die Aufprallgeschwindigkeit 3,5 m/s betragen soll.
   - Berechnung der Fallhöheneinstellung, wenn die Fallzeit 300 ms betragen soll.

Lösungen

1. Bestimmung der Falldauer und der Aufprallgeschwindigkeit

$$t_{0{,}1\,\mathrm{m}} = \sqrt{\frac{2 \cdot h_{0{,}1\,\mathrm{m}}}{g}} = \sqrt{\frac{2 \cdot 0{,}1\ \mathrm{m}}{9{,}81\ \frac{\mathrm{m}}{\mathrm{s}^2}}} = 0{,}143\ \mathrm{s} = 143\ \mathrm{ms} \qquad v_{0{,}1\,\mathrm{m}} = \sqrt{2 \cdot g \cdot h_{0{,}1\mathrm{m}}} = \sqrt{2 \cdot 9{,}81\ \frac{\mathrm{m}}{\mathrm{s}^2} \cdot 0{,}1\ \mathrm{m}} = 1{,}40\ \frac{\mathrm{m}}{\mathrm{s}} = 5{,}04\ \frac{\mathrm{km}}{\mathrm{h}}$$

$$t_{0{,}2\,\mathrm{m}} = 0{,}202\ \mathrm{s} = 202\ \mathrm{ms} \qquad v_{0{,}2\,\mathrm{m}} = 1{,}98\ \frac{\mathrm{m}}{\mathrm{s}} = 7{,}13\ \frac{\mathrm{km}}{\mathrm{h}}$$

$$t_{0{,}4\,\mathrm{m}} = 0{,}286\ \mathrm{s} = 286\ \mathrm{ms} \qquad v_{0{,}4\,\mathrm{m}} = 2{,}80\ \frac{\mathrm{m}}{\mathrm{s}} = 10{,}08\ \frac{\mathrm{km}}{\mathrm{h}}$$

$$t_{0{,}6\,\mathrm{m}} = 0{,}350\ \mathrm{s} = 350\ \mathrm{ms} \qquad v_{0{,}6\,\mathrm{m}} = 3{,}43\ \frac{\mathrm{m}}{\mathrm{s}} = 12{,}35\ \frac{\mathrm{km}}{\mathrm{h}}$$

$$t_{0{,}8\,\mathrm{m}} = 0{,}404\ \mathrm{s} = 404\ \mathrm{ms} \qquad v_{0{,}8\,\mathrm{m}} = 3{,}96\ \frac{\mathrm{m}}{\mathrm{s}} = 14{,}26\ \frac{\mathrm{km}}{\mathrm{h}}$$

$$t_{1{,}0\,\mathrm{m}} = 0{,}452\ \mathrm{s} = 452\ \mathrm{ms} \qquad v_{1{,}0\,\mathrm{m}} = 4{,}43\ \frac{\mathrm{m}}{\mathrm{s}} = 15{,}95\ \frac{\mathrm{km}}{\mathrm{h}}$$

Gleichförmig beschleunigte Drehbewegung

Ausgangssituation

Auf einer Horizontaldrehmaschine soll die gleichförmig beschleunigte Drehbewegung beim Plandrehen mit konstanter Schnittgeschwindigkeit untersucht werden. Zur Vereinfachung wird ein idealer Zustand (keine Trägheit) angenommen.

Ausgangsdaten:

Schnittgeschwindigkeit	v_c	= 80 m/min
Vorschub pro Umdrehung	f	= 0,2 mm/Umdrehung

Schematische Darstellung

Anlauf → r_a = 0,5 mm
Überlauf → $r_ü$ = 0,5 mm
Material → 42CrMo4

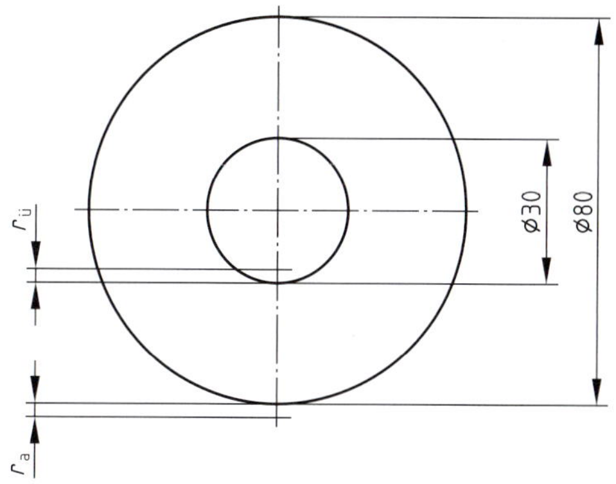

Aufgaben

1. Bestimmung der Drehzahl zu Beginn und zum Ende des Plandrehens (inkl. Sicherheitsabstand).
2. Bestimmung der Winkelgeschwindigkeit zu Beginn und zum Ende des Plandrehens (inkl. Sicherheitsabstand).
3. Bestimmung der durchschnittlichen Vorschubgeschwindigkeit.
4. Bestimmung der Hauptzeit des Plandrehens inkl. An- und Überlauf.
5. Bestimmung der Drehbeschleunigung.
6. Ergänzende Aufgaben.
   - Bestimmung der Drehbeschleunigung bei v_c = 120 m/min und f_u = 0,3 mm/Umdrehung.

Lösungen

1. Bestimmung der Drehzahl zu Beginn und zum Ende des Plandrehens (Sicherheitsabstand)

$$n_{Beginn} = \frac{v_c}{\pi \cdot d_{Beginn}} = \frac{80\,\frac{m}{min} \cdot \frac{1\,000\,mm}{1\,m}}{\pi \cdot 81\,mm} = 314\,\frac{1}{min} \qquad n_{Ende} = \frac{v_c}{\pi \cdot d_{Ende}} = \frac{80\,\frac{m}{min} \cdot \frac{1\,000\,mm}{1\,m}}{\pi \cdot 29\,mm} = 878\,\frac{1}{min}$$

2. Bestimmung der Winkelgeschwindigkeit zu Beginn und zum Ende des Plandrehens (Sicherheitsabstand)

$$\omega_{Beginn} = 2 \cdot \pi \cdot n_{Beginn} = 2 \cdot \pi \cdot 314\,\frac{1}{min} \cdot \frac{1\,min}{60\,s} = 32{,}9\,s^{-1} \qquad \omega_{Ende} = 2 \cdot \pi \cdot n_{Ende} = 2 \cdot \pi \cdot 878\,\frac{1}{min} \cdot \frac{1\,min}{60\,s} = 91{,}9\,s^{-1}$$

3. Bestimmung der durchschnittlichen Vorschubgeschwindigkeit

$$n_{Mittel} = \frac{v_c}{\pi \cdot d_{Mittel}} = \frac{80\,\frac{m}{min} \cdot \frac{1\,000\,mm}{1\,m}}{\pi \cdot \frac{(81\,mm + 29\,mm)}{2}} = 463\,\frac{1}{min} \qquad v_{f\,Mittel} = n_{Mittel} \cdot f = 463\,\frac{1}{min} \cdot 0{,}2\,\frac{mm}{Umdrehung} = 93\,\frac{mm}{min}$$

4. Bestimmung der Hauptzeit des Plandrehens inkl. An- und Überlauf

$$t_h = \frac{l}{v_{f\,Mittel}} = \frac{\frac{81\,mm - 29\,mm}{2}}{93\,\frac{mm}{min} \cdot \frac{1\,min}{60\,s}} = 16{,}8\,s$$

5. Bestimmung der Drehbeschleunigung

$$\alpha = \frac{\omega_{Ende} - \omega_{Beginn}}{t_h} = \frac{(91{,}5 - 32{,}9)\,\frac{1}{s}}{16{,}8\,s} = 3{,}51\,\frac{1}{s^2}$$

Geschwindigkeit an Maschinen – Vorschubgeschwindigkeit beim Konturfräsen

Ausgangssituation

Die Außenkontur einer Stanzform soll mithilfe eines VHM-Schaftfräsers mit Durchmesser 16 mm und 6 Zähnen geschlichtet werden. Das Werkzeug ist TiAlN beschichtet, hat keine innere Kühlmittelzufuhr und einen HB-Schaft (Weldon). Das zu bearbeitende Material ist ein legierter Vergütungsstahl 42CrMoPb4. Das Schlichtaufmaß a_e beträgt 1 mm, die Schnitttiefe a_p beträgt 10 mm. Die vorgeschlagene Schnittgeschwindigkeit beträgt 180 m/min bei einem Zahnvorschub von 0,055 mm.

Das Werkstück kann auf 2 unterschiedlichen Maschinen bearbeitet werden, wobei bei einer Maschine keine Fräserradiuskorrektur programmiert werden kann. D.h., es muss die Fräsermittelpunktsbahn programmiert werden.

Grafische Darstellung

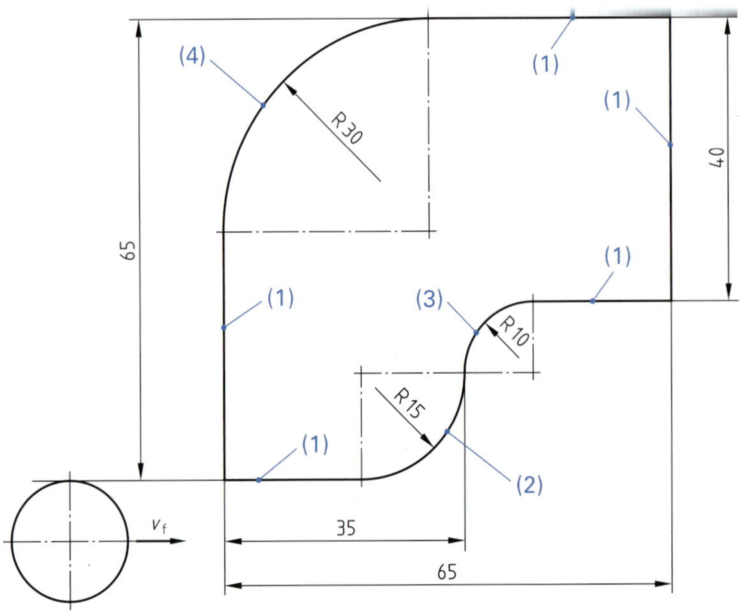

Aufgaben

1. Bestimmung der Drehzahl des Werkzeuges.
2. Bestimmung der Vorschubgeschwindigkeit ohne Fräserradiuskorrektur an den Punkten (1), (2), (3) und (4).
3. Ergänzende Aufgaben.
   - Bestimmung des Zahnvorschubes, wenn aufgrund eines Programmierfehlers an der Strecke (3) eine Vorschubgeschwindigkeit von 1 200 mm/min ohne Fräserradiuskorrektur programmiert wurde.

Lösungen

1. Bestimmung der Drehzahl des Werkzeuges

$$n = \frac{v_c}{\pi \cdot d} = \frac{180\,\frac{\text{m}}{\text{min}} \cdot \frac{1\,000\text{ mm}}{\text{m}}}{\pi \cdot 16\text{ mm}} = 3\,581\,\frac{1}{\text{min}}$$

2. Bestimmung der Vorschubgeschwindigkeit ohne Fräserradiuskorrektur an den Punkten (1), (2), (3) und (4)

$$v_{f\,1} = n \cdot z \cdot f_z = 3\,581\,\frac{1}{\text{min}} \cdot 6\text{ Zähne} \cdot 0{,}055\,\frac{\text{mm}}{\text{Zahn}} = 1\,182\,\frac{\text{mm}}{\text{min}}$$

$$v_{f\,2} = n \cdot z \cdot f_z \cdot \frac{D_{\text{Werkzeugmittelpunktsbahn 2}}}{D_{\text{Konturbahn 2}}} = 3\,581\,\frac{1}{\text{min}} \cdot 6\text{ Zähne} \cdot 0{,}055\,\frac{\text{mm}}{\text{Zahn}} \cdot \frac{46\text{ mm}}{30\text{ mm}} = 1\,812\,\frac{\text{mm}}{\text{min}}$$

$$v_{f\,3} = n \cdot z \cdot f_z \cdot \frac{D_{\text{Werkzeugmittelpunktsbahn 3}}}{D_{\text{Konturbahn 3}}} = 3\,581\,\frac{1}{\text{min}} \cdot 6\text{ Zähne} \cdot 0{,}055\,\frac{\text{mm}}{\text{Zahn}} \cdot \frac{4\text{ mm}}{20\text{ mm}} = 236\,\frac{\text{mm}}{\text{min}}$$

$$v_{f\,4} = n \cdot z \cdot f_z \cdot \frac{D_{\text{Werkzeugmittelpunktsbahn 4}}}{D_{\text{Konturbahn 4}}} = 3\,581\,\frac{1}{\text{min}} \cdot 6\text{ Zähne} \cdot 0{,}055\,\frac{\text{mm}}{\text{Zahn}} \cdot \frac{76\text{ mm}}{60\text{ mm}} = 1\,497\,\frac{\text{mm}}{\text{min}}$$

Geschwindigkeit an Maschinen – Synchronisiertes Gewindebohren

Ausgangssituation

In der Kostenstelle „Mechanische Fertigung" wird über ein neues Bearbeitungszentrum nachgedacht. Ein Vorteil von diesem neuen Bearbeitungszentrum ist die Möglichkeit, die Gewinde synchronisiert herzustellen. Synchronisiert bedeutet, dass kein Ausgleichsfutter benötigt wird und das Gewindewerkzeug fest in die Werkzeugaufnahme geschrumpft wird. Die folgende Tabelle zeigt die Kombinationen bezüglich Material und Gewinde.

Übersichtsliste		
Material	v_c	**Gewinde**
EN GJS400	30 m/min	M6, M8, M10, M12, M10x1, M12x1,5, G1/4, G1/2, UNC3/8, UNC1/2, UNF1/4, UNF3/8, UNEF3/8
AlSi10Mg	18 m/min	M8, M10, M12, M10x1, G1/4, G1/2, UNC3/8, UNF1/4, UNEF3/8
10SPb20	12 m/min	M6, M8, M12x1,5, UNEF3/8
10CrMo4	20 m/min	G1/4, G1/2
42CrMoPb4	20 m/min	M10x1, M12x1,5, UNC3/8, UNF3/8, UNEF3/8
100CrMo4	16 m/min	M6, M8, M10, M12
TiAl3V2,5	4 m/min	UNC3/8, UNC1/2, UNF1/4, UNF3/8, UNEF3/8

Aufgaben

1. Erstellen einer Tabelle als Hilfestellung für die Programmierung mit folgenden Daten: Gewinde, Aussendurchmesser D [mm], Steigung P [mm] und bezogen auf das Material die Drehzahl n [1/min] und die Vorschubgeschwindigkeit v_f [mm/min].

Lösungen

1. Übersichtstabelle

Übersichtstabelle										
Gewinde	**D**	**P**	**EN GJS400**		**AlSi10Mg**		**10SPb20**		**16CrMo4**	
			n	v_f	n	v_f	n	v_f	n	v_f
[-]	[mm]	[mm]	[1/min]	[mm/min]	[1/min]	[mm/min]	[1/min]	[mm/min]	[1/min]	[mm/min]
M6	6,000	1,000	1 592	1 592	955	955	637	637	1 061	1 061
M8	8,000	1,250	1 194	1 492	716	895	477	597	796	995
M10	10,000	1,500	955	1 432	573	859	382	573	637	955
M12	12,000	1,750	796	1 393	477	836	318	557	531	928
M10x1	10,000	1,000	955	955	573	573	382	382	637	637
M12x1,5	12,000	1,500	796	1 194	477	716	318	477	531	796
G1/4	13,160	1,337	726	970	435	582	290	388	484	647
G1/2	20,950	1,814	456	827	273	496	182	331	304	551
UNC3/8	9,525	1,588	1 003	1 592	602	955	401	637	668	1 061
UNC1/2	12,700	1,954	752	1 469	451	882	301	588	501	979
UNF1/4	6,350	0,907	1 504	1 364	902	818	602	546	1 003	909
UNF3/8	9,525	1,058	1 003	1 061	602	636	401	424	668	707
UNEF3/8	9,525	0,794	1 003	796	602	478	401	318	668	531

Übersichtstabelle									
Gewinde	**D**	**P**	**42CrMoPb4**		**100CrMo4**		**TiAl3V2,5**		
			n	v_f	n	v_f	n	v_f	
[-]	[mm]	[mm]	[1/min]	[mm/min]	[1/min]	[mm/min]	[1/min]	[mm/min]	
M6	6,000	1,000	1 061	1 061	849	849	212	212	
M8	8,000	1,250	796	995	637	796	159	199	
M10	10,000	1,500	637	955	509	764	127	191	***Berechnungsformel***
M12	12,000	1,750	531	928	424	743	106	186	
M10x1	10,000	1,000	637	637	509	509	127	127	
M12x1,5	12,000	1,500	531	796	424	637	106	159	$n = \frac{v_c}{\pi \cdot D}$
G1/4	13,160	1,337	484	647	387	517	97	129	
G1/2	20,950	1,814	304	551	243	441	61	110	
UNC3/8	9,525	1,588	668	1 061	535	849	134	212	$v_f = n \cdot P$
UNC1/2	12,700	1,954	501	979	401	784	100	196	
UNF1/4	6,350	0,907	1 003	909	802	727	201	182	
UNF3/8	9,525	1,058	668	707	535	566	134	141	
UNEF3/8	9,525	0,794	668	531	535	425	134	106	

Freimachen von Bauteilen – Krananlage

Ausgangssituation

Bei der Lösung von Aufgaben der Statik ist das Kräftegleichgewicht an Bauteilen, Maschinen und Geräten zu untersuchen. Dafür ist die Kenntnis aller am Bauteil angreifenden Kräfte erforderlich. Diese Kräfte wirken an den Berührungsstellen mit anderen Bauteilen. Nach dem Wechselwirkungsgesetz treten an diesen Stellen Aktions- und Reaktionskräfte auf.

Freimachen

Will man sich über die an einem Körper angreifenden Kräfte Klarheit verschaffen, so löst man ihn in Gedanken an allen Stütz-, Berührungs- und Verbindungsstellen aus seiner Umgebung heraus – macht ihn frei – und ersetzt die weggedachten Teile durch die Kräfte, die sie an der freigemachten Stelle auf den zu untersuchenden Körper ausüben. Dieses Verfahren wird als Freimachen bezeichnet.

Beispiel „Krananlage"

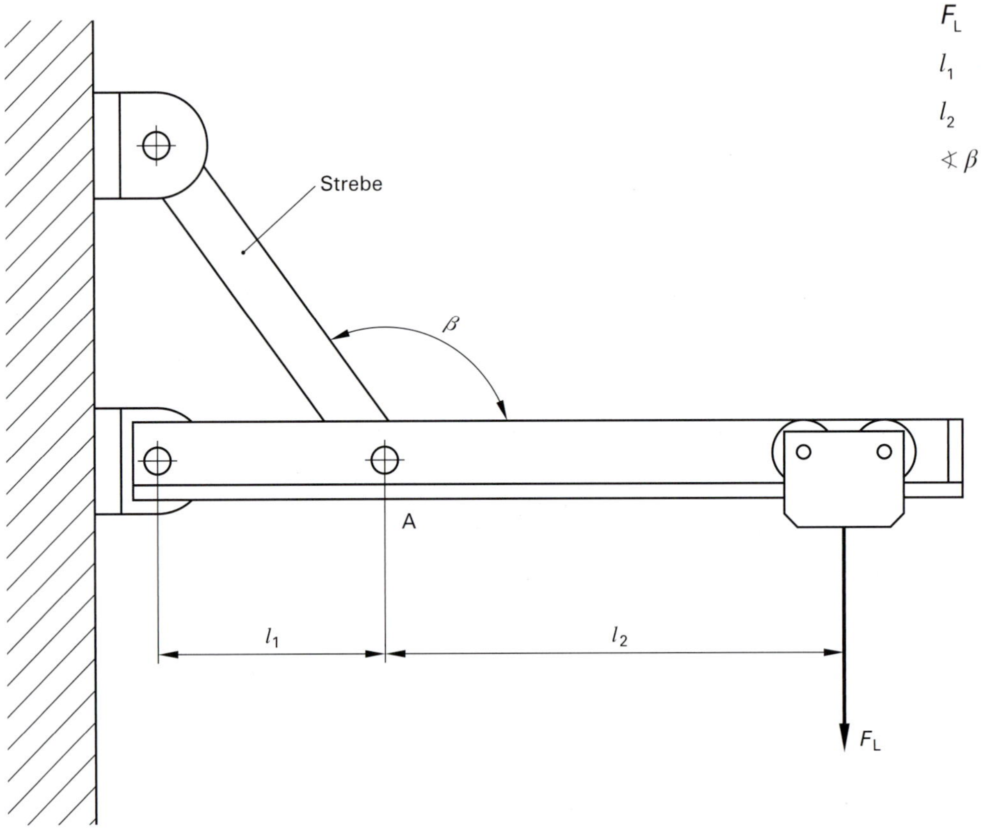

F_L = 50 000 N

l_1 = 1 m

l_2 = 2 m

$\sphericalangle \beta$ = 130°

Aufgaben

1. Freimachen aller Bauteile der Krananlage.
   - Kranausleger
   - Strebe
   - Lager
   - Laufkatze
2. Berechnung aller Kräfte.

Freimachen von Bauteilen – Krananlage

Vorgehensweise

An allen Stellen, an denen ein freizumachendes Bauteil gedanklich von seiner Umgebung getrennt wird, in Lagern und Gelenken, an Stütz- und Führungsflächen, an Seilen, Aufhängungen usw., werden die auf ihn wirkenden Kräfte als Kraftpfeile (Vektoren) eingesetzt. An Verbindungsstellen mit unbekannter Kraftrichtung trägt man zwei senkrecht aufeinander wirkende Kräfte ein, da jede Kraft in zwei Komponenten zerlegt werden kann.

Lösung

Freimachen aller Bauteile der Krananlage.

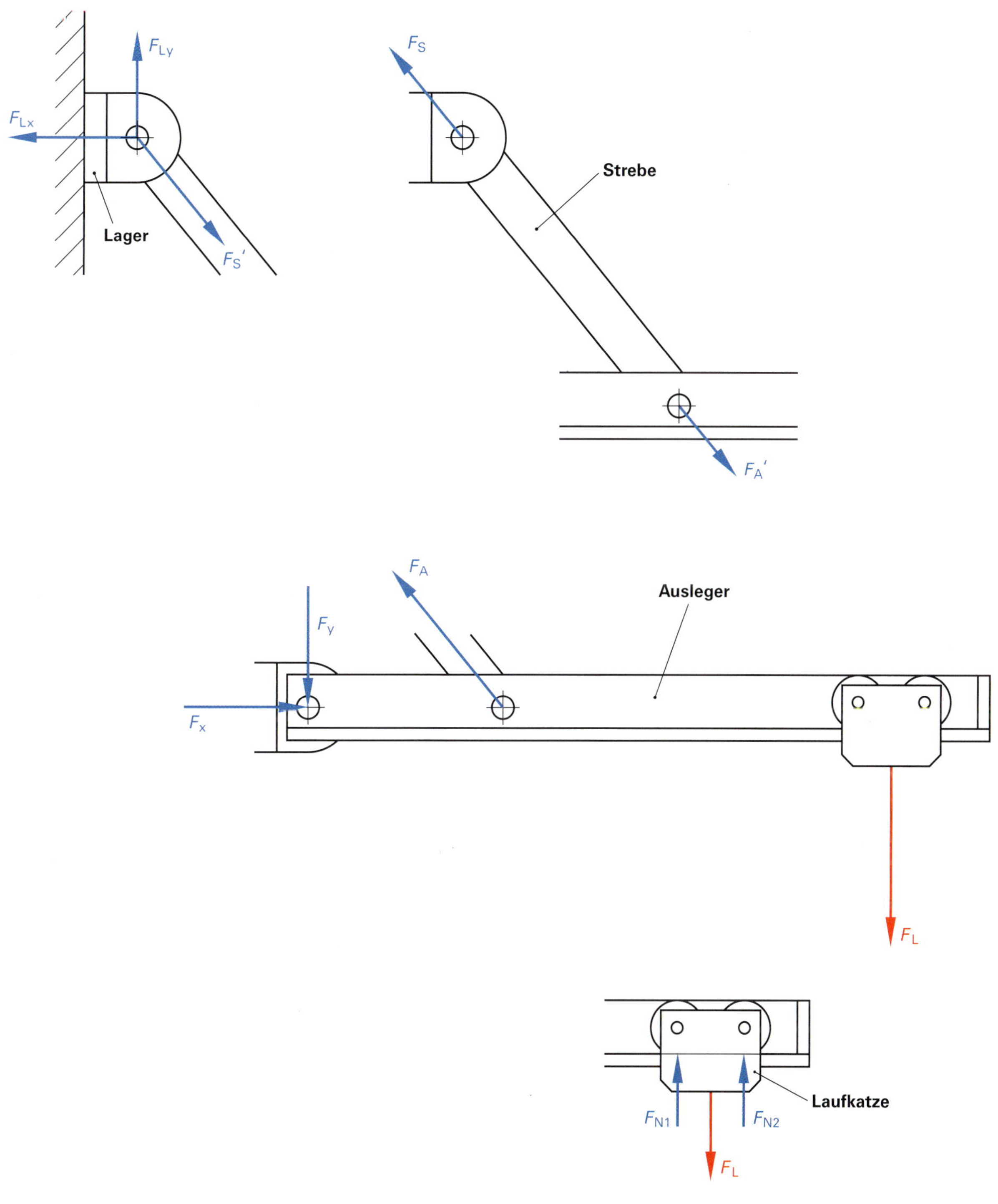

Freimachen von Bauteilen – Krananlage

Zeichnerische Lösung „Ausleger“ (3-Kräfte-Verfahren, vgl. nächste Seite)

Lageplan (maßstäblich)

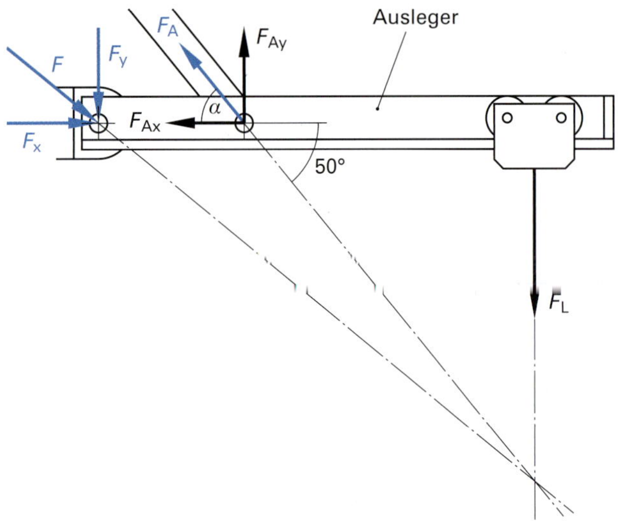

Kräfteplan (M_K: 25 kN = 1 cm)

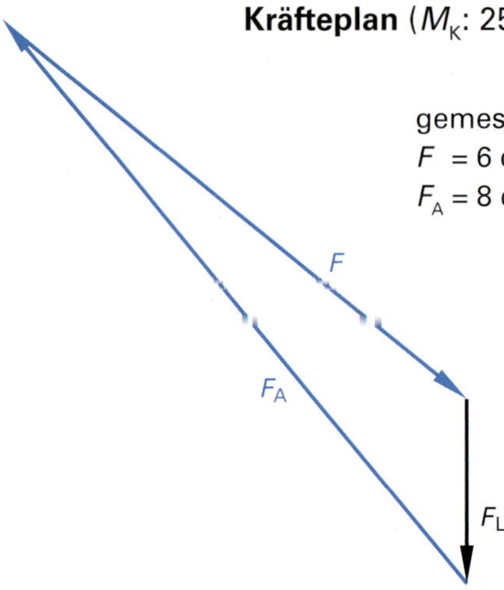

gemessen:
$F = 6\text{ cm} = 150\text{ kN}$
$F_A = 8\text{ cm} = 200\text{ kN}$

Rechnerische Lösung „Ausleger“

Kräftegleichgewicht in x-Richtung, in y-Richtung und Momentengleichgewicht

$$\Sigma F_x = 0 = F_x - F_{Ax} = F_x - F_A \cdot \cos\alpha \quad (1)$$

$$\Sigma F_y = 0 = F_{Ay} - F_y - F_L = F_A \cdot \sin\alpha - F_y - F_L \quad (2)$$

$$\Sigma M_A = 0 = F_y \cdot l_1 - F_L \cdot l_2 \quad (3)$$

Aus Gleichung (3) folgt: $F_y = \dfrac{F_L \cdot l_2}{l_1} = \dfrac{50\text{ kN} \cdot 2\text{ m}}{1\text{ m}} = 100\text{ kN}$ (4)

(4) in (2) $F_A = \dfrac{F_y + F_L}{\sin 50°} = \dfrac{100\text{ kN} + 50\text{ kN}}{\sin 50°} = 195{,}811\text{ kN}$ (5)

(5) in (1) $F_X = F_A \cdot \cos 50° = 195{,}811\text{ kN} \cdot \cos 50° = 125{,}865\text{ kN}$ (6)

(6) und (4) $F = \sqrt{F_X^2 + F_y^2} = \sqrt{125{,}865^2\text{ kN}^2 + 100^2\text{ kN}^2} = 160{,}754\text{ kN}$

Ergebnisse: $\boldsymbol{F = 160{,}745\text{ kN}}$ und $\boldsymbol{F_A = 195{,}811\text{ kN}}$

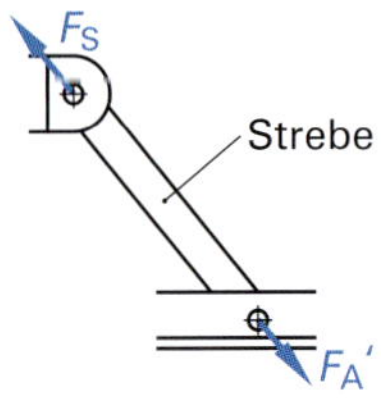

Stabkräfte auf einer Wirklinie
$F_A = F_{A'} = F_S$
F_S = **195,811 kN**

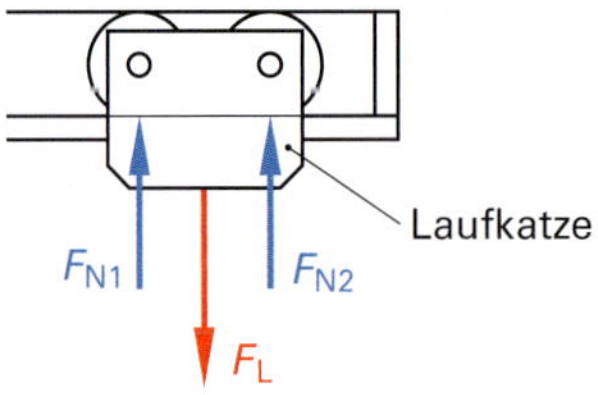

Radkräfte
$F_{N1} = F_{N2} = F_N$
$\Sigma_{Fy} = 0 = 2F_N - F_L$
$F_N = F_L/2 = 50\text{ kN} / 2$
$\boldsymbol{F_N = 25\text{ kN}}$

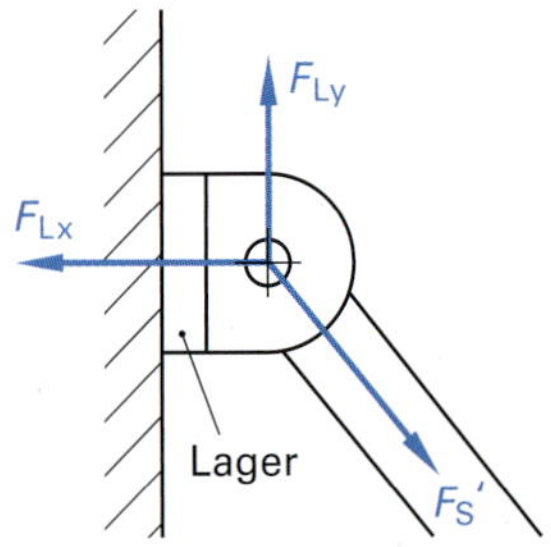

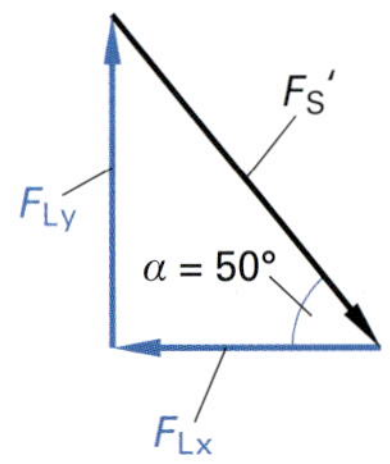

Komponenten der Lagerkraft
$F_{Lx} = F_S \cdot \cos 50°$
$= 195{,}811\text{ kN} \cdot \cos 50°$ **= 125,865 kN**

$F_{Ly} = F_S \cdot \sin 50°$
$= 195{,}811\text{ kN} \cdot \sin 50°$ **= 150 kN**

Kräfteberechnung – Stange

Ausgangssituation

Eine waagrechte Stange wird in der Mitte durch eine Kraft $F = 1\,000\,N$ unter dem Winkel $\alpha = 45°$ belastet. Die Stange ist in Lager A und B gelenkig gelagert, wobei das Lager B nur vertikale Kräfte aufnehmen kann. Die Länge l_1 beträgt 3 m.

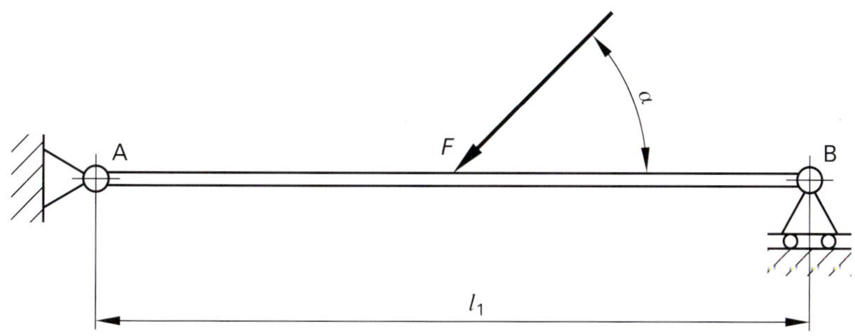

Aufgaben

1. Erstellung eines maßstäblichen Lageplanes mit zeichnerischer Lösung.
2. Berechnung aller wirksamen Kräfte.
3. Berechnung des maximalen Biegemoments.
4. Ergänzende Betrachtung:

   Wie verändern sich Kräfte und Biegemoment, wenn
   a. die Kraft F um 0,5 m nach rechts verschoben wird,
   b. die Kraft F unter 60° wirkt?

Lösungen

1. Erstellung eines maßstäblichen Lageplanes mit zeichnerischer Lösung

Lageplan Längenmaßstab: 0,5 m = 1 cm

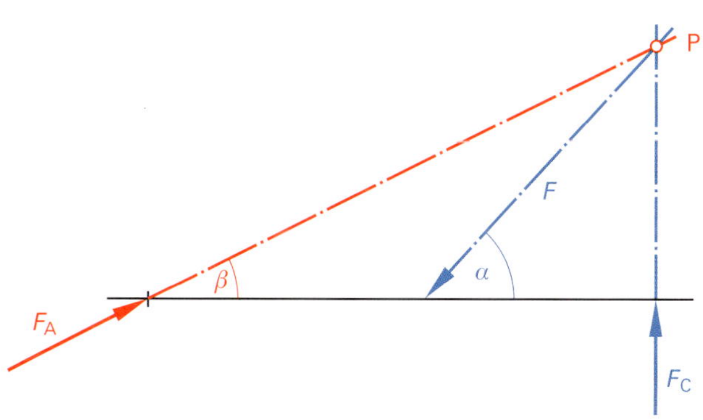

Kräfteplan Kräftemaßstab 250 N = 1 cm

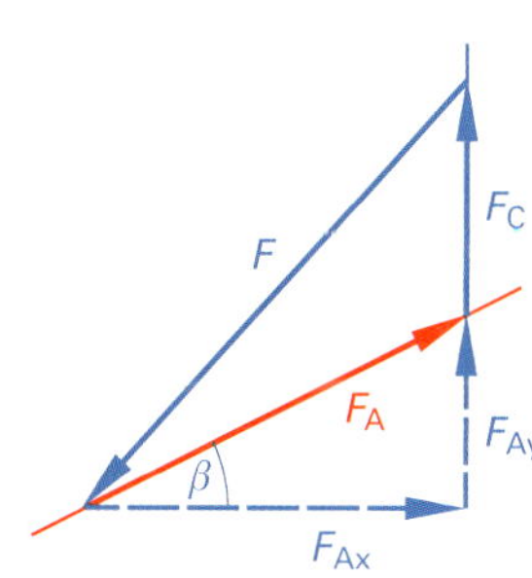

gemessen:
F_C = 350 N
F_A = 800 N
$\sphericalangle \beta = 26°$

Die zeichnerische Lösung erfolgt mit dem „3-Kräfte-Verfahren". Dabei werden zwei bekannte Wirklinien zum Schnitt gebracht (Punkt P). Die Verbindung von P zum Angriffspunkt der unbekannten Kraft erzeugt die Wirklinie dieser Kraft. Durch Übertragung in den Kräfteplan lässt sich die gesuchte Kraft ermitteln.

Kräfteberechnung – Hebebühne

2. Darstellung der wirksamen Kräfte auf den Tisch der Hebebühne

Lageplan

Winkeltreue Darstellung der Kräfte (unmaßstäblich).

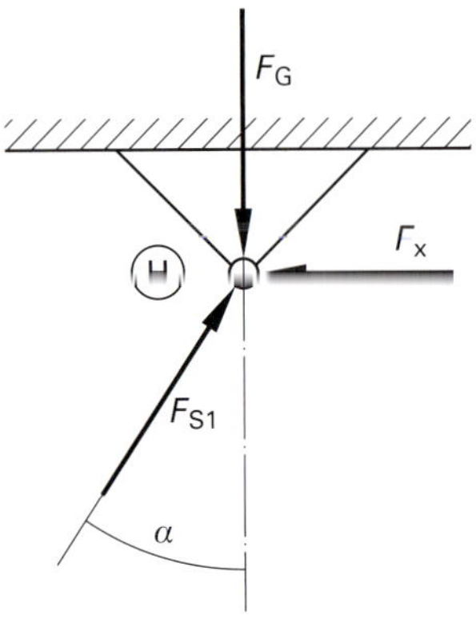

Kräfteplan Kräftemaßstab: 250 N = 1 cm

Durch Parallelübertragung der Kräfte in beliebiger Reihenfolge entsteht ein geschlossenes Krafteck (Gleichgewichtsbedingung). Werden die gegebenen Kräfte maßstäblich eingezeichnet, können unbekannte Kräfte über den Kräftemaßstab ermittelt werden

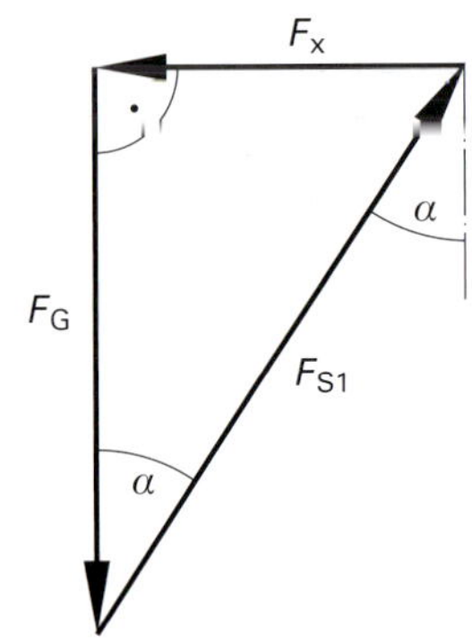

m = 100 kg → $F_G \approx 1\,000$ N

gemessen:
F_x = 700 N
F_{S1} = 1 200 N

3. Darstellung der wirksamen Kräfte auf den Hydraulikzylinder

Lageplan

Winkeltreue Darstellung der Kräfte (unmaßstäblich).

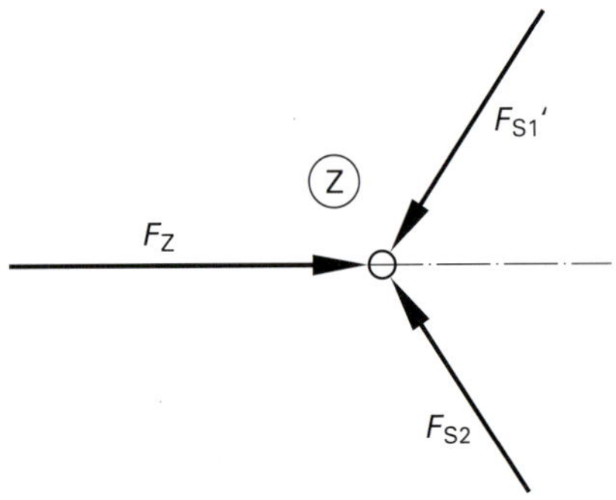

Kräfteplan Kräftemaßstab: 250 N = 1 cm

Durch Parallelübertragung der Kräfte in beliebiger Reihenfolge entsteht ein geschlossenes Krafteck (Gleichgewichtsbedingung).

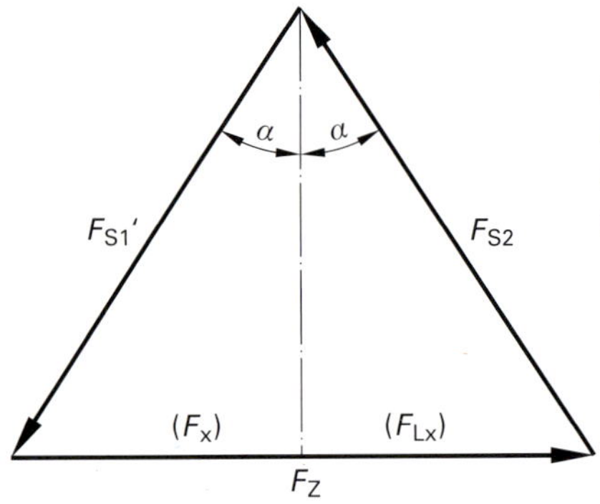

gemessen:
F_Z = 1 400 N
F_{S1}' = 1 200 N
F_{S2} = 1 200 N

4. Darstellung der wirksamen Kräfte im Fußlager

Lageplan (winkeltreu)

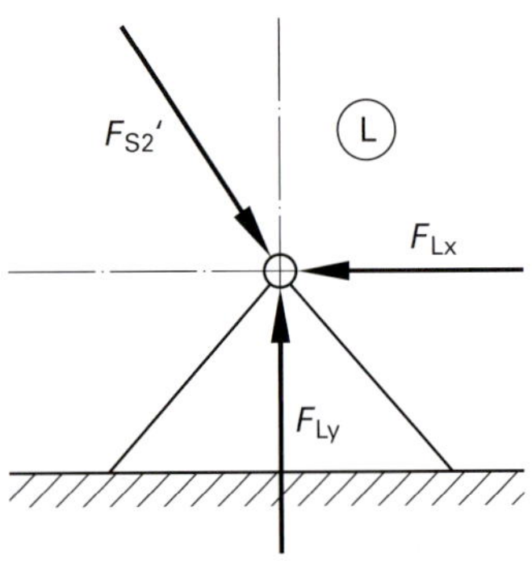

Kräfteplan Kräftemaßstab: 250 N = 1 cm

Durch Parallelübertragung der Kräfte in beliebiger Reihenfolge entsteht ein geschlossenes Krafteck (Gleichgewichtsbedingung).

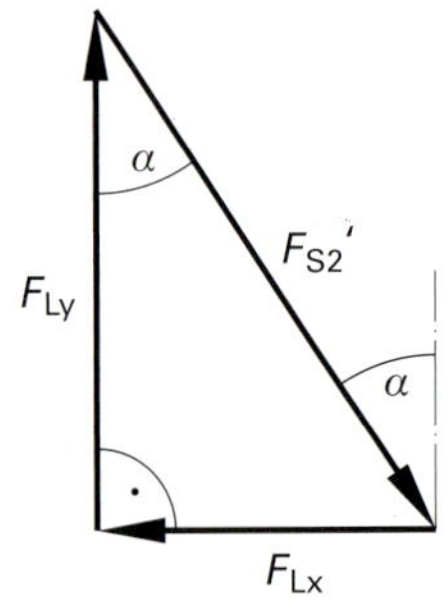

gemessen:
F_{Lx} = 700 N
F_{Ly} = 1 200 N
$F_{S2} = F_{S2}'$ = 1 200 N

Kräfteberechnung – Hebebühne

5. Berechnung aller wirksamen Kräfte

Zur Berechnung der Kräfte wird der trigonometrische Lösungsansatz verwendet, da sich in der zeichnerischen Lösung Dreiecke ergeben haben, die einfach zu berechnen sind.

Kräfte an der Hebebühne

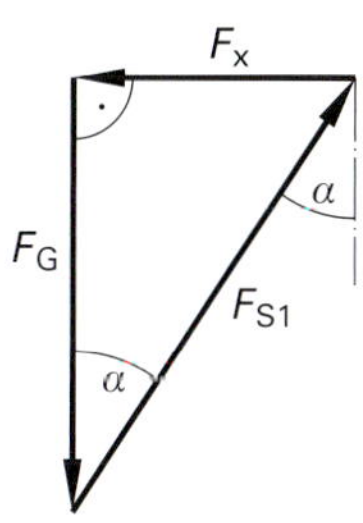

Hebebühne

$$\cos\alpha = \frac{F_G}{F_{S1}}$$

$$F_{S1} = \frac{F_G}{\cos\alpha} = \frac{1\,000\text{ N}}{\cos 33{,}7°}$$

$$\mathbf{F_{S1} = 1\,202\text{ N}}$$

$$\tan\alpha = \frac{F_x}{F_G}$$

$$F_x = F_G \cdot \tan\alpha = 1\,000\text{ N} \cdot \tan 33{,}7°$$

$$\mathbf{F_x = 666{,}917\text{ N} \approx 667\text{ N}}$$

Kräfte am Lager

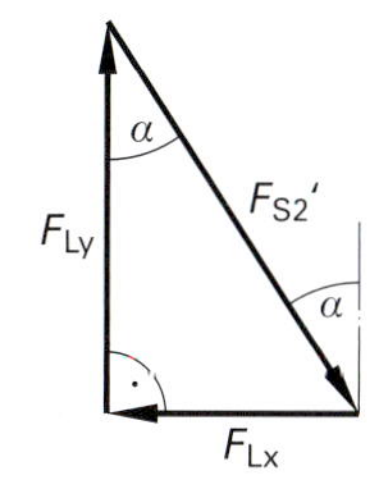

Lager

$F_{S1} = F_{S2}' = 1202\text{ N}$
$F_x = F_{Lx} = 667\text{ N}$
$F_{Ly} = F_G = 1000\text{ N}$

Kräfte am Zylinder

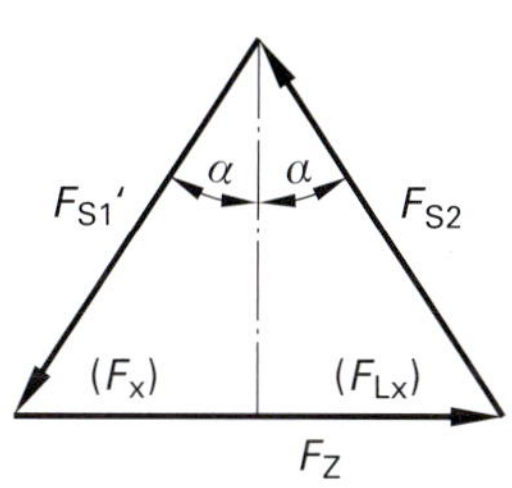

Hydraulikzylinder

$F_{S1} = F_{S1}' = F_{S2}$ (Symmetrie)
$F_Z = 2 \cdot F_x = 2 \cdot 667\text{ N}$
$\mathbf{F_Z = 1\,334\text{ N}}$

6. Berechnung des Kolbendurchmessers

Für die Berechnung des Kolbendurchmessers wird zunächst eine Stangenkraft F_Z von 3 000 N angesetzt, die mit einem Hydraulikdruck von 15 bar bewegt werden sollen.

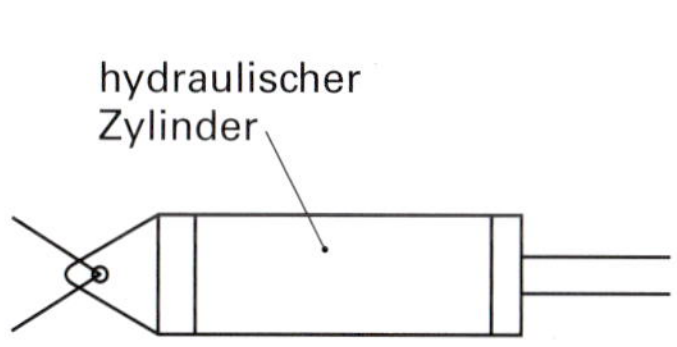

$$F_{Z\max} = 3\,000\text{ N},\ p = 15\text{ bar} = 15 \cdot 0{,}1\,\frac{\text{N}}{\text{mm}^2}$$

$$p = \frac{F}{A} \rightarrow A_{erf} = \frac{F_{max}}{p_{max}}$$

$$A_{erf} = \frac{3\,000\text{ N}}{1{,}5\,\frac{\text{N}}{\text{mm}^2}} = 2\,000\text{ mm}^2 = \frac{d^2 \cdot \pi}{4}$$

$$d_{erf} = \sqrt{\frac{2\,000\text{ mm}^2 \cdot 4}{\pi}} = 50{,}4\text{ mm}$$

gewählt: $d = 50$ mm

7. Ermittlung der Abscherspannung am Bolzen der Lagerbefestigung

Im Lager der Hebebühne und im Fußlager werden die Schubstangen in einer Gabel geführt und durch einen Bolzen mit dem Durchmesser 5 mm drehbar gehalten.

Bolzenverbindung

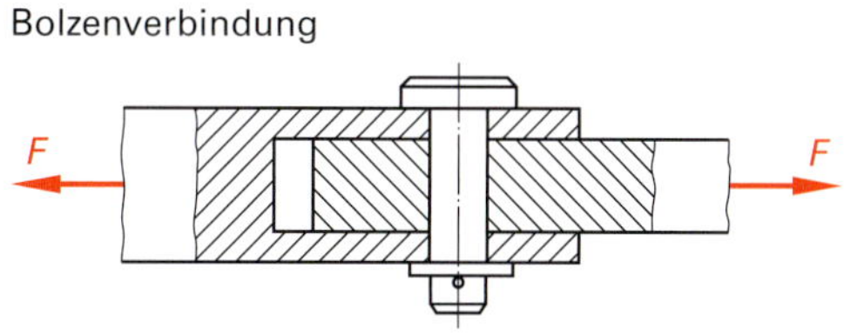

$$\tau_{a\,vorh} = \frac{F_{S2}}{2 \cdot A_{vorh}} = \frac{1\,202\text{ N}}{2 \cdot \frac{(5\text{ mm})^2\,\pi}{4}}$$

$$\mathbf{\tau_{a\,vorh} = 30{,}61\,\frac{N}{mm^2}}$$

Kräfteberechnung – Hebebühne

8. Berechnungen für die untere Hublage

Lageplan Längenmaßstab: 100 mm = 1 cm

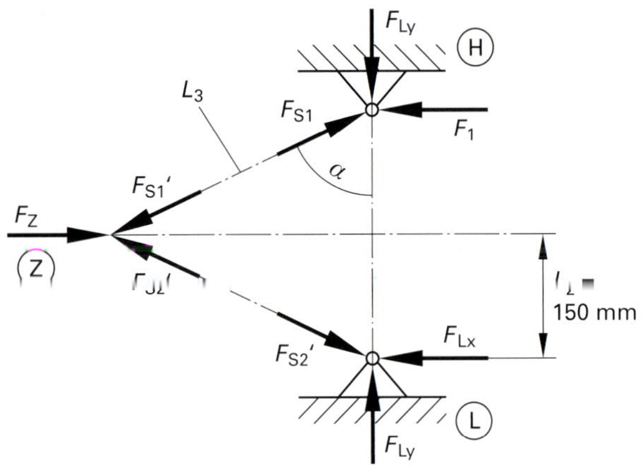

Die maßstäbliche Darstellung der gegebenen Längen erzeugt eine winkeltreue Zeichnung (Lageplan), aus der alle weiteren Maße und Winkel abgelesen oder berechnet werden können.

Berechnung des Winkels α:

$$\cos\alpha = \frac{L_2}{L_3} = \frac{150\,\text{mm}}{360{,}5\,\text{mm}}$$

$$\mathbf{\cos\alpha = 0{,}416}$$

$$\text{arc}\cos 0{,}416 = 65{,}4°$$

Kräfte an der Hebebühne
Kräfteplan
Die Kraftsysteme H, Z und L erzeugen jeweils ein geschlossenes Krafteck (Gleichgewicht). Die umlaufenden Kraftpfeile sind geschlossen.

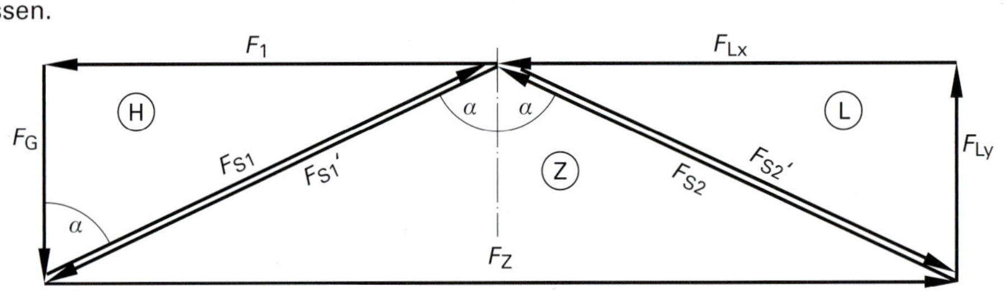

Hebebühne H

$$F_{S1} = \frac{F_G}{\cos\alpha} = \frac{1\,000\,\text{N}}{\cos 65{,}4°}$$

$F_{S1} = 2\,402$ N

$F_1 = F_G \cdot \tan\alpha = 1\,000\ \text{N} \cdot \tan 65{,}4°$

$\mathbf{F_1 = 2\,184{,}2\ N}$

Zylinder Z

$F_{S1} = F_{S1}' = F_{S2} = 2\,402$ N

$F_Z = 2 \cdot F_1 = 2 \cdot 2\,184{,}2$ N

$\mathbf{F_Z = 4\,368{,}4\ N}$

Lager L

$F_{S1} = F_{S2} = 2\,402$ N

$F_{S1} = F_{Lx} = 2\,184{,}2$ N

$\mathbf{F_{Ly} = F_G = 1\,000\ N}$

Berechnung des Kolbendurchmessers

Für die Berechnung des Kolbendurchmessers wird zunächst eine Stangenkraft F_Z von 4 500 N angesetzt, die mit einem Hydraulikdruck von 15 bar erzeugt werden sollen.

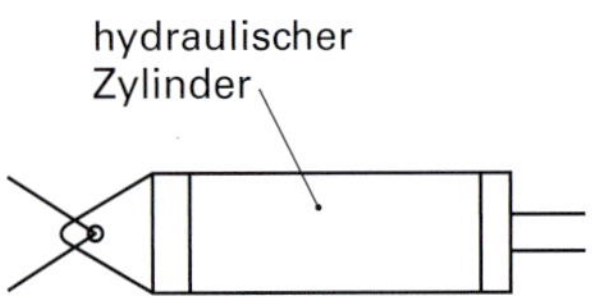

$F_{Z\max} = 4\,500$ N $\quad A_{erf} = \dfrac{4\,500\ \text{N}}{1{,}5\ \dfrac{\text{N}}{\text{mm}^2}} = 3\,000\ \text{mm}^2 = \dfrac{d^2 \cdot \pi}{4}$

$$d_{erf} = \sqrt{\frac{3\,000\ \text{mm}^2 \cdot 4}{\pi}} = 61{,}80\ \text{mm}$$

gewählt d = 60 mm

Der für die obere Lage berechnete Kolbendurchmesser reicht für die untere Hublage nicht aus! Für den Kolbendurchmesser muss also mindestens 60 mm gewählt werden!

Ermittlung der Abscherspannung am Bolzen der Lagerbefestigung

Im Lager der Hebebühne und im Fußlager werden die Schubstangen in einer Gabel geführt und mit einem Bolzen mit dem Durchmesser 5 mm drehbar gehalten.

Bolzenverbindung

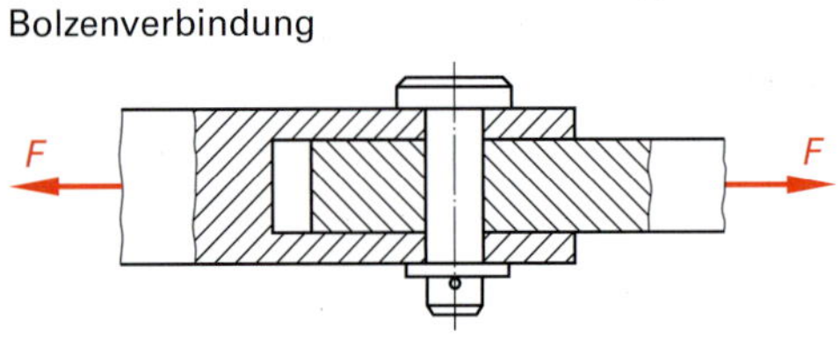

$$\tau_{a\,vorh} = \frac{F_{S2}}{2\,A_{vorh}} = \frac{2\,402\ \text{N}}{2 \cdot \dfrac{(5\ \text{mm})^2\,\pi}{4}}$$

$$\mathbf{\tau_{a\,vorh} = 61{,}17\ \frac{N}{mm^2}}$$

Festigkeitsberechnung – Kupplungswelle

Ausgangssituation

Die dargestellte Kupplungswelle ist zu untersuchen.
An der Kupplung kann entweder ein Motor mit der Nennleistung von 7,5 kW oder 10 kW angesetzt werden.
Die Drehzahl beider Motoren beträgt 1 000 1/min.
Die Reibungsverluste im Motor und in der Nabe betragen jeweils 5 %.
Der Durchmesser für die Riemenscheibe beträgt 180 mm.
Die Nabe wird mit 4 Sechskantschrauben ISO 4014 – M10 x 60 – 8.8 befestigt. Beim Anziehen von Hand wird bei einer M10 Schraube erfahrungsgemäß eine Vorspannkraft von $F_V = 16$ kN erreicht. Aus Sicherheitsgründen wird mit einem Stoßfaktor von $\varphi = 2$ gerechnet. Die Haftreibungszahl beträgt $\mu = 0{,}5$.

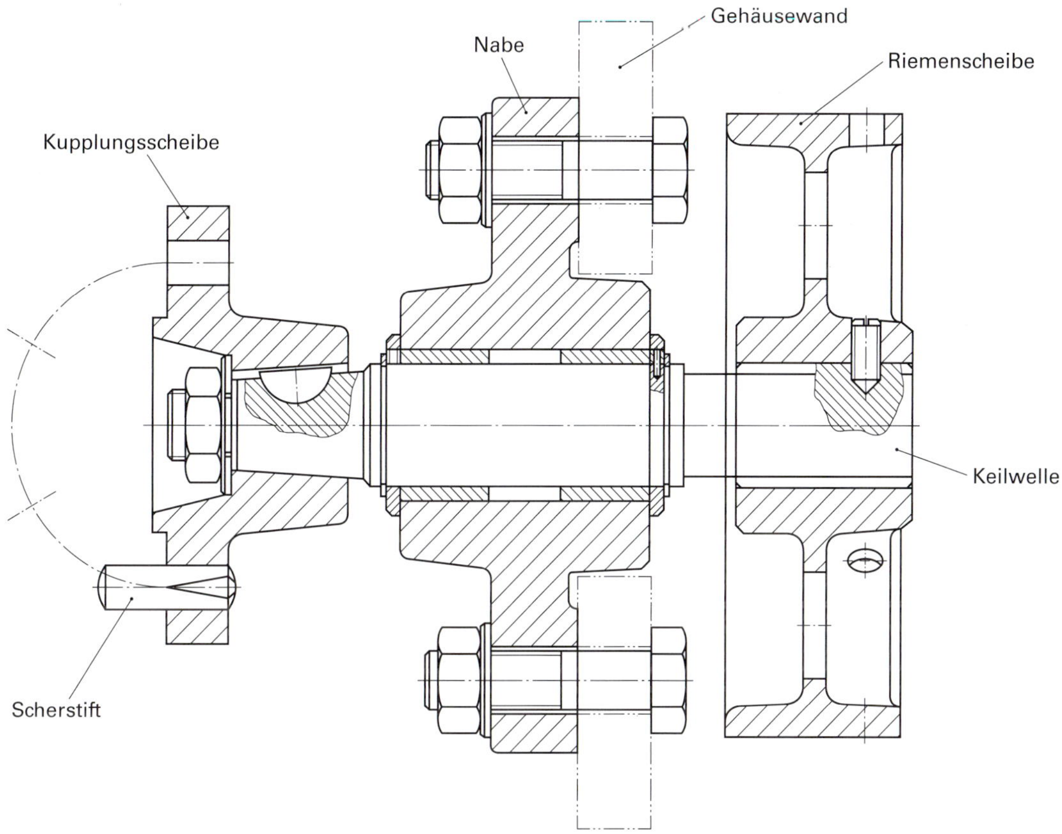

Aufgaben

1. Darstellung der wirksamen Kräfte auf die Keilwelle.
2. Darstellung der wirksamen Kräfte auf die Verschraubung der Nabe.
3. Berechnung der Reibungskraft an der Gehäusewand.
4. Darstellung der wirksamen Kräfte auf die Kupplungsscheibe.
5. Berechnung der wirksamen Leistungen und Drehmomente.
6. Das Drehmoment an der Kupplungsscheibe wurde berechnet mit $M_K = 68$ Nm. Drei Scherstifte mit $d = 8$ mm befinden sich auf einem Teilkreisdurchmesser $D_K = 90$ mm.
   Ermittlung der maximalen Abscherspannung an den drei Scherstiften der Kupplungsscheibe.
7. Ermittlung der maximalen Torsionsspannung an der Keilwelle.
8. Ermittlung der maximalen Biegespannung an der Keilwelle.
   Als gefährdeter Querschnitt wird der Durchmesser der Keilwelle (ISO 14 – 6 x 28 x 34) mit der wirksamen Länge $l = 33$ mm angenommen.
9. Ergänzende Berechnungen.

Festigkeitsberechnung – Kupplungswelle

Lösungen

1. Darstellung der wirksamen Kräfte auf die Keilwelle

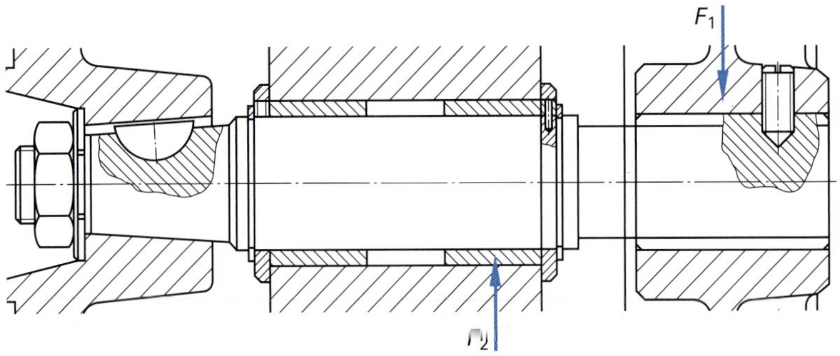

Radialkräfte F_1 und F_2

$\Sigma F_y = 0,$

$F_1 = F_2$

Axialkräfte

treten nicht auf

An der Kupplung entstehen nur Rotationskräfte!

2. Darstellung der wirksamen Kräfte auf die Verschraubung der Nabe

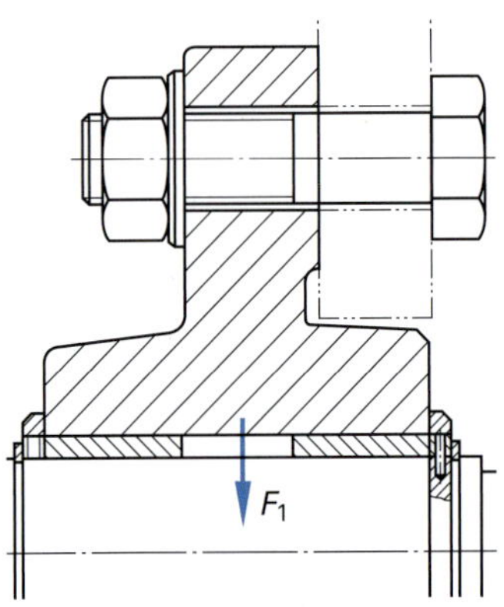

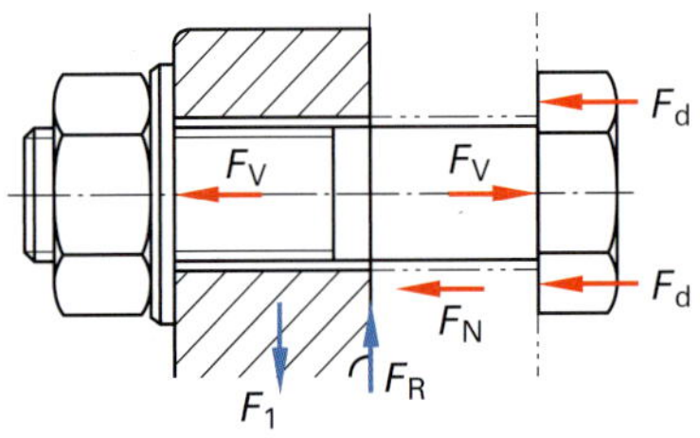

F_1 Radialkraft
F_V Schraubenvorspannkraft
F_N Normalkraft
F_R Reibungskraft
F_d Druckkraft

3. Berechnung der Reibungskraft an der Gehäusewand

Die Nabe wird mit 4 Sechskantschrauben ISO 4014 – M10 x 60 – 8.8 befestigt. Beim Anziehen von Hand wird bei einer M10 Schraube erfahrungsgemäß eine Vorspannkraft von $F_V = 16$ kN erreicht.
Mit welcher maximalen Radialkraft F_1 kann die Nabe belastet werden, wenn aus Sicherheitsgründen mit einem Stoßfaktor von $\varphi = 2$ gerechnet werden muss. Die Haftreibungszahl beträgt $\mu = 0{,}5$.

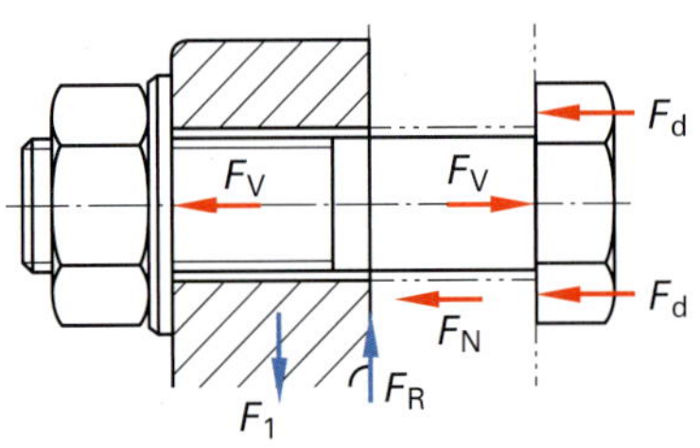

Die Schraubenvorspannkraft F_V entspricht der für die Reibung an der Nabe verantwortlichen Normalkraft F_N.

$\boldsymbol{F_V = F_N}$

Aus dem Reibungsgesetz folgt:

$F_R = \mu \cdot F_N = 0{,}5 \cdot 16000 \text{ N} = 8000 \text{ N}$

Bei 4 Schrauben gilt:

$$F_{1\,max} = \frac{F_{R\,ges}}{\varphi} = 4 \cdot \frac{F_R}{\varphi} = 4 \cdot \frac{8000 \text{ N}}{2} = 16000 \text{ N}$$

$\boldsymbol{F_{1\,max} = 16 \text{ kN}}$

Festigkeitsberechnung – Kupplungswelle

4. Darstellung der wirksamen Kräfte auf die Kupplungsscheibe

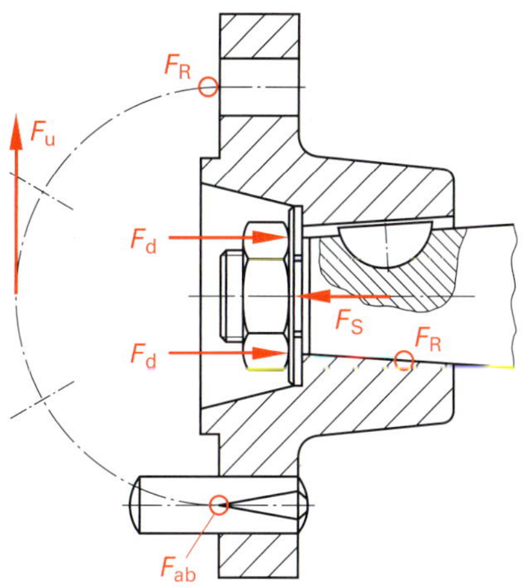

Kräfte an der Kupplungsscheibe

Bezeichnungen	Wirkungen
F_U Umfangskraft	Motor treibt Riemenscheibe an
F_R Reibungskraft	• Reibung zwischen Motor- und Kupplungsscheibe • Reibung zwischen Kegelwelle und Kupplungsscheibe
F_d Druckkraft	Befestigung der Kupplungsscheibe auf der Welle
F_S Schraubenkraft	Vorspannkraft in der Schraube
F_{ab} Scherkraft	Fixierung der Kupplung

5. Berechnung der wirksamen Leistungen und Drehmomente

Bei einer Nennleistung des Motors von 7,5 kW ergeben sich folgende Werte:

Leistung und Drehmoment an der Kupplungsscheibe

$P_2 = \eta \cdot P_1 = 0{,}95 \cdot 7{,}5\ \text{kW} = 7{,}125\ \text{kW}$

$M_K = \frac{P_2 \cdot 9\,550}{n} = \frac{7{,}125 \cdot 9\,550}{1\,000}$ [Zahlenwertgleichung]

$\mathbf{M_K = 68\ Nm}$

Leistung und Drehmoment an der Riemenscheibe

$P_3 = \eta \cdot P_2 = 0{,}95 \cdot 7{,}125\ \text{kW} = 6{,}769\ \text{kW}$

$M_R = \frac{P_3 \cdot 9\,550}{n} = \frac{6{,}769 \cdot 9\,550}{1\,000}$ [Zahlenwertgleichung]

$\mathbf{M_R = 64{,}6\ Nm}$

6. Ermittlung der maximalen Abscherspannung an den Scherstiften der Kupplungsscheibe

Das Drehmoment an der Kupplungsscheibe wurde berechnet mit $M_K = 68$ Nm.
Drei Scherstifte mit $d = 10$ mm befinden sich auf einem Teilkreisdurchmesser $D_K = 90$ mm.

$M_K = \frac{D_K}{2} \cdot F_U = 68\ \text{Nm}$

$F_U = \frac{M_K}{\frac{D_K}{2}} = \frac{68\ \text{Nm}}{0{,}045\ \text{m}} = 1\,511{,}11\ \text{N}$

$F_{ab} = \frac{F_U}{3} = \frac{1\,511{,}11\ \text{N}}{3}\ \text{N} = 503{,}7\ \text{N}$

$\tau_{a\,max} = \frac{F_{ab}}{S} = \frac{F_{ab}}{\frac{d^2 \cdot \pi}{4}} = \frac{503{,}7\ \text{N} \cdot 4}{(10\ \text{mm})^2 \cdot \pi}$

$\boldsymbol{\tau_{a\,max} = 6{,}41\ \frac{N}{mm^2}}$

Festigkeitsberechnung – Kupplungswelle

7. Ermittlung der maximalen Torsionsspannung an der Keilwelle

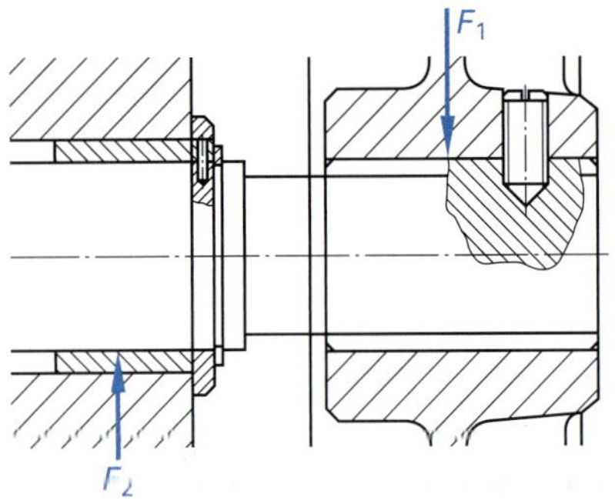

Die maximale Torsionsspannung ergibt sich aus dem vorhandenen Torsionsmoment, dem vorhandenen polaren Widerstandsmoment und aus dem gefährdeten Querschnitt.
Als gefährdeter Querschnitt wird der Durchmesser der Keilwelle (ISO 14 – 6 x 28 x 34) angenommen.

$$M_{tvorh} = M_R = 64{,}6 \text{ Nm}$$

$$W_{pvorh} = \frac{\pi \cdot d^3}{16} = \frac{\pi \cdot 28^3}{16} = 4{,}310 \cdot 10^3 \text{ mm}^3$$

$$\tau_{tmax} = \frac{M_{tvorh}}{W_{pvorh}}$$

$$\tau_{tmax} = \frac{M_{tvorh}}{W_{pvorh}} = \frac{64{,}6 \cdot 10^3 \text{ N mm}}{4{,}310 \cdot 10^3 \text{ mm}^3}$$

$$\boldsymbol{\tau_{tmax} = 15 \frac{N}{mm^2}}$$

8. Ermittlung der maximalen Biegespannung an der Keilwelle

Die maximale Biegespannung ergibt sich aus dem vorhandenen maximalen Biegemoment, dem vorhandenen axialen Widerstandsmoment und aus dem gefährdeten Querschnitt.
Als gefährdeter Querschnitt wird der Durchmesser der Keilwelle (ISO 14 – 6 x 28 x 34) mit der wirksamen Länge l = 33 mm angenommen.

$$M_{bvorh} = F_{1max} \cdot l = 16\,000 \text{ N} \cdot 33 \text{ mm} = 528 \text{ Nm}$$

$$W_{vorh} = \frac{\pi \cdot d^3}{32} = \frac{\pi \cdot 28^3}{32} = 2{,}155 \cdot 10^3 \text{ mm}^3$$

$$\sigma_{bmax} = \frac{M_{bvorh}}{W_{vorh}}$$

$$\sigma_{bmax} = \frac{M_{bvorh}}{W_{vorh}} = \frac{528 \cdot 10^3 \text{ Nmm}}{2{,}155 \cdot 10^3 \text{ mm}^3}$$

$$\boldsymbol{\sigma_{bmax} = 245 \frac{N}{mm^2}}$$

9. Ergänzende Berechnungen

a. Die Nabe wird mit 4 Sechskantschrauben ISO 4014 – M10 x 60 – 8.8 befestigt. Beim Anziehen von Hand wird bei einer M10 Schraube erfahrungsgemäß eine Vorspannkraft von F_V = 16 kN erreicht.
Berechnung der vorhandenen Sicherheit in der Schraube sowie die Flächenpressung an der Kopfauflage sowie zwischen Nabe und Unterlagscheibe.

b. Berechnung der Drehmomente für eine Motornennleistung von 10 kW. Welche Änderungen ergeben sich dadurch für die Abscherspannung der Scherstifte und die Torsionsspannung der Welle?

c. Berechnung der Abscherspannung am Keilgrund der Keilwelle (ISO 14 – 6 x 28 x 34), mit 50 mm Länge.

d. Berechnung der möglichen Zugkraft im Riemen. Der Durchmesser der Riemenscheibe beträgt D = 180 mm.

Schraubenberechnung – Scheibenkupplung

Ausgangssituation

Die dargestellte elektromagnetische Einscheibenkupplung hat ein Drehmoment von 500 Nm zu übertragen. Um den Luftspalt zwischen Reibscheibe und Reibbelag nachstellen zu können, sind zwischen dem Spulenkörperflansch und der Reibscheibe nach außen herausziehbare Hartpapierscheiben eingelegt. Zur Befestigung sind 8 Sechskantschrauben DIN EN ISO 4017 vorgesehen.

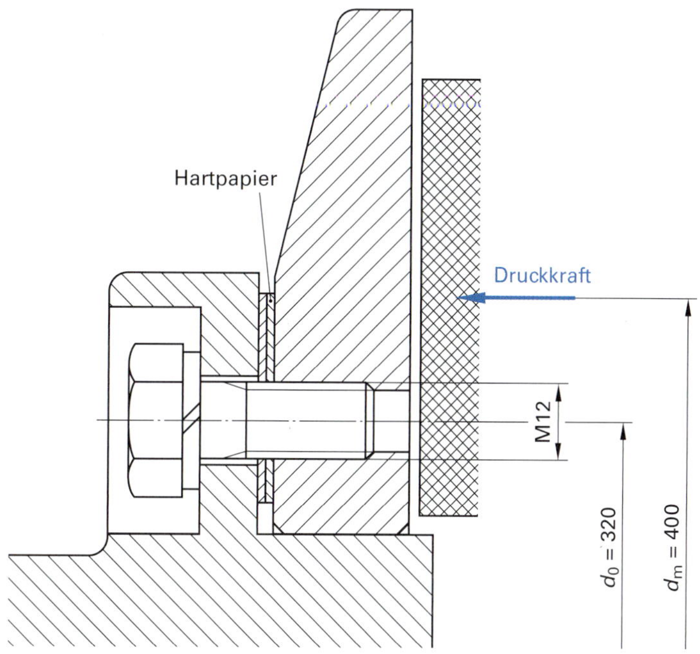

Angenommene Werte

μ_1 = 0,08 (Stahlguss / Hartpapier)

μ_2 = 0,25 (Reibscheibe / Reibbelag)

μ_G = 0,12 (Gewindereibung)

μ_K = 0,12 (Reibung an Kopfauflage)

φ = 1,8 Haftsicherheit

Anzugsmoment der Schraube (Näherung)

$M_A = F_S \cdot (0{,}16 \cdot P + 0{,}58 \cdot \mu_G \cdot d_2 + \mu_K \cdot r_{KA})$

F_S Vorspannkraft der Schraube

P Steigung im Gewinde

d_2 Flankendurchmesser

r_{KA} mittlerer Radius der Kopfauflage

d_h Durchgangsbohrung

d_K Durchmesser Schraubenkopf

Aufgaben

1. Berechnung der Druckkraft am Bremsbelag.
2. Berechnung der notwendigen Schraubenanzugskraft.
3. Berechnung des Schraubenanzugsmoments.
4. Berechnung der Sicherheit in der Schraube bei Festigkeitsklasse 8.8.
5. Ergänzende Betrachtungen:
   Untersuchung einer Erhöhung der Reibung in der Verschraubung auf μ_G = 0,15 (Gewindereibung) und μ_K = 0,2 (Reibung an Kopfauflage), bei gleichem Anzugsmoment.

Schraubenberechnung – Scheibenkupplung

Lösungen

1. Berechnung der Druckkraft am Bremsbelag

$$M_R = F_R \cdot \frac{d_m}{2}$$

$$F_R = \frac{M_R \cdot 2}{d_m} = \frac{500\ \text{Nm} \cdot 2}{0{,}4\ \text{m}} = 2\,500\ \text{N}$$

$$F_R = \mu_2 \cdot F_N$$

$$F_N = \frac{F_R}{\mu_2} = \frac{2\,500\ \text{N}}{0{,}25} = 10\,000\ \text{N}$$

$\mathbf{F_N = 10\ kN}$

2. Berechnung der notwendigen Schraubenanzugskraft

$$M_R = F_{R\,ges} \cdot \frac{d_0}{2}$$

$$F_{R\,ges} = \frac{M_R \cdot 2}{d_0} = \frac{500\ \text{Nm} \cdot 2}{0{,}32\ \text{m}} = 3\,125\ \text{N}$$

$$F_{R1} = \frac{F_{R\,ges}}{n} = \frac{3\,125\ \text{N}}{8\ \text{Schrauben}} = 390{,}625\ \text{N}$$

$$F_S = \frac{F_{R1} \cdot \varphi}{\mu_1} = \frac{390{,}625\ \text{N} \cdot 1{,}8}{0{,}08} = 8\,789{,}063\ \text{N}$$

$\mathbf{F_S = 8{,}789\ kN}$

3. Berechnung des Schraubenanzugsmomentes

$$M_A = F_S \cdot (0{,}16 \cdot P + 0{,}58 \cdot \mu_G \cdot d_2 + \mu_K \cdot r_{KA}) \qquad \text{mit } r_{KA} = \frac{d_K + d_h}{2 \cdot 2}$$

$$= 8\,789\ \text{N} \cdot \left(0{,}16 \cdot 1{,}75\ \text{mm} + 0{,}58 \cdot 0{,}12 \cdot 10{,}86\ \text{mm} + 0{,}12 \cdot \frac{(16{,}6\ \text{mm} + 13{,}5\ \text{mm})}{2 \cdot 2}\right) = 17\,040\ \text{N mm}$$

$\mathbf{M_A = 17{,}040\ N\,m}$

4. Berechnung der Sicherheit

Für M12 und Festigkeitsklasse 8.8 gilt:

$R_m = 800\ \frac{\text{N}}{\text{mm}^2}$; $R_e = 640\ \frac{\text{N}}{\text{mm}^2}$, Spannungsquerschnitt $S = 84{,}3\ \text{mm}^2$

$$\sigma_{vorh} = \frac{F_S}{S_{vorh}} = \frac{8\,789\ \text{N}}{84{,}3\ \text{mm}^2} = 104{,}26\ \frac{\text{N}}{\text{mm}^2}$$

$$\nu = \frac{R_m}{\sigma_{vorh}} = \frac{640\ \frac{\text{N}}{\text{mm}^2}}{104{,}26\ \frac{\text{N}}{\text{mm}^2}} = 6{,}1$$

$\mathbf{\nu \approx 6}$ **6-fache Sicherheit gegen Fließen**

Reibung, Spannungsnachweis – Pneumatischer Greifer

Ausgangssituation

Das vereinfachte Winkelgreifersystem eines Industrieroboters besteht aus einem einfach wirkenden Pneumatikzylinder, der durch Druckluftzufuhr einfährt und dabei das zylindrische Werkstück im Prisma spannt.

Durch Abschalten der Druckluft drückt die Rückstellfeder den Kolben nach vorne und das Werkstück wird gelöst.

Die vereinfachte Zeichnung zeigt das System unter Druck, das Werkstück ist gespannt.

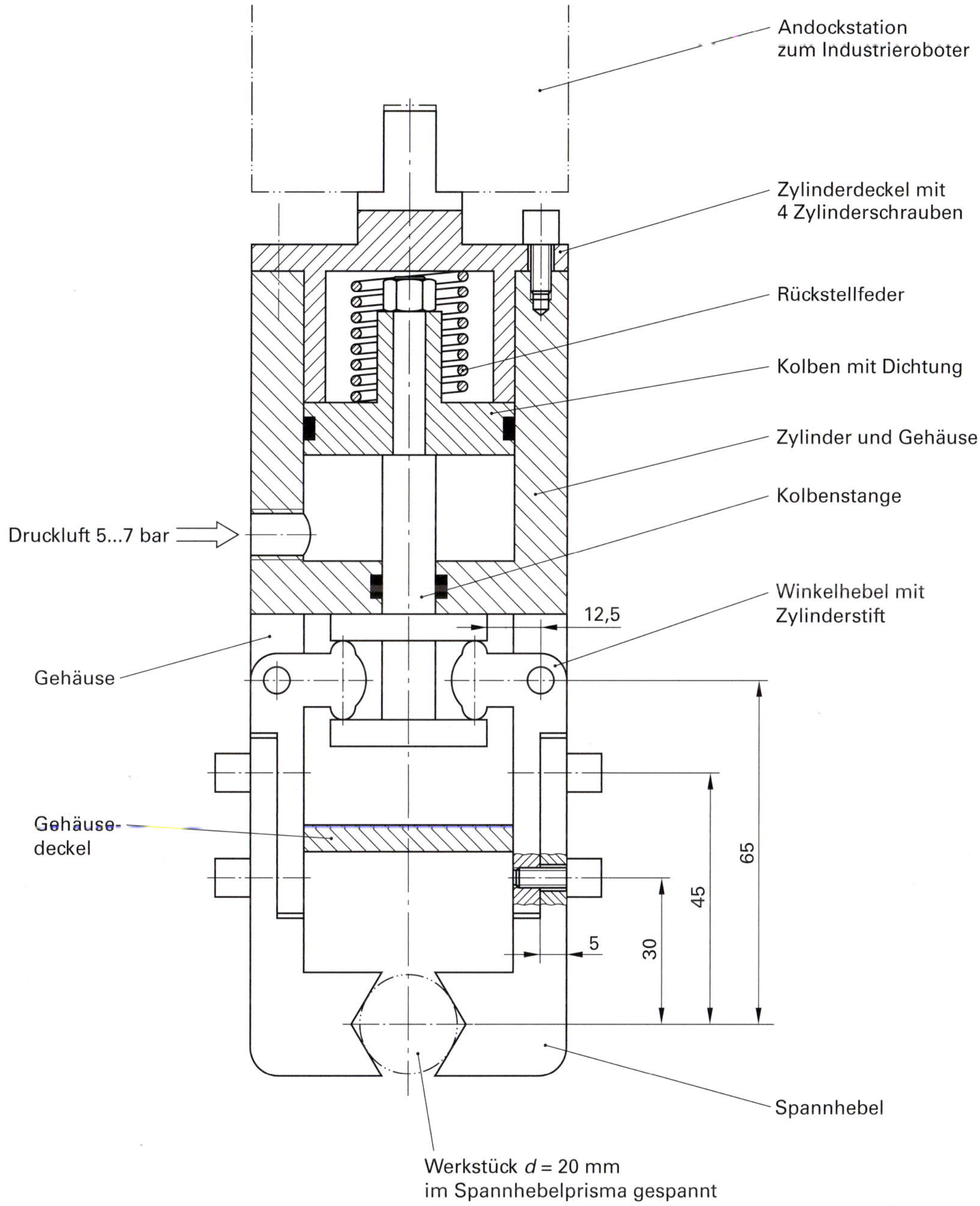

Reibung, Spannungsnachweis – Pneumatischer Greifer

Aufgaben

1. Berechnung der am Kolben entstehenden Kraft.
   Die über ein Stellglied in den Zylinder einströmende Luft hat einen Druck von 6 bar. Der Kolbendurchmesser beträgt 40 mm und der Durchmesser der Kolbenstange 10 mm.
2. Zeichnerische Ermittlung der Lagerkraft, die auf den Zylinderstift wirkt, der resultierenden Kraft aus den Normalkräften am Prisma, sowie der Normalkräfte am Prisma (Prismenwinkel = 120°), wenn das Werkstück gespannt ist.
   Die durch den Kolben entstehende Kraft von 700 N wirkt auf die beiden Winkelhebel und wird durch die Spannhebel auf das Werkstück gebracht.
3. Berechnung von Reibkraft und Reibmoment, welche der Längsverschiebung und der Verdrehung des Werkstückes entgegenwirken.
   Bei einer Bewegung des Greifers darf sich das im Prisma eingespannte Werkstück weder längsverschieben noch verdrehen. Die Reibzahl zwischen Werkstück und Spannhebel beträgt $\mu_0 = 0{,}12$. Die Normalkräfte F_N, die auf das Werkstück wirken, werden mit jeweils 40 N angenommen.
4. Führung des Spannungsnachweises für die Abscherbeanspruchung am Zylinderstift.
   Für die Verbindung zwischen dem Winkelhebel und dem Gehäuse, soll ein Zylinderstift mit folgenden Werkstoffkennwerten verwendet werden: $R_m = 460\ \text{N/mm}^2$ und $R_e = 355\ \text{N/mm}^2$.
   Es ist mit 5-facher Sicherheit zu rechnen.

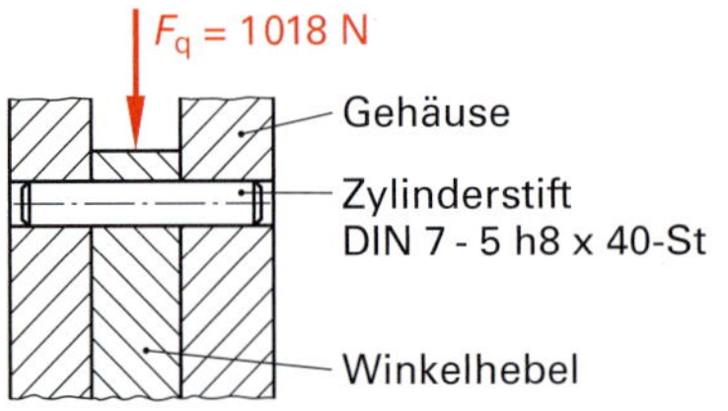

5. Berechnung der vorhandenen Biegespannung im gefährdeten Querschnitt A – A.
   Für F_{Nmax} wird 110 N angenommen.
   Widerstandsmoment im Querschnitt A – A: $W_{vorh} = \frac{(b_1 - b_2) \cdot h^2}{6}$

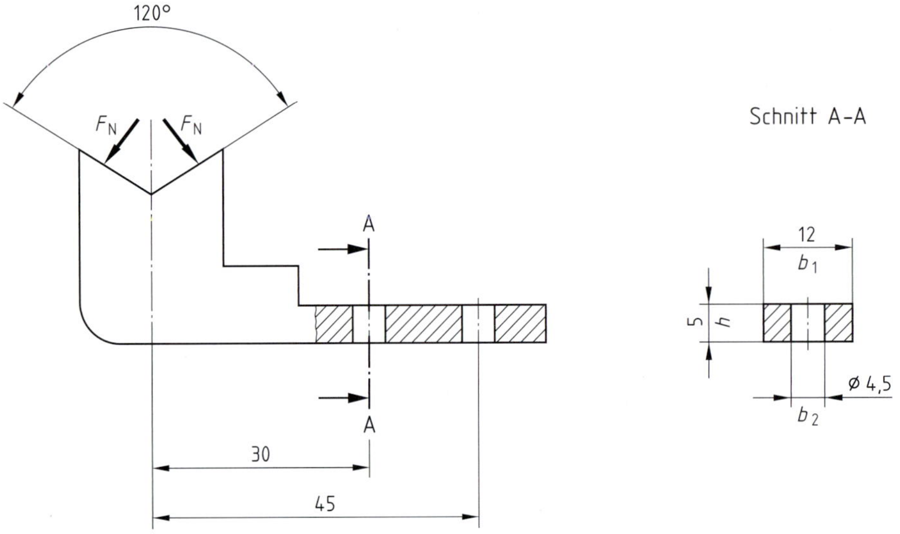

Reibung, Spannungsnachweis – Pneumatischer Greifer

6. Der Kolben wird auf der Kolbenstange gegen einen Absatz gepresst, um ihn gegen die Stange abzudichten. Die Mindestflächenpressung beträgt p_{min} = 10 N/mm².
   Ermittlung der erforderlichen Klemmkraft, um die Dichtheit zwischen Kolben und Kolbenstange zu gewährleisten.
7. Es ist ein Spannungsnachweis für die Zugbeanspruchung der Kolbenstange aus 16MnCr5 zu führen.
   Die einströmende Druckluft erzeugt eine maximale Betriebskraft F_{Kolben} = 1 000 N. Um die besonderen Bedingungen der Verschraubung und Klemmung zu berücksichtigen, wird ein Sicherheitsfaktor von 2,5 gewählt.
8. Ergänzende Berechnungen.
   Berechnung des Reibmomentes, wenn anstelle der Prismenspannhebel Flachspannhebel verwendet werden.

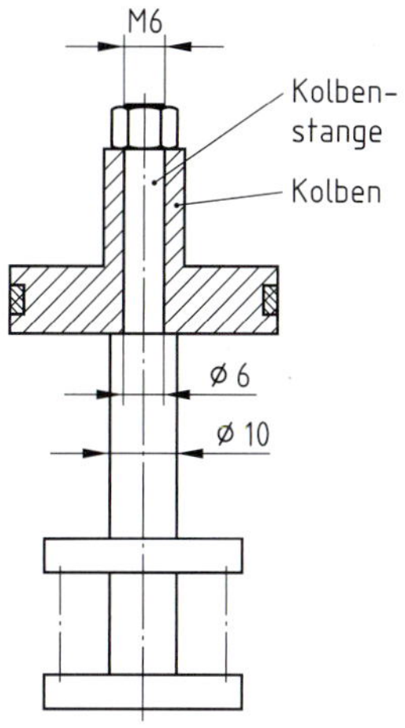

Lösungen

1. Berechnung der am Kolben entstehenden Kraft

Der Druck wirkt auf die Kreisringfläche aus Kolbendurchmesser und Kolbenstangendurchmesser.

Druckeinheiten: 1 bar = 10 N/cm² = 0,1 N/mm²

$$A = \frac{(D^2 - d^2) \cdot \pi}{4} = \frac{((40\ \text{mm})^2 - (10\ \text{mm})^2) \cdot \pi}{4} = 1\,178{,}1\ \text{mm}^2$$

$$F_K = p \cdot A = \frac{0{,}6\ \text{N}}{\text{mm}^2} \cdot 1\,178{,}1\ \text{mm}^2 = \mathbf{706{,}86\ N}$$

Die Kolbenkraft F_K wird je zur Hälfte auf die Winkelhebel übertragen!

$$F = \frac{F_K}{2} = \frac{706{,}86\ \text{N}}{2} = \mathbf{353{,}43\ N}$$

2. Zeichnerische Ermittlung der Kräfte

Lageplan[1] Längenmaßstab 1:1

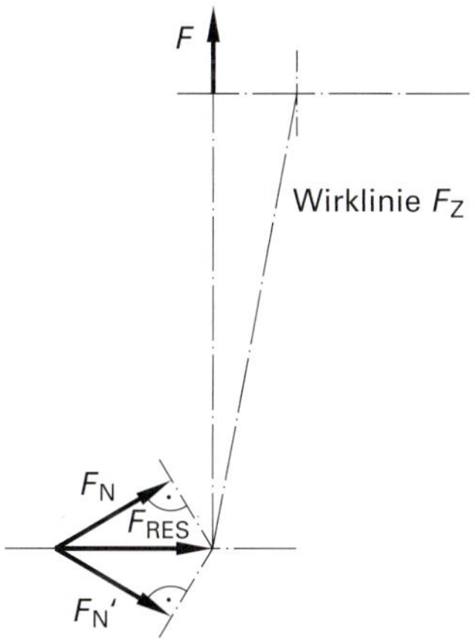

Kräfteplan[1] Kräftemaßstab 50 N = 1 cm

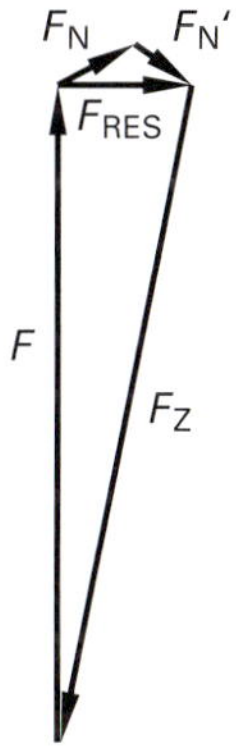

F = 350 N
F_Z = 360 N
F_N = 40 N
F_{RES} = 70 N

Drei-Kräfte-Verfahren

Die Wirklinien zweier Kräfte (F und F_{RES}) sind bekannt und werden zum Schnitt gebracht. Die Wirklinie der dritten Kraft (F_Z) muss durch den Lagerpunkt und durch den erzeugten Schnittpunkt gehen.

Der Kräfteplan zeigt das geschlossene Krafteck (Gleichgewicht) im Umlaufsinn.

Die Kräfte F_N und F_N' werden durch Zerlegung der Resultierenden F_{RES} gebildet.

[1] Die Zeichnung ist nicht maßstäblich dargestellt!

Reibung, Spannungsnachweis – Pneumatischer Greifer

3. Berechnung von Reibkraft und Reibmoment

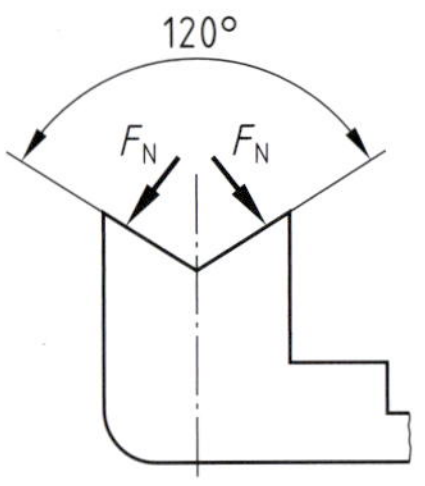

Beim Schließen des Greifers wirken am Umfang des Werkstückes 2 x 2 Normalkräfte. Daraus entstehen 4 Reibungskräfte, welche einer Längsverschiebung und einer Verdrehung entgegenwirken.

$F_{Rges} = 4 \cdot F_R; \; F_R = \mu_0 \cdot F_N$

$F_{Rges} = 4 \cdot \mu_0 \cdot F_N = 4 \cdot 0{,}12 \cdot 40\ \text{N} = 19{,}2\ \text{N}$

$M_R = F_{Rges} \cdot \frac{d}{2} = 19{,}2\ \text{N} \cdot \frac{0{,}02\ \text{m}}{2} = 0{,}192\ \text{Nm}$

4. Spannungsnachweis für die Abscherbeanspruchung am Zylinderstift

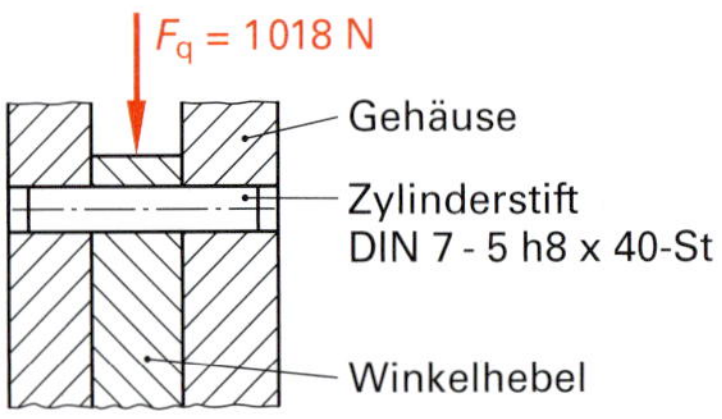

$$\tau_{vorh} = \frac{F_q}{2 \cdot A} = \frac{1\,018\ \text{N} \cdot 4}{2 \cdot (5\ \text{mm})^2 \cdot \pi} = 25{,}924\ \frac{\text{N}}{\text{mm}^2}$$

$$\tau_{zul} = \frac{0{,}8 \cdot R_m}{v} = \frac{0{,}8 \cdot 460\ \frac{\text{N}}{\text{mm}^2}}{5} = 73{,}6\ \frac{\text{N}}{\text{mm}^2}$$

Spannungsnachweis: $\tau_{vorh} \leq \tau_{zul}$

5. Berechnung der vorhandenen Biegespannung im gefährdeten Querschnitt A – A

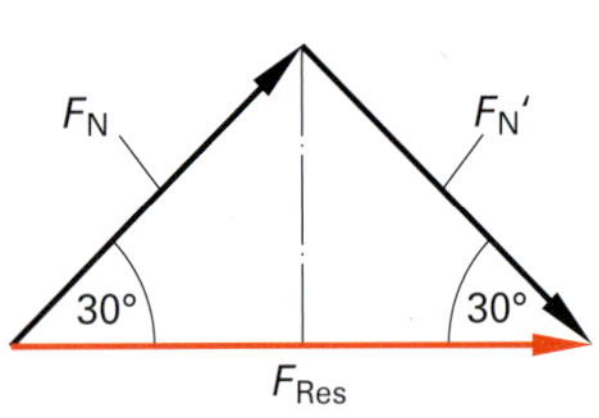

Berechnung der Resultierenden am Prisma.

$F_{Res} = 2 \cdot F_N \cdot \cos 30° = 2 \cdot 110\ \text{N} \cdot \cos 30° = 190{,}5\ \text{N}$

Berechnung des Biegemoments.

$M_{b\,max} = F_{Res} \cdot l = 190{,}5\ \text{N} \cdot 0{,}03\ \text{m} = 5{,}715\ \text{Nm}$

Berechnung des Widerstandsmoments.

$$W_{vorh} = \frac{(b_1 - b_2) \cdot h^2}{6} = \frac{(12\ \text{mm} - 4{,}5\ \text{mm}) \cdot 5^2\ \text{mm}^2}{6} = 31{,}25\ \text{mm}^3$$

Berechnung der vorhandenen Biegespannung.

$$\sigma_{vorh} = \frac{M_{b\,max}}{W_{vorh}} = \frac{5\,715\ \text{Nmm}}{31{,}25\ \text{mm}^3} = 182{,}88\ \frac{\text{N}}{\text{mm}^2}$$

6. Ermittlung der erforderlichen Klemmkraft, um die Dichtheit zwischen Kolben und Kolbenstange zu gewährleisten

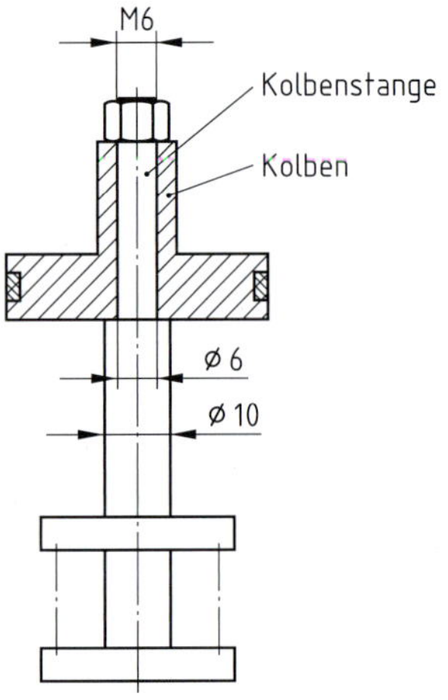

$$p_{min} = \frac{F_{min}}{A_{vorh}} \rightarrow F_{min} = A_{vorh} \cdot p_{min}$$

$$F_{min} = 10\ \frac{\text{N}}{\text{mm}^2} \cdot \frac{((10\ \text{mm})^2 - (6\ \text{mm})^2) \cdot \pi}{4} = 502{,}64\ \text{N}$$

7. Spannungsnachweis für die Zugbeanspruchung der Kolbenstange

$$\sigma_{vorh} = \frac{F_K}{S} = \frac{1\,000\ \text{N}}{20{,}1\ \text{mm}^2} = 49{,}75\ \frac{\text{N}}{\text{mm}^2}$$ (S = Spannungsquerschnitt im Gewinde)

$$\sigma_{zul} = \frac{R_e}{v} = \frac{590\ \frac{\text{N}}{\text{mm}^2}}{2{,}5} = 236\ \frac{\text{N}}{\text{mm}^2}$$

Spannungsnachweis: $\sigma_{vorh} \leq \sigma_{zul}$

Zug- und Biegebeanspruchung – Schwenkkran

Ausgangssituation

Ein Kran mit einem um 360° schwenkbaren Ausleger wird mit vier Schrauben an der Decke einer Montagehalle befestigt. Die Laufkatze kann zwischen einer Ausladung von 1 m und 2,5 m bewegt werden.
Alle Berechnungen erfolgen für die dargestellte Lage.

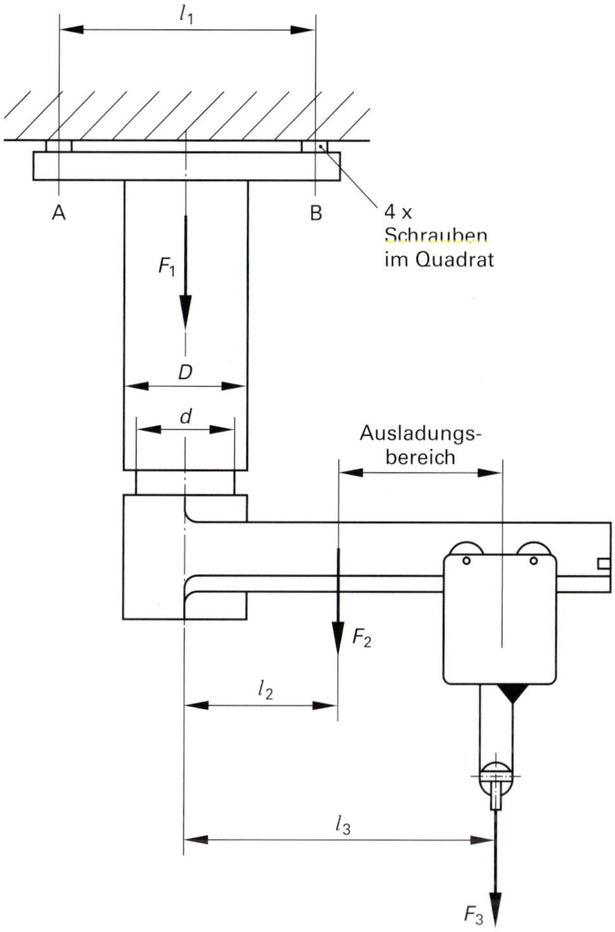

Angenommene Werte

l_1 = 600 mm
l_2 = 1 000 mm
l_3 = 2 500 mm
F_1 = 4 000 N (Eigengewicht Lagerstütze)
F_2 = 3 000 N (Eigengewicht Ausleger)
F_3 = 12 000 N (Last)

Ausführung der Säule als Rohr

D = 200 mm (Außendurchmesser)
d = 180 mm (Innendurchmesser)
Werkstoff S 275 JR

Verschraubung in A und B (4 x im Rechteck)

ν = 2,5 (gegen plastische Verformung)
Festigkeitsklasse 8.8

Aufgaben

1. Berechnung der Kräfte in A und B.
2. Dimensionierung der vier Schrauben.
3. Berechnung des maximalen Biegemomentes im Ausleger, sowie der vorhandenen Sicherheit gegen plastische Verformung.
4. Ergänzende Berechnungen.
   Berechnung der maximalen Kraft F_3, wenn die Laufkatze auf der Innenposition steht und die vorhandene Sicherheit aus Aufgabe 3 nicht unterschritten werden darf.

Zug- und Biegebeanspruchung – Schwenkkran

Lösungen

1. Berechnung der Kräfte in A und B

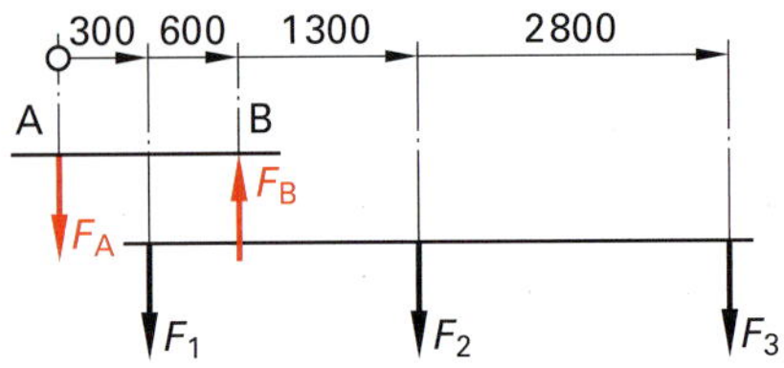

Kräftegleichgewicht

$$\Sigma F_x = 0 \quad [1]$$

$$\Sigma F_y = 0 = F_B - F_A - F_1 - F_2 - F_3 \quad [2]$$

$$\Sigma M_{(A)} = 0 = F_B \cdot l_1 - F_1 \cdot \frac{l_1}{2} - F_2 \left(l_2 + \frac{l_1}{2}\right) - F_3 \left(l_3 + \frac{l_1}{2}\right) \quad [3]$$

$$\text{aus [3]} \rightarrow F_B = \frac{F_1 \cdot \frac{l_1}{2} + F_2 \left(l_2 + \frac{l_1}{2}\right) + F_3 \left(l_3 + \frac{l_1}{2}\right)}{l_1}$$

$$= \frac{4\ \text{kN} \cdot 300\ \text{mm} + 3\ \text{kN} \cdot 1\,300\ \text{mm} + 12\ \text{kN} \cdot 2\,800\ \text{mm}}{600\ \text{mm}}$$

$\mathbf{F_B = 64{,}5\ kN}$

$\text{in [2]} \rightarrow F_A = F_B - F_1 - F_2 - F_3 = 64{,}5\ \text{kN} - 4\ \text{kN} - 3\ \text{kN} - 12\ \text{kN}$

$\mathbf{F_A = 45{,}5\ kN}$

2. Dimensionierung der vier Schrauben

Zugbeanspruchung einer Schraube $\frac{F_B}{2} = 32{,}25\ \text{kN} = F_{max}$

$$\sigma_{zzul} = \frac{R_e}{\nu} = \frac{640\ \frac{\text{N}}{\text{mm}^2}}{2{,}5} = 256\ \frac{\text{N}}{\text{mm}^2}$$

$$S_{erf} = \frac{F_{max}}{\sigma_{zzul}} = \frac{32\,250\ \text{N}}{256\ \frac{\text{N}}{\text{mm}^2}} = 126\ \text{mm}^2 \rightarrow \mathbf{M\,16;\ S_{vorh} = 157\ mm^2}$$

3. Berechnung des maximalen Biegemomentes, sowie der vorhandenen Sicherheit gegen plastische Verformung

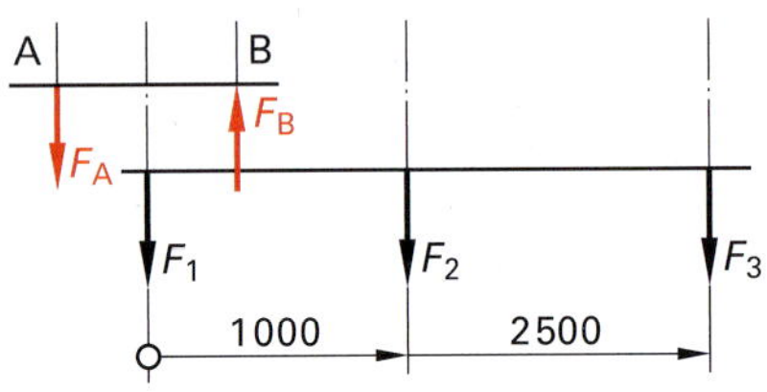

Das Biegemoment wird erzeugt durch die Kräfte F_2 und F_3 und wirkt auf das Rohr.

$$M_{bmax} = F_2 \cdot l_2 + F_3 \cdot l_3 = 3{,}00\ \text{kN} \cdot 1\ \text{m} + 12\ \text{kN} \cdot 2{,}5\ \text{m} = \mathbf{33\ kNm}$$

$$W = \frac{\pi \cdot (D^4 - d^4)}{32 \cdot D} = \frac{\pi\,(200^4 - 180^4)\ \text{mm}^4}{32 \cdot 200\ \text{mm}} = 270\,100\ \text{mm}^3$$

$$\sigma_{bF} = 1{,}2 \cdot R_e = 1{,}2 \cdot 255\ \frac{\text{N}}{\text{mm}^2} = 306\ \frac{\text{N}}{\text{mm}^2}$$ (Fließgrenze vereinfacht auch R_e)

$$\sigma_{bvorh} = \frac{M_{bmax}}{W} = \frac{33\ \text{kNm}}{270\,100\ \text{mm}^3} = 122{,}18\ \frac{\text{N}}{\text{mm}^2}$$

$$\nu = \frac{\sigma_{bF}}{\sigma_{bvorh}} = \frac{306\ \frac{\text{N}}{\text{mm}^2}}{122{,}18\ \frac{\text{N}}{\text{mm}^2}} = \mathbf{2{,}5}$$

Geschwindigkeit, Übersetzung, Torsion – Seiltrommel

Ausgangssituation

Das Tragseil einer Laufkatze wird auf eine Seiltrommel auf- und abgewickelt. Die Seiltrommel befindet sich in der Laufkatze und wird durch einen Elektromotor über ein zweistufiges Getriebe angetrieben.

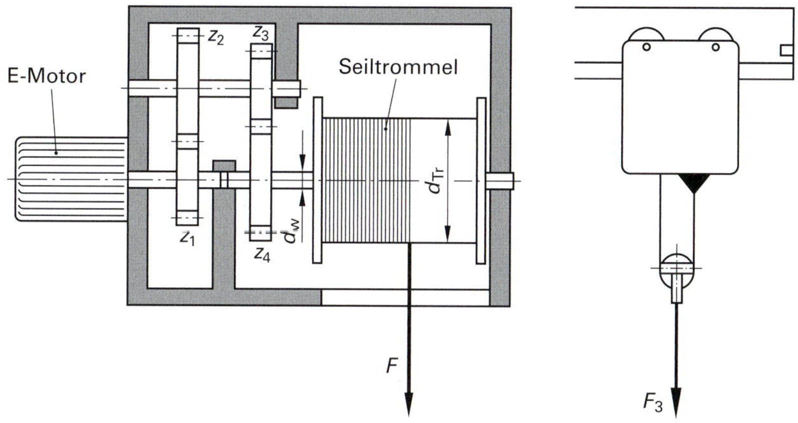

Angenommene Werte

$z_1 = 13$
$z_2 = 72$
$z_3 = 17$
$z_4 = 70$
$\eta_{ges} = 0{,}8$
$P_M = 4{,}5\ \text{kW}$
$n_M = 700\ \frac{1}{\text{min}}$
$F_3 = 12\ \text{kN}$

Ausführung der Wellen

Werkstoff C 45 E
$\nu = 3{,}5$

Aufgaben

1. Berechnung der Hubgeschwindigkeit.
2. Berechnung der Übersetzungsverhältnisse und Drehzahlen der Wellen.
3. Berechnung des erforderlichen Seiltrommeldurchmessers.
4. Berechnung des Durchmessers der Seiltrommelwelle d_W.
5. Ergänzende Berechnungen.
   Berechnung der Wellendurchmesser von Welle 1 und Welle 2.

Lösungen

1. Berechnung der Hubgeschwindigkeit

$$\eta_{ges} = \frac{P_{ab}}{P_{zu}} \rightarrow P_{ab} = P_{zu} \cdot \eta_{ges} = 4{,}5\ \text{kW} \cdot 0{,}8$$

$$\boldsymbol{P_{ab} = 3{,}6\ \text{kW}}$$

$$P_{ab} = \frac{F_3}{2} \cdot v \rightarrow v = \frac{2 \cdot P_{ab}}{F_3} = \frac{2 \cdot 3{,}6\ \text{kW}}{12\ \text{kN}}$$

$$\boldsymbol{v = 0{,}6\ \frac{m}{s}} \quad [1\ \text{W} = 1\ \text{N} \cdot \frac{\text{m}}{\text{s}}]$$

Geschwindigkeit, Übersetzung, Torsion – Seiltrommel

2. Berechnung der Übersetzungsverhältnisse und Drehzahlen der Wellen

$$i = i_1 \cdot i_2 \qquad i_1 = \frac{z_2}{z_1} = \frac{72}{13} = 5{,}54 \qquad i_2 = \frac{z_4}{z_3} = \frac{70}{17} = 4{,}12$$

$$i = 5{,}54 \cdot 4{,}12 = 22{,}8$$

$$i_1 = \frac{n_1}{n_2} \rightarrow n_2 = \frac{n_M}{i_1} = \frac{700\,\frac{1}{\text{min}}}{5{,}54} = \mathbf{126{,}35\,\frac{1}{min}}$$

$$n_2 = n_3$$

$$i_2 = \frac{n_3}{n_4} \rightarrow n_4 = n_{Tr} = \frac{n_3}{i_2} = \frac{126{,}35\,\frac{1}{\text{min}}}{4{,}12} = \mathbf{30{,}7\,\frac{1}{min}}$$

$$= \mathbf{0{,}51\,\frac{1}{s}}$$

3. Berechnung des erforderlichen Seiltrommeldurchmessers

$$v = d_{Tr} \cdot \pi \cdot n_{Tr} \rightarrow d_{Tr} = \frac{v}{\pi \cdot n_{Tr}} = \frac{0{,}6\,\frac{\text{m}}{\text{s}}}{\pi \cdot 0{,}51\,\frac{1}{\text{s}}}$$

$\mathbf{d_{Tr} = 0{,}373\ m \mathrel{\hat{=}} 373\ mm}$

4. Berechnung des Durchmessers der Seiltrommelwelle d_W

$$P_M = \frac{M_M \cdot n_M}{9\,550} \rightarrow M_M = \frac{P_M \cdot 9\,550}{n_M} = \frac{4{,}5 \cdot 9\,550}{700} \quad \text{[Zahlenwertgleichung]}$$

$\mathbf{M_M = 61{,}39\ Nm}$

$$M_T = M_M \cdot i_{ges} \cdot \eta_{ges} = 61{,}39\ \text{Nm} \cdot 22{,}8 \cdot 0{,}8$$

$\mathbf{M_T = 1\,119{,}7\ Nm}$

$$W_{perf} = \frac{M_T}{\tau_{tzul}} \qquad \tau_{tzul} = \frac{\tau_{tF}}{\nu} = \frac{0{,}7 \cdot R_e}{\nu} = \frac{0{,}7 \cdot 430\,\frac{\text{N}}{\text{mm}^2}}{3{,}5}$$

$$\tau_{tzul} = 86\,\frac{\text{N}}{\text{mm}^2}$$

$$W_{perf} = \frac{1\,119{,}7\ \text{Nm}}{86\,\frac{\text{N}}{\text{mm}^2}} = 13\,019{,}8\ \text{mm}^3$$

$$d_{werf} = \sqrt[3]{\frac{16 \cdot W_p}{\pi}} = \sqrt[3]{\frac{16 \cdot 13\,019{,}8\ \text{mm}^3}{\pi}} = 40{,}5\ \text{mm}$$

gewählt: $d_W = 40$ mm

Übersetzung, Leistung, Torsion – Getriebe

Ausgangssituation

Das abgebildete Schieberadgetriebe soll mit einer höheren Motorleistung und Motordrehzahl betrieben werden. Dazu müssen die Getriebedaten neu bestimmt werden.

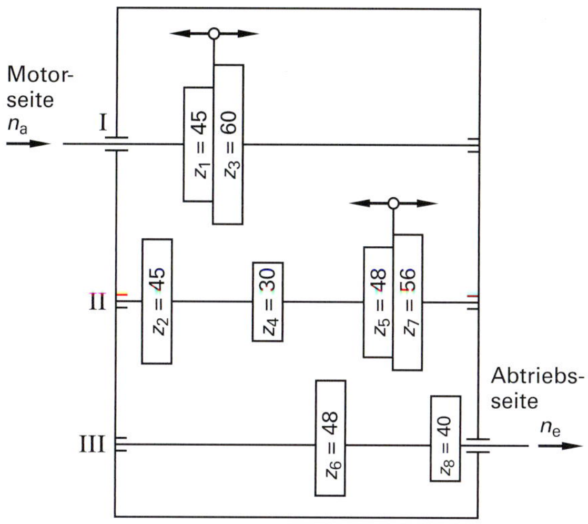

Angenommene Werte

$\eta_1 = 0{,}9$
$\eta_2 = 0{,}9$
$P_M = 7{,}5$ kW
$n_a = 1\,000 \frac{1}{\text{min}}$

Ausführung der Wellen

Werkstoff 42 CrMo4
$\nu = 2{,}5$

Aufgaben

1. Berechnung der abgegebenen Leistung P_{ab}.
2. Berechnung der Übersetzungsverhältnisse und Drehzahlen der Wellen.
3. Berechnung der Torsionsmomente von Welle I, II und III.
4. Berechnung des erforderlichen Durchmessers der Welle III.
5. Ergänzende Berechnungen.
   Zwischen Motor und Getriebe wird ein Vorgelege mit $i_v = 2:1$ eingesetzt.
   Die Auswirkungen auf die Welle III sind zu ermitteln.

Lösungen

1. Berechnung der abgegebenen Leistung P_{ab}

$$\eta_{ges} = \eta_1 \cdot \eta_2 = 0{,}9 \cdot 0{,}9 = 0{,}81$$

$$\eta_{ges} = \frac{P_{ab}}{P_{zu}} \rightarrow P_{ab} = P_{zu} \cdot \eta_{ges} = P_M \cdot \eta_{ges} = 7{,}5 \text{ kW} \cdot 0{,}81$$

$$\mathbf{P_{ab} = 6{,}075 \text{ kW}}$$

2. Berechnung der Übersetzungsverhältnisse und Drehzahlen der Wellen

$$i_1 = \frac{z_2}{z_1} = \frac{45}{45} = 1 \qquad n_{11} = \mathbf{1\,000 \frac{1}{min}} \qquad n_{21} = \mathbf{1\,000 \frac{1}{min}}$$

$$i_2 = \frac{z_4}{z_3} = \frac{30}{60} = \frac{1}{2} \qquad i = \frac{n_1}{n_2} \rightarrow n_2 = \frac{n_{11}}{i_2} = \frac{1\,000 \frac{1}{\text{min}}}{0{,}5} = \mathbf{2\,000 \frac{1}{min}}$$

Übersetzung, Leistung, Torsion – Getriebe

$$i_3 = \frac{z_6}{z_5} = \frac{48}{48} = 1$$

$$i_4 = \frac{z_8}{z_7} = \frac{40}{56} = 0{,}714$$

$$n_{31} = \frac{n_{21}}{i_3} = \frac{1\,000\,\frac{1}{\text{min}}}{1} = \mathbf{1\,000\,\frac{1}{min}}$$

$$n_{32} = \frac{n_{21}}{i_4} = \frac{1\,000\,\frac{1}{\text{min}}}{0{,}714} = \mathbf{1\,400\,\frac{1}{min}}$$

$$n_{33} = \frac{n_{22}}{i_3} = \frac{2\,000\,\frac{1}{\text{min}}}{1} = \mathbf{2\,000\,\frac{1}{min}}$$

$$n_{34} = \frac{n_{22}}{i_4} = \frac{2\,000\,\frac{1}{\text{min}}}{0{,}714} = \mathbf{2\,800\,\frac{1}{min}}$$

3. Berechnung der Torsionsmomente

$$P_M = \frac{M_M \cdot n_M}{9\,550} \rightarrow$$

$$M_{tI} = \frac{P_M \cdot 9\,550}{n_M} = \frac{7{,}5 \cdot 9\,550}{1\,000} = \mathbf{71{,}625\ Nm}$$

$$M_{tII1} = M_{tI} \cdot i_1 \cdot \eta_1 = 71{,}625\ \text{Nm} \cdot 1 \cdot 0{,}9 = \mathbf{64{,}463\ Nm}$$

$$M_{tII2} = M_{tI} \cdot i_2 \cdot \eta_1 = 71{,}625\ \text{Nm} \cdot 0{,}5 \cdot 0{,}9 = \mathbf{32{,}231\ Nm}$$

$$M_{tIII1} = M_{tII1} \cdot i_3 \cdot \eta_2 = 64{,}463\ \text{Nm} \cdot 1 \cdot 0{,}9 = \mathbf{58\ Nm}$$

$$M_{tIII2} = M_{tII1} \cdot i_4 \cdot \eta_2 = 64{,}463\ \text{Nm} \cdot 0{,}714 \cdot 0{,}9 = \mathbf{41{,}4\ Nm}$$

$$M_{tIII3} = M_{tII2} \cdot i_3 \cdot \eta_2 = 32{,}231\ \text{Nm} \cdot 1 \cdot 0{,}9 = \mathbf{29\ Nm}$$

$$M_{tIII4} = M_{tII2} \cdot i_3 \cdot \eta_2 = 32{,}231\ \text{Nm} \cdot 0{,}714 \cdot 0{,}9 = \mathbf{20{,}7\ Nm}$$

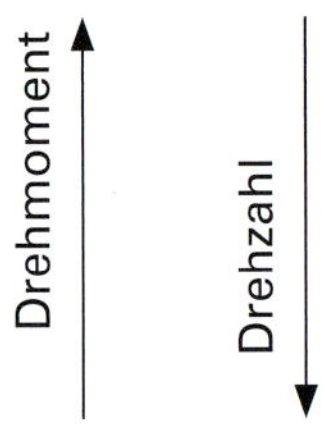

4. Berechnung des erforderlichen Durchmessers der Abtriebswelle (III) d_W (Vollwelle)

$$W_{p\,erf} = \frac{M_{t\,max}}{\tau_{t\,zul}}$$

$$\tau_{t\,zul} = \frac{\tau_{tF}}{\nu} = \frac{0{,}7 \cdot R_e}{\nu} = \frac{0{,}7 \cdot 650\ \text{Nm}^2}{2{,}5}$$

$$\tau_{t\,zul} = 182\ \frac{\text{N}}{\text{mm}^2}$$

$$W_{p\,erf} = \frac{58\ \text{Nm}}{182\ \frac{\text{N}}{\text{mm}^2}} = 318{,}7\ \text{mm}^3$$

$$d_{w\,erf} = \sqrt[3]{\frac{16 \cdot W_p}{\pi}} = \sqrt[3]{\frac{16 \cdot 318{,}7\ \text{mm}^3}{\pi}} = 11{,}7\ \text{mm}$$

gewählt: d_W = 12 mm

Wärmedehnung, Wärmemenge

Ausgangssituation

In einer Montagehalle sollen Wälzlager durch Aufschrumpfen montiert werden. Die einzelnen Chargen werden in Körben über ein Hängebahnsystem herangeführt.

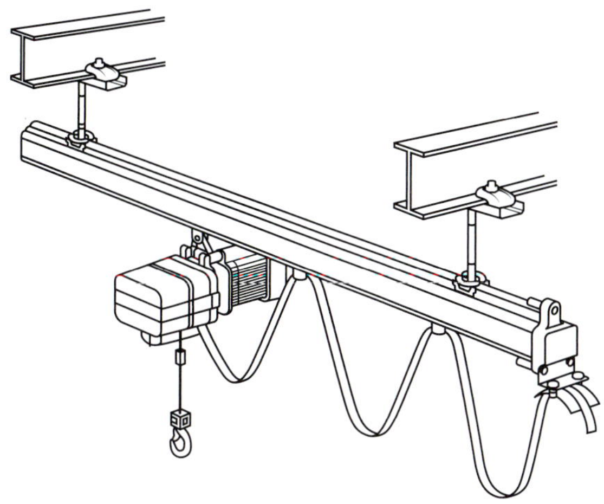

Die Tragschienen aus hochlegiertem Stahl haben eine Länge von 20 Metern. Sie grenzen an beiden Enden an eine Mauer mit einem Abstand von jeweils 2 mm bei 15 °C.
Das Wälzlager hat nach Herstellerangabe einen Innendurchmesser von 30 +0/-0,008, die Welle hat die Abmessung d = 30 k6. Bezugstemperatur ist 20 °C.

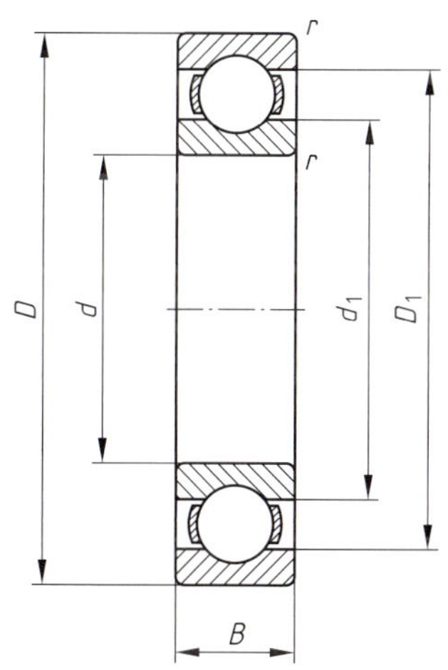

d	30 mm
D	55 mm
B	9 mm

Aufgaben

1. Überprüfung der Einbaulängen, wenn die Schienen im Sommer auf 30 °C aufgewärmt werden.
2. Bestimmung der Aufschrumpfungstemperatur. Das Spiel zwischen Welle und Lager soll 0,02 mm betragen.
3. Berechnung der Wärmemenge in Kilojoule, die einem Wälzlager aus Stahl beim Aufschrumpfen zugeführt wird. Das Lager hat eine Masse von 82 Gramm und muss von 20 °C auf 115 °C erwärmt werden.
4. Berechnung der jährlichen Stromkosten für das Erwärmen der Lager, wenn auf einer elektrischen Heizplatte an 200 Arbeitstagen im Jahr täglich 1 000 Lager erhitzt werden. Der Wirkungsgrad beim Erwärmen beträgt 60 %. Eine Kilowattstunde kostet 23 Cent.

Heizwert, Wärmemenge, mechanische Energie — Förderanlage

Lösungen

1. Bestimmung der thermischen Energie

$$B = Q \cdot \rho = 0{,}86\,\frac{\text{dm}^3}{\text{h}} \cdot 0{,}83\,\frac{\text{kg}}{\text{dm}^3} = 0{,}714\,\frac{\text{kg}}{\text{h}}$$

$$W = B \cdot H_u = 0{,}714\,\frac{\text{kg}}{\text{h}} \cdot 42\,800\,\frac{\text{kJ}}{\text{kg}} = 30\,559{,}2\,\frac{\text{kJ}}{\text{h}}$$

2. Bestimmung der Höhe

Im Idealfall: Die **thermische Energie** wird verlustfrei und vollständig durch den Motor in mechanische Energie umgewandelt, dann verlustfrei durch das Getriebe weitergeleitet und zum Schluss durch das Förderband verlustfrei in **potentielle Energie** umgewandelt:

thermische Energie = potentielle Energie

$$W_{\text{thermisch}} = m \cdot g \cdot h \rightarrow h = \frac{W_{\text{thermisch}}}{m \cdot g} = \frac{30\,559{,}2\,\text{kJ} \cdot 1\,000\,\frac{\text{J}}{\text{kJ}} \cdot}{450\,\text{kg} \cdot 9{,}81\,\frac{\text{m}}{\text{s}^2}} = 6\,922{,}46\,\text{m}$$

$\boldsymbol{h = 6\,922{,}46}$ **m**

3. Nennung von Verlusten

- Verluste im Dieselmotor: Reibungsverluste; Abwärme über die Kühlung; Abwärme über die Abgase
- Verluste im Getriebe: Reibungsverluste zwischen den Zahnrädern und an den Lagerstellen
- Verluste im Förderband: Reibungsverluste, Schlupf des Bandes

4. Abgegebene Leistung P_D des Dieselmotors

$$\eta = \frac{P}{B \cdot \dfrac{H_i}{3\,600\,\frac{\text{kJ}}{\text{kWh}}}}$$

Umgestellt und eingesetzt ergibt:

$$P_D = \eta \cdot B \cdot \frac{H_i}{3\,600\,\frac{\text{kJ}}{\text{kWh}}} = 0{,}343 \cdot 0{,}714\,\frac{\text{kg}}{\text{h}} \cdot \frac{42\,800\,\frac{\text{kJ}}{\text{kg}}}{3\,600\,\frac{\text{kJ}}{\text{kWh}}}$$

$$P_D = 0{,}343 \cdot 0{,}714\,\frac{\text{kg}}{\text{h}} \cdot 11{,}888\,\frac{\text{kWh}}{\text{kg}}$$

$\boldsymbol{P_D = 2{,}911}$ **kW**

Heizwert, Wärmemenge, mechanische Energie — Förderanlage

5. Drehmoment des Dieselmotors

Es gilt die folgende Zahlenwertgleichung mit M in [Nm], P in [kW] und n in [1/min]

$M = \frac{9\,550 \cdot P}{n}$ einsetzen ergibt: $M_D = \frac{9\,550 \cdot 2{,}911}{2\,436} = 11{,}41 \text{ Nm}$

$$\mathbf{M_D = 11{,}41\ Nm}$$

Veranschaulichung: $M = F \cdot r \rightarrow r = \frac{M}{F} = \frac{11{,}41 \text{ Nm}}{1 \text{ kg} \cdot 9{,}81 \frac{\text{m}}{\text{s}^2}} = 1{,}16 \text{ m}$

„Dies entspricht einem Drehmoment, das die Gewichtskraft von 1 kg im Abstand von 116 cm vom Drehpunkt auf einer Wippe hat."

6. Leistung und Drehzahl am Ausgang des Schneckengetriebes

$$P_2 = P_1 \cdot \frac{\eta}{100\,\%}$$

$$P_2 = 2{,}911 \text{ kW} \cdot 0{,}73 = 2{,}126 \text{ kW}$$

$$\mathbf{P_2 = 2{,}125\ kW}$$

$$i = \frac{n_1}{n_2}$$

$$n_2 = \frac{n_1}{i} = \frac{2\,436 \frac{1}{\text{min}}}{30} = 81{,}2 \frac{1}{\text{min}}$$

$$\mathbf{n_s = 81{,}2 \frac{1}{min}}$$

7. Berechnung der erforderlichen Zeit

Die Energie bzw. Arbeit W am Förderband
= Leistung nach dem Getriebe mal dem Wirkungsgrad des Förderbandes mal der gesuchten Zeit t
= potentielle Energie, die aufgebaut werden soll:

$$W = P_2 \cdot \eta \cdot t = m \cdot g \cdot h$$

$$t = \frac{m \cdot g \cdot h}{P_2 \cdot \eta} = \frac{450 \text{ kg} \cdot 9{,}81 \frac{\text{m}}{\text{s}^2} \cdot 10 \text{ m}}{2\,125 \text{ W} \cdot 0{,}8} = 25{,}97 \text{ s}$$

$$\mathbf{t = 25{,}97\ s}$$

Reihen-, Parallel- und gemischte Schaltungen

Ausgangssituation

In einer Werkshalle werden Lampen angebracht. Es soll untersucht werden, wie sich Reihen-, Parallel- und gemischte Schaltungen auf die Helligkeit der einzelnen Lampen auswirken.

Daten für alle Schaltungen

Spannungsquelle: $U_0 = 12\,V$

Lampe: $R_L = 28{,}8\,\Omega$ (R_L wird vereinfacht als konstant angenommen)

Schaltung 1

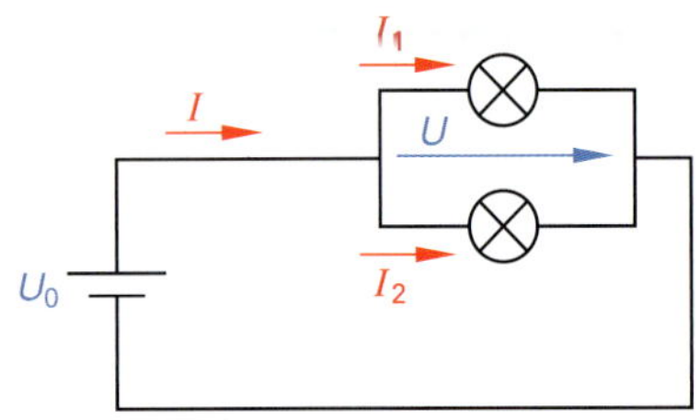

Schaltung 2

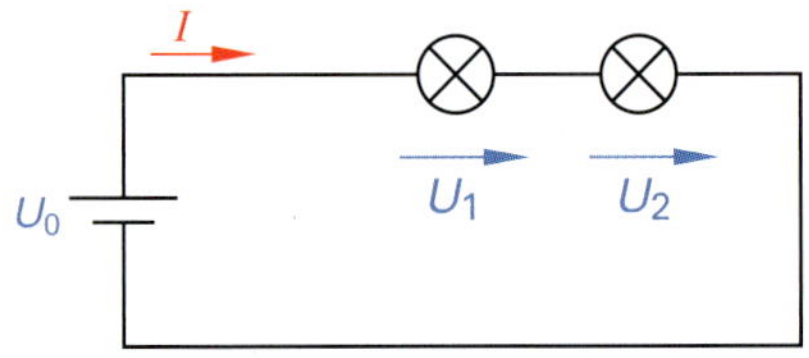

Schaltung 3

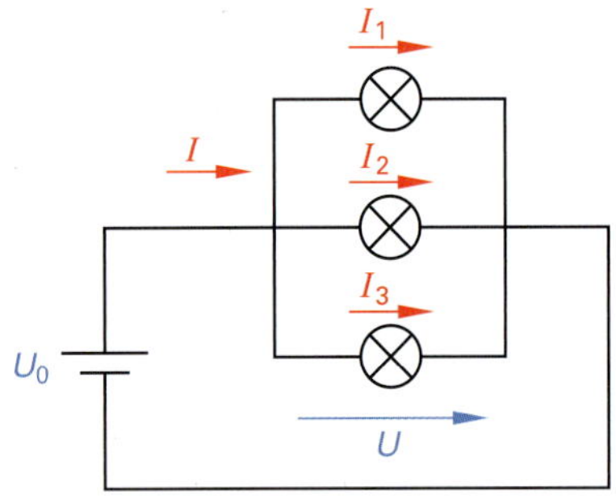

Schaltung 4

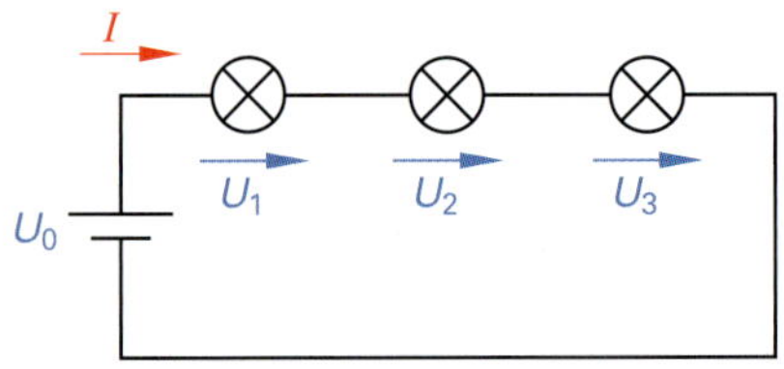

Schaltung 5

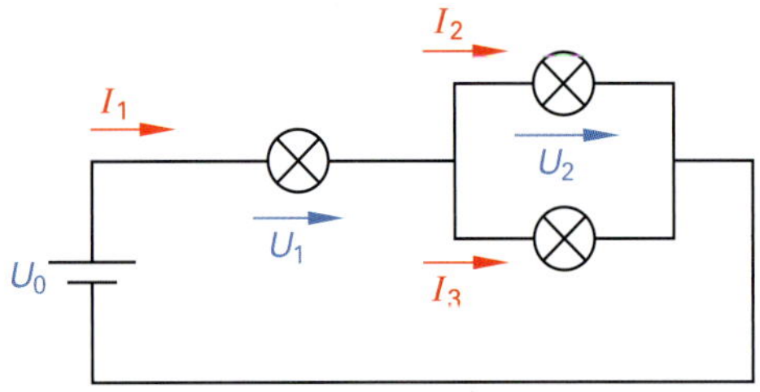

Schaltung 6

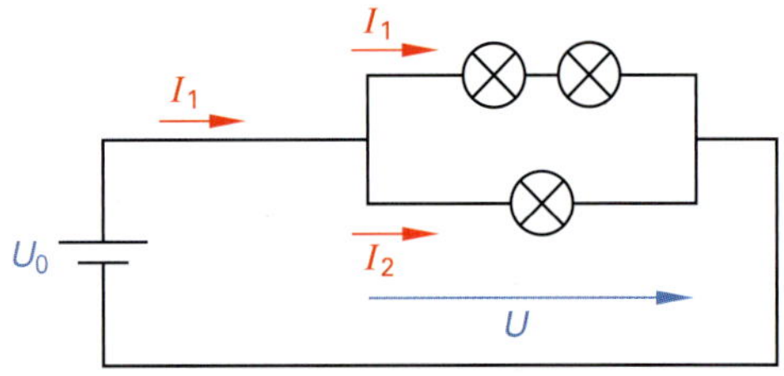

Reihen-, Parallel- und gemischte Schaltungen

Aufgaben

1. Erstellung einer Schaltplanskizze mit einer Spannungsquelle und einer Lampe. Bestimmung des Stromes I in dieser Schaltung. Bestimmung der Leistung P der Lampe mit den gegebenen Größen U und R. Erklärung der Analogie von U, R und I zu Druckdifferenz, Engstelle und Wasserstrom.

2. Schaltung 1:
   a. Bestimmung von I mit Ersatzwiderstand der Lampen.
   b. Berechnung von I_1 und I_2 über U und R_L. Probe: $I = I_1 + I_2$?
   c. Bestimmung der Leistung der Lampen.
   d. Erklärung der Leistung der Lampe mit der Analogie zum Wasserstrom.

3. Schaltung 2:
   a. Bestimmung von I mit Ersatzwiderstand der Lampen.
   b. Berechnung von U_1 und U_2 über I_1, I_2 und R_L. Probe: $U = U_1 + U_2$?
   c. Bestimmung der Leistung der Lampen.
   d. Erklärung der Leistung der Lampe mit der Analogie zum Wasserstrom.

4. Schaltung 3:
   a. Bestimmung von I mit Ersatzwiderstand der Lampen.
   b. Berechnung von I_1 und I_2 über U und R_L Probe: $I = I_1 + I_2$?
   c. Bestimmung der Leistung der Lampen.
   d. Erklärung der Leistung der Lampe mit der Analogie zum Wasserstrom.

5. Schaltung 4:
   a. Bestimmung von I mit Ersatzwiderstand der Lampen.
   b. Berechnung von U_1 und U_2 über I_1, I_2 und R_L. Probe: $U = U_1 + U_2$?
   c. Bestimmung der Leistung der Lampen.
   d. Erklärung der Leistung der Lampe mit der Analogie zum Wasserstrom.

6. Schaltung 5 u. 6:
   a. Bestimmung von I mit Ersatzwiderstand der Lampen.
   b. Bestimmung der Leistungen der Lampen.
   c. Diskussion des Ergebnisses.

Lösungen

1. Schaltplanskizze

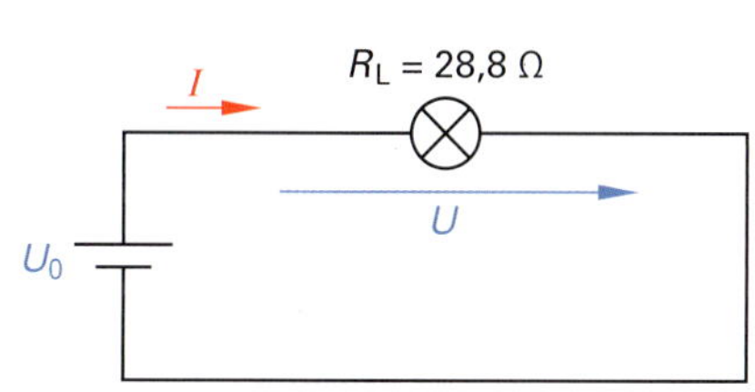

Bestimmung des Stromes I:

$$U = R_L \cdot I \rightarrow I = \frac{U}{R_L} = \frac{12\,\text{V}}{28{,}8\,\Omega} = 0{,}41\bar{6}\,\text{A}$$

Bestimmung der Leistung P mit U und R:

$$U = R_L \cdot I \rightarrow I = \frac{U}{R_L} \;(1) \qquad P = U \cdot I \;(2)$$

$$(1) \text{ in } (2) \rightarrow P = U \cdot \frac{U}{R_L} = \frac{U^2}{R_L} = \frac{(12\,\text{V})^2}{28{,}8\,\Omega} = 5\,\text{W}$$

Erklärung der Analogie:

Die Spannung U_0 entspricht einer Druckdifferenz. Die Lampe mit dem Widerstand R_L entspricht einer Engstelle. Der Strom I entspricht dem Wasserstrom, der durch die Engstelle fließt.

Reihen-, Parallel- und gemischte Schaltungen

2. Schaltung 1

a) $R_{Gesamt\,2} = \frac{R_1 \cdot R_2}{R_1 + R_2} = \frac{28{,}8\,\Omega \cdot 28{,}8\,\Omega}{28{,}8\,\Omega + 28{,}8\,\Omega} = 14{,}4\,\Omega \rightarrow I = \frac{U}{R_{Gesamt\,2}} = \frac{12\,V}{14{,}4\,\Omega} = \mathbf{0{,}8\bar{3}\,A}$

b) $I_1 = I_2 = \frac{U}{R_L} = \frac{12\,V}{28{,}8\,\Omega} = \mathbf{0{,}41\bar{6}\,A}$ Probe: $I = I_1 + I_2 = 2 \cdot 0{,}41\bar{6}\,A = 0{,}8\bar{3}\,A$

c) $P = U \cdot I_1 = U \cdot I_2 = 12\,V \cdot 0{,}41\bar{6}\,A = \mathbf{5\,W}$

d) Der Wasserstrom (I) fließt jeweils zur Hälfte in die Teilwasserströme (I_1 und I_2). Dafür fließt aufgrund der doppelten Engstelle (halber Widerstand) doppelt so viel Wasser ($2 \cdot I$) als in Aufgabe 1 zu den beiden Leitungen. Die Hälfte des doppelten Stromes ist somit gleich dem Strom I aus Aufgabe 1. Außerdem bleibt auch die Druckdifferenz in beiden Leitungen gleich groß wie bei nur einer Engstelle (Lampe). Die beiden Lampen leuchten damit genauso hell wie die einzelne Lampe in Aufgabe 1.

3. Schaltung 2

a) $R_{Gesamt} = R_1 + R_2 = 28{,}8\,\Omega + 28{,}8\,\Omega = 57{,}6\,\Omega \rightarrow I = \frac{U}{R_{Gesamt}} = \frac{12\,V}{57{,}6\,\Omega} = \mathbf{0{,}208\bar{3}\,A}$

b) $U_1 = U_2 = I \cdot R_L = 0{,}208\bar{3}\,A \cdot 28{,}8\,\Omega = \mathbf{6\,V}$ Probe: $U = U_1 + U_2 = 6\,V + 6\,V = 12\,V$

c) $P = U_1 \cdot I = U_2 \cdot I = 6\,V \cdot 0{,}208\bar{3}\,A = \mathbf{1{,}25\,W}$

d) Der Wasserstrom fließt gegen doppelt so viel Widerstand wie bei nur einer Engstelle (Lampe). Deshalb fließt auch nur halb so viel Wasser. Außerdem verteilt sich auch die Druckdifferenz auf zwei Engstellen und ist deshalb jeweils nur noch halb so groß wie bei nur einer Lampe. Insgesamt hat also die jeweilige Lampe nur noch ein Viertel der Leistung wie eine einzelne Lampe und leuchtet damit wesentlich schwächer.

4. Schaltung 3

a) $R_{Gesamt\,3} = \frac{R_{Gesamt\,2} \cdot R_3}{R_{Gesamt\,2} + R_3} = \frac{14{,}4\,\Omega \cdot 28{,}8\,\Omega}{14{,}4\,\Omega + 28{,}8\,\Omega} = 9{,}6\,\Omega \rightarrow I = \frac{U}{R_{Gesamt\,3}} = \frac{12\,V}{9{,}6\,\Omega} = \mathbf{1{,}25\,A}$

b) $I_1 = I_2 = I_3 = \frac{U}{R_L} = \frac{12\,V}{28{,}8\,\Omega} = \mathbf{0{,}41\bar{6}\,A}$ Probe: $I = I_1 + I_2 + I_3 = 3 \cdot 0{,}41\bar{6}\,A = \mathbf{1{,}25\,A}$

c) $P = U \cdot I_1 = U \cdot I_2 = U \cdot I_3 = 12\,V \cdot 0{,}41\bar{6}\,A = \mathbf{5\,W}$

d) Der Wasserstrom (I) fließt jeweils zu einem Drittel in die Teilwasserströme (I_1 , I_2 und I_3). Dafür fließt aufgrund der dreifachen Engstelle (drittel Widerstand) dreimal so viel Wasser (I) zu den drei Leitungen. Ein Drittel des dreifachen Stromes ist somit gleich dem Strom I aus Aufgabe 1. Außerdem bleibt auch die Druckdifferenz in den drei Leitungen gleich groß wie bei nur einer Engstelle (Lampe). Die drei Lampen leuchten damit genauso hell wie die einzelne Lampe in Aufgabe 1.

Reihen-, Parallel- und gemischte Schaltungen

5. Schaltung 4

a) $R_{Gesamt} = R_1 + R_2 + R_3 = 28{,}8\,\Omega + 28{,}8\,\Omega + 28{,}8\,\Omega = \mathbf{86{,}4\,\Omega} \rightarrow I = \frac{U}{R_{Gesamt}} = \frac{12\,V}{86{,}4\,\Omega} = \mathbf{0{,}13\overline{8}\,A}$

b) $U_1 = U_2 = U_3 = I \cdot R_L = 0{,}13\overline{8}\,A \cdot 28{,}8\,\Omega = \mathbf{4\,V}$ Probe: $U = U_1 + U_2 + U_3 = 3 \cdot 4\,V = \mathbf{12\,V}$

c) $P = U_1 \cdot I = U_2 \cdot I = U_3 \cdot I = 4\,V \cdot 0{,}13\overline{8}\,A = \mathbf{0{,}\overline{5}\,W}$

d) Der Wasserstrom hat dreimal so viel Widerstand wie bei nur einer Engstelle (Lampe). Deshalb fließt auch nur ein Drittel des Wassers. Außerdem verteilt sich auch die Druckdifferenz auf drei Engstellen und ist deshalb jeweils nur noch ein Drittel so groß wie bei nur einer Lampe. Insgesamt hat also die jeweilige Lampe nur noch ein Neuntel der Leistung wie eine einzelne Lampe und leuchtet damit extrem schwach.

6. Schaltung 5

a) $R_{Gesamt} = R_1 + \frac{R_2 \cdot R_3}{R_2 + R_3} = 28{,}8\,\Omega + \frac{28{,}8\,\Omega \cdot 28{,}8\,\Omega}{28{,}8\,\Omega + 28{,}8\,\Omega} = 28{,}8\,\Omega + 14{,}4\,\Omega = \mathbf{43{,}2\,\Omega}$

$I_1 = \frac{U}{R_{Gesamt}} = \frac{12\,V}{43{,}2\,\Omega} = \mathbf{0{,}2\overline{7}\,A}$

$U_1 = I_1 \cdot R_L = 0{,}2\overline{7}\,A \cdot 28{,}8\,\Omega = \mathbf{8\,V}$ $U_1 + U_2 = 12\,V \rightarrow U_2 = 12\,V - 8\,V = \mathbf{4\,V}$

$U_2 = I_2 \cdot R_L = I_3 \cdot R_L \rightarrow I_2 = I_3 = \frac{U_2}{R_L} = \frac{4\,V}{28{,}8\,\Omega} = \mathbf{0{,}13\overline{8}\,A}$

b) $P_1 = U_1 \cdot I_1 = 8\,V \cdot 0{,}2\overline{7}\,A = \mathbf{2{,}2\,W;}$

$P_2 = U_2 \cdot I_2 = 4\,V \cdot 0{,}138\,A = \mathbf{0{,}\overline{5}\,W}$

Schaltung 6

a) $R_{Gesamt} = \frac{(R_1 + R_2) \cdot R_3}{(R_1 + R_2) + R_3} = \frac{(28{,}8\,\Omega + 28{,}8\,\Omega) \cdot 28{,}8\,\Omega}{(28{,}8\,\Omega + 28{,}8\,\Omega) + 28{,}8\,\Omega} = \mathbf{19{,}2\,\Omega} \rightarrow I = \frac{U}{R_{Gesamt}} = \frac{12\,V}{19{,}2\,\Omega} = \mathbf{0{,}625\,A}$

$U = I_1 \cdot (R_L + R_L) \rightarrow I_1 = \frac{U}{(R_L + R_L)}$

$I_1 = \frac{12\,V}{(28{,}8\,\Omega + 28{,}8\,\Omega)} = \mathbf{0{,}208\overline{3}\,A}$

b) $P_1 = P_2 = \frac{U}{2} \cdot I_1 = 6\,V \cdot 0{,}208\,\overline{3}\,A = \mathbf{1{,}25\,W}$;

$P_3 = U \cdot I_2 = 12\,V \cdot 0{,}208\overline{3}\,A = \mathbf{2{,}5\,W}$

c) Die Lampen in der Werkhalle müssen parallel geschaltet werden. Nur so leuchten alle Lampen bei ausreichender Energiezufuhr gleich hell.
Weil sich die Teilströme der Lampen addieren, muss die Gesamtzuleitung ausreichend dimensioniert sein und mit einer Sicherung abgesichert werden, sonst droht Überhitzung der Hauptzuleitung.

Elektrische Arbeit und Leistung, Widerstand — Lötkolben

Ausgangssituation

Mit einem Speziallötkolben werden thermoplastische Folien getrennt und verschweißt.

Der Lötkolben hat folgende Daten: 200 W; 230 V

Aufgaben

1. Berechnung der maximalen Anzahl von Lötkolben, die bei einer Absicherung mit 16 Ampere gleichzeitig betrieben werden können.
2. Berechnung des Widerstandes eines Lötkolbens.
3. Es werden 12 Lötkolben bei einem Gleichzeitigkeitsfaktor von $f_G = 0{,}7$ im Zweischichtbetrieb eingesetzt. Berechnung der jährlichen Stromkosten bei 0,23 €/kWh und bei 200 Arbeitstagen.

Lösungen

1. Maximale Anzahl Lötkolben bei 16 Ampere Absicherung

$$P_{\text{Lötkolben}} = U \cdot I_{\text{Lötkolben}} \rightarrow I_{\text{Lötkolben}} = \frac{P_{\text{Lötkolben}}}{U}$$

$$I_{\text{Lötkolben}} = \frac{200\,\text{W}}{230\,\text{V}} = 0{,}87\,\text{A}$$

$$n_{\text{max}} = \frac{I_{\text{max Sicherung}}}{I_{\text{Lötkolben}}}$$

$$n_{\text{max}} = \frac{16\,\text{A}}{0{,}87\,\text{A}} = \mathbf{18{,}4}$$

Es können maximal 18 Lötkolben betrieben werden.

2. Widerstand eines Lötkolbens

$$R_{\text{Lötkolben}} = \frac{U}{I_{\text{Lötkolben}}}$$

$$R_{\text{Lötkolben}} = \frac{230\,\text{V}}{0{,}87\,\text{A}} = \mathbf{264{,}4\,\Omega}$$

3. Jährliche Stromkosten

$$P_{\text{Gesamt}} = n \cdot f_G \cdot P_1 = 12 \cdot 0{,}7 \cdot 200\,\text{W} = 1\,680\,\text{W}$$

$$W = P_{\text{Gesamt}} \cdot t = 1{,}68\,\text{kW} \cdot 200\,\text{Tage} \cdot 2 \cdot 8\,\frac{\text{Stunden}}{\text{Tag}} = 5\,376\,\text{kWh}$$

$$\text{Kosten} = W \cdot k = 5\,376\,\text{kWh} \cdot 0{,}23\,\frac{€}{\text{kWh}} = \mathbf{1\,236{,}48\,€}$$

Leistung, Drehzahl, Drehmoment — Asynchronmotor

Ausgangssituation

Der Hersteller eines Asynchronmotors gibt folgende Kennlinie und das Typenschild am Motor weiter.

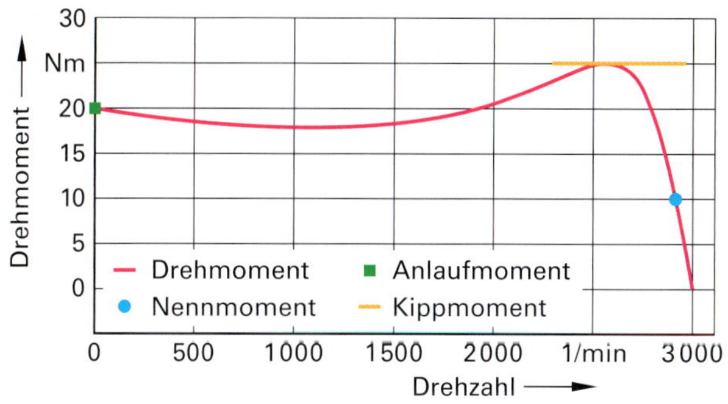

Drehmoment-Drehzahl-Kennlinie einer Asynchronmaschine am 50 Hz Netz

1	Motorenwerke ACME	**EFF2**	7
2	ASM **100L-2**	**0123456**	8
3	Δ **400** V	**5,9** A	9
4	**3** kW	cosφ **0,86**	10
5	**2890** U/min	**50** Hz	11
6	Isol. Kl. **F**	IP **44**	12

Typenschild

Aufgaben

1. Bestimmung des Drehmoments des Motors bei 2 900 1/min. Bestimmung des Drehmoments, wenn der Motor unter Belastung auf 2 700 1/min abfällt.
2. Erklärung des Begriffs „Asynchron"-Motor. Nennung der Vorteile aufgrund seiner Funktionsweise.
3. Klärung, ob ein Asynchronmotor auch an Wechselstrom angeschlossen werden kann.
4. Zuordnung der folgenden Begriffe zu den Feldnummern der ersten Spalte:

   Nenndrehzahl; Isolationsklasse; Leistungsfaktor; Nennfrequenz; Motortyp; Effizienzklasse; Nennleistung; Hersteller; Nennspannung; Schutzklasse; Seriennummer; Nennstrom

Feld	Symbol	Bemerkungen
1		Firma, die den Motor gebaut hat
2		Typenbezeichnung des Herstellers, oft Baugröße und Polzahl
3	U	es wird die verkettete Spannung angegeben
4	P	Zulässige dauernde mechanische Abgabeleistung
5	n	Drehzahl bei der Belastung mit der Nennleistung
6		Temperaturfestigkeit der Wicklung
7		EFF1 ist am besten, ohne Bezeichnung EFF3 (EFF: Effizienz)
8		Diese Nummer wird vom Hersteller vergeben
9	I	Stromaufnahme bei Nennspannung und Nennbelastung
10	cos φ	Phasenwinkel bei Nennspannung und Nennbelastung
11	f	Frequenz des Netzes, an dem der Motor angeschlossen wird
12		Schutz gegen das Eindringen von Fremdkörpern und Wasser

5. Berechnung der zugeführten elektrischen Leistung P_{el} nach dem Typenschild.
6. Bestimmung des Wirkungsgrades.
7. Bestimmung des Nenndrehmoments des Motors.
8. Ergänzende Aufgaben: Bestimmung der Polpaarzahl des Motors und Herleitung der Zahlenwertgleichung $M = 9\,550\ \frac{P}{n}$ mit Drehmoment M in Nm, Leistung P in kW und Drehzahl n in 1/min.

Leistung, Drehzahl, Drehmoment — Asynchronmotor

Lösungen

1. Bestimmung des Drehmoments

$2\,900\,\frac{1}{\text{min}}$ => 10 Nm; $2\,700\,\frac{1}{\text{min}}$ => 23 Nm (abgelesen aus der Drehmoment-Drehzahl-Kennlinie)

2. Erklärung des Begriffs „Asynchron"-Motor und Nennung seiner Vorteile

Der Läufer hat keine Stromzufuhr von außen. Im Stator rotiert ein Drehfeld mit z. B. 3 000 Umdrehungen pro Minute bei einer Netzfrequenz von 50 Hertz. Die Energieübertragung vom Stator auf den Läufer erfolgt durch Induktion nur dann, wenn das Drehfeld eine höhere Drehzahl als der Rotor hat. Deshalb hat der Motor nur dann ein Drehmoment, wenn seine Rotordrehzahl von der Drehfelddrehzahl abweicht, denn nur dann wird ein Strom induziert. Daher der Name Asynchronmotor (Rotor und Drehfeld „laufen nicht gleich", also asynchron).

Vorteil: Es werden weder Bürsten noch Kollektoren zur Energieübertragung auf den Läufer verwendet, hier erfolgt also kein Verschleiß!

3. Klärung, ob ein Asynchronmotor auch an Wechselstrom angeschlossen werden kann

Für kleine Leistungen (unter 2 kW) kann der Asynchronmotor mit einem Kondensator auch an das Wechselstromnetz (230 V) angeschlossen werden.

4. Zuordnung der Begriffe zu den Feldnummern der ersten Spalte

1. Hersteller;
2. Motortyp;
3. Nennspannung;
4. Nennleistung;
5. Nenndrehzahl;
6. Isolationsklasse;
7. Effizienzklasse;
8. Seriennummer;
9. Nennstrom;
10. Leistungsfaktor;
11. Nennfrequenz;
12. Schutzklasse

5. Berechnung der zugeführten elektrischen Leistung

$P_{el} = \sqrt{3} \cdot U \cdot I \cdot \cos\varphi = \sqrt{3} \cdot 400\,\text{V} \cdot 5{,}9\,\text{A} \cdot 0{,}86 = \mathbf{3\,515{,}37\,W}$

6. Bestimmung des Wirkungsgrades

$\eta = \frac{P_{ab}}{P_{zu}} = \frac{3\,000\,\text{W}}{3\,515{,}37\,\text{W}} = 0{,}853 \rightarrow \eta = \mathbf{85{,}3\,\%}$

7. Bestimmung des Nenndrehmoments des Motors

$M = 9\,550 \cdot \frac{P}{n} = 9\,550 \cdot \frac{3}{2\,890} = \mathbf{9{,}913\,Nm}$ [Zahlenwertgleichung]

Schweißstrom, Schweißleistung — Transformator

Ausgangssituation

Es soll eine Schweißwerkstatt mit 5 Elektro-Schweißgeräten ausgestattet werden. Jedes Schweißgerät ist an 400 V Netzspannung mit einer Absicherung von 16 A angeschlossen. Das Schweißgerät hat eine Leistungsaufnahme von 3 kW (3 kVA)

Zum Einsatz kommt ein Schweißtransformator, der einen Wirkungsgrad von 92 % hat.

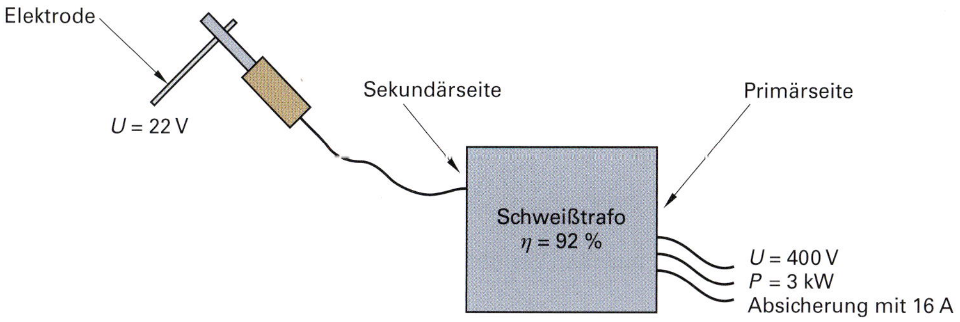

Hinweise

Wirkungsgrad η Transformator

$$\eta = \frac{P_2}{P_1} = \frac{U_2 \cdot I_2}{U_1 \cdot I_1}$$

Index 1: Leistung *P*, Spannung *U* und Stom *I* der Primärseite
Index 2: Leistung *P*, Spannung *U* und Strom *I* der Sekundärseite

Aufgaben

1. Prüfung, ob die Absicherung eines Schweißgerätes mit 16 A ausreicht.
2. Berechnung der Stromstärke im Sekundärkreis, wenn der Transformator einen Wirkungsgrad von 92 % hat und die Schweißspannung 22 V beträgt.
3. Erklärung (ohne Rechnung), warum das Schweißgerät trotz der hohen Stromstärke aus Aufgabe 2 mit nur 16 A abgesichert werden kann.
4. Berechnung der Leistung aller Schweißgeräte bei einem Gleichzeitigkeitsfaktor von 0,8.

Darstellung von Drehteilen

Lösung

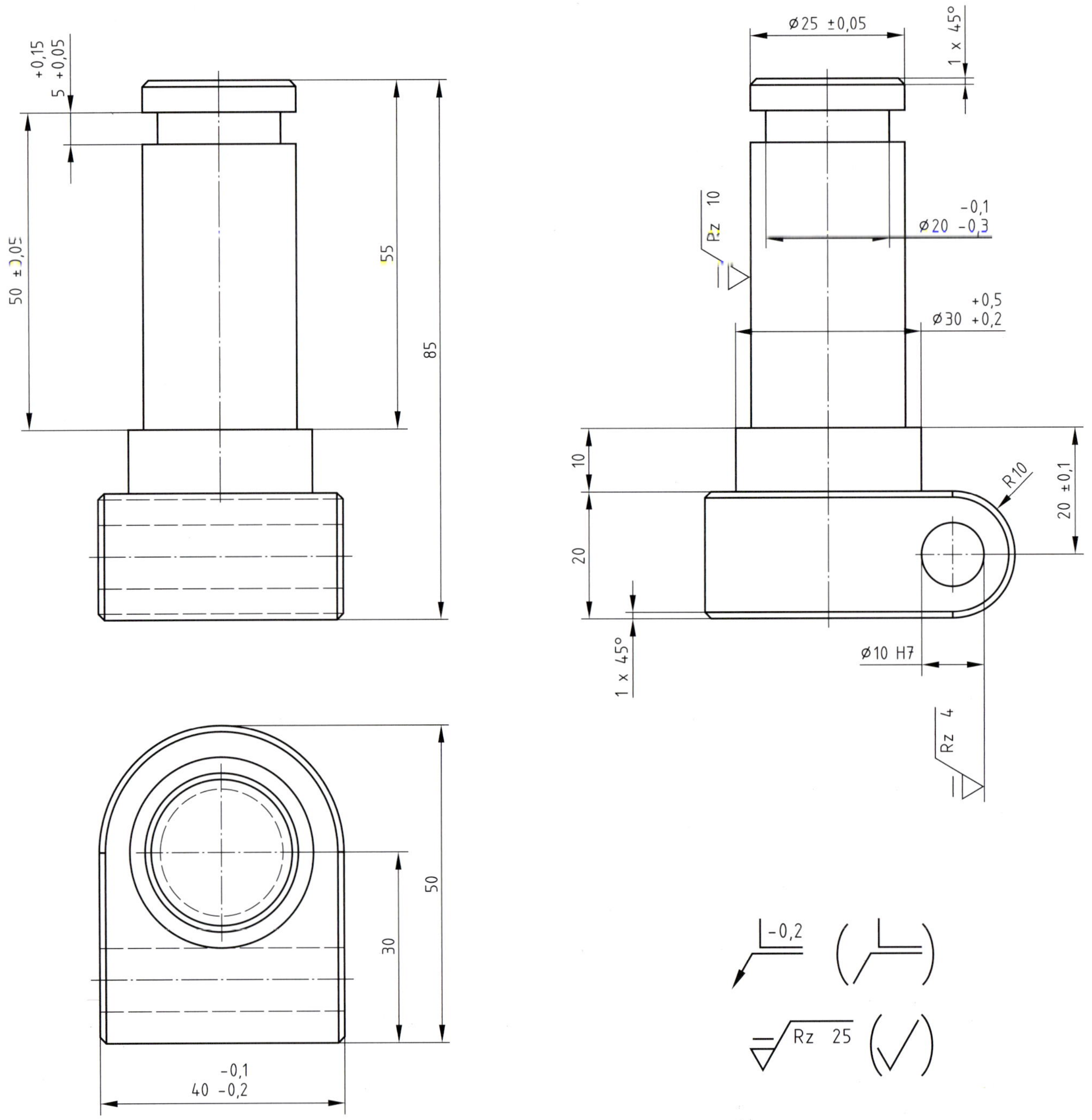

Passmaß	Abmaße
10 H7	+0,015 0

Allgemeintoleranzen DIN EN ISO 22081
DIN 2769 Linear size-b

Rohteilabmessungen:	Mindestdurchmesser = $2 \cdot \sqrt{30^2 + 20^2} = 2 \cdot 36 = 72$ mm gewählt 75 mm
	Länge 85 + 2 = 87 mm
Werkstoff- und Halbzeug:	Rundstab EN 10 060 – 75 x 87 – Stahl EN 10 084 – C10E

Darstellung von Drehteilen – Schnittdarstellungen

Lagerflansch

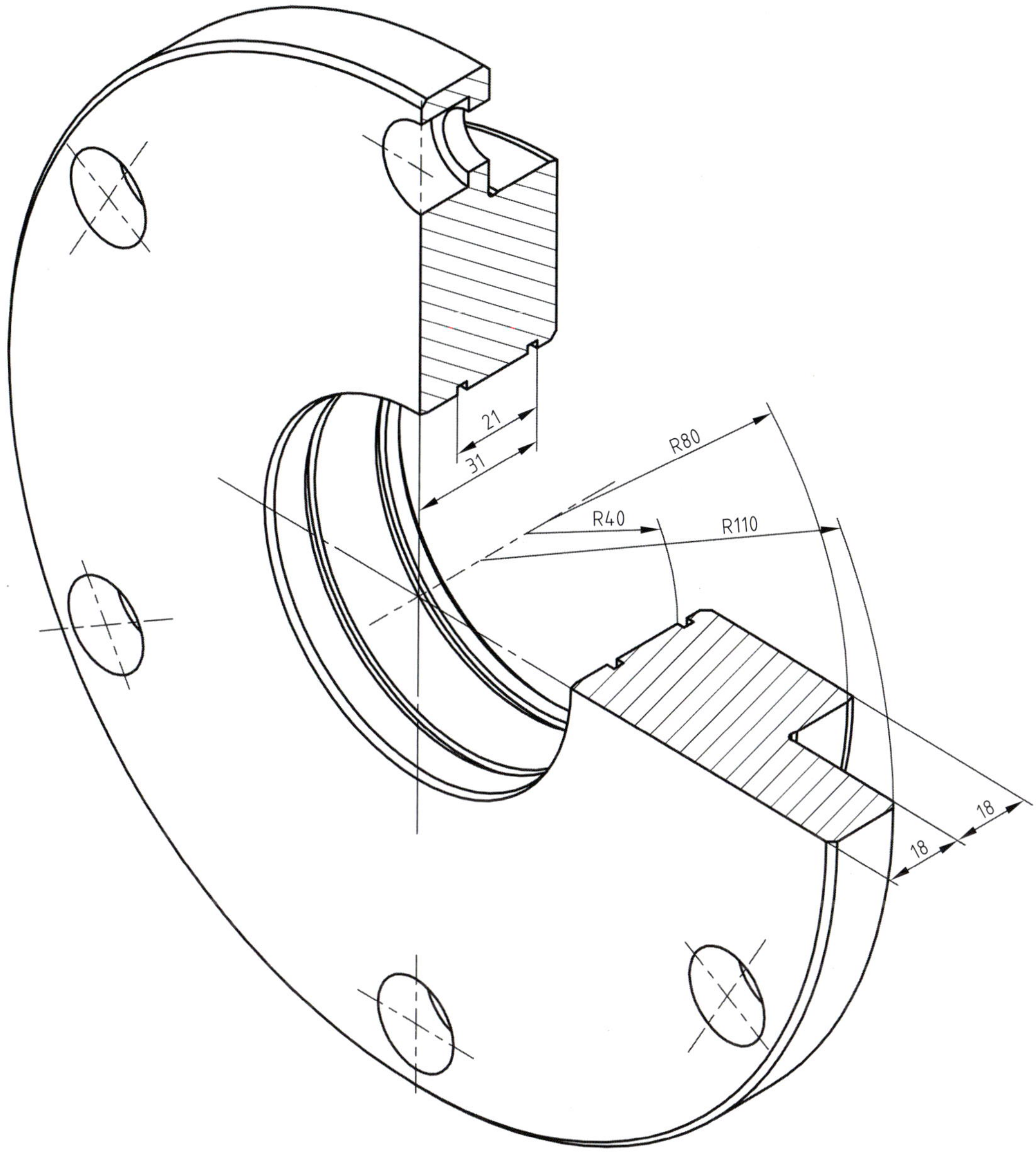

Aufgaben

Der skizzierte Lagerflansch ist im Halbschnitt im Maßstab 1:1 mit allen notwendigen Angaben für die Fertigung zu zeichnen. Die Allgemeintoleranzen werden nach Allgemeintoleranzen DIN EN ISO 22081 DIN 2769 Linear size-b ausgeführt.

- Es sind die Maße der Einstiche für die Sicherungsringe nach DIN 471 norm- und fertigungsgerecht anzugeben.
- Die Befestigung erfolgt durch 6 Senkungen DIN 974-1 für Zylinderschrauben M12.
  mit Innensechskant nach ISO 4762 auf einem Teilkreis von 190 ± 0,2.
- Der Fügedurchmesser mit 160 mm soll eine leichte Spielpassung zum Passungssystem Einheitsbohrung haben.
- Zum einfacheren Fügen wird ein Freistich Form F nach DIN 509 eingedreht.
- Der Flansch wird allseits mit einer Fase 0,5 x 45° versehen.

Darstellung von Drehteilen – Schnittdarstellung

Lösung

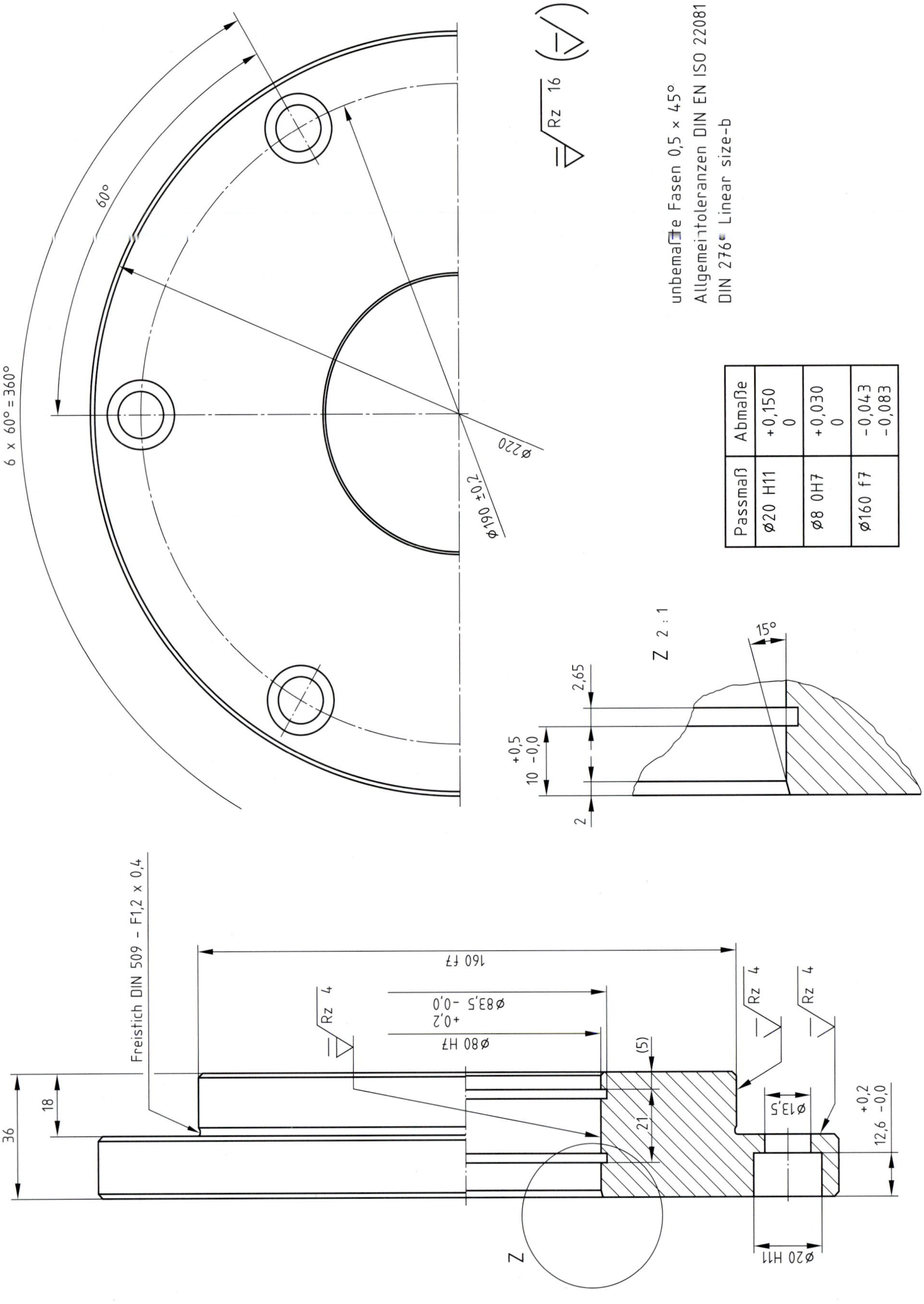

Passmaß	Abmaße
Ø20 H11	+0,150 0
Ø8 0H7	+0,030 0
Ø160 f7	−0,043 −0,083

Darstellung von Drehteilen — Oberflächenangaben, Form- und Lagetoleranzen

Ausgangssituation

Bei der Instandsetzung einer Transferstraße wurde die abgebildete Getriebewelle aufgrund eines Schadens ausgebaut und eine Skizze erstellt. Für die Fertigung der Welle aus C45E soll nun eine Zeichnung erstellt werden.

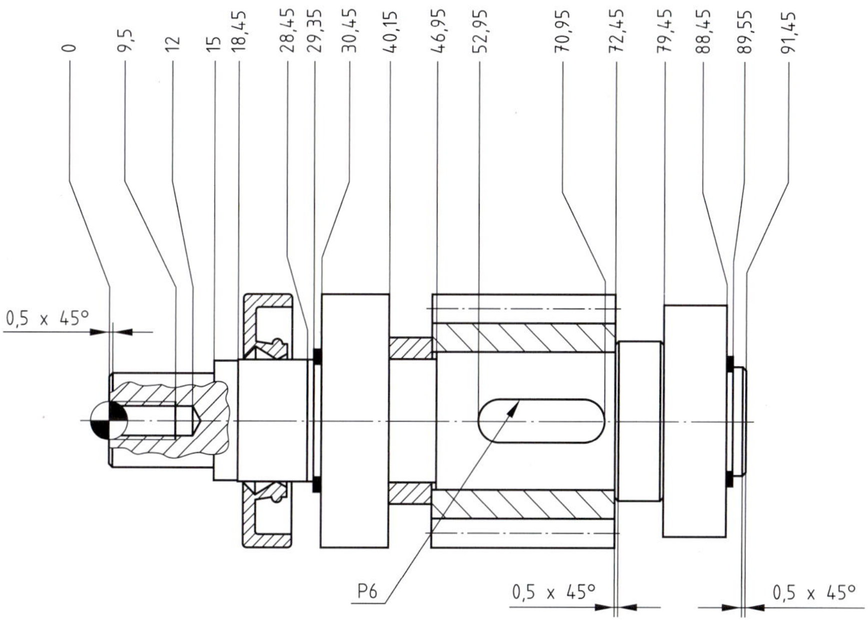

Sicherungsringe nach DIN 471

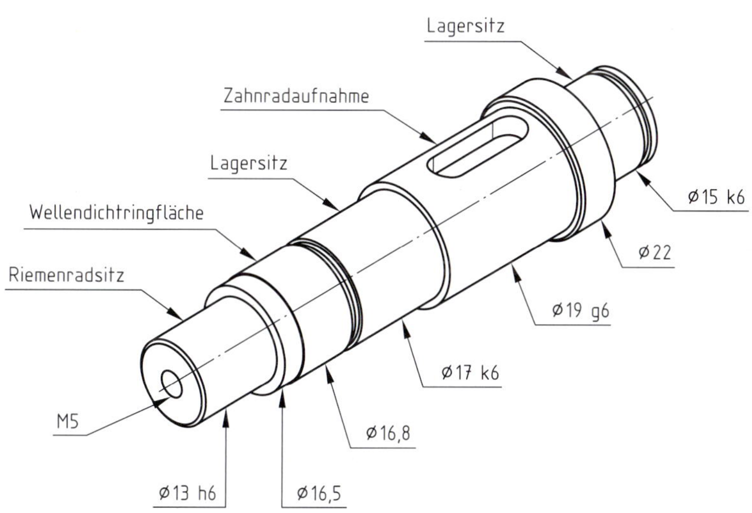

Aufgabe

Erstellung einer Fertigungszeichnung mit sämtlichen Angaben für die Herstellung.

- Die Wellendichtringfläche soll gegen übermäßigen Verschleiß wärmebehandelt werden.
- Eintragung der Oberflächenangaben, der Toleranzen und der Form- und Lagetoleranzen.

Darstellung von Drehteilen — Oberflächenangaben, Form- und Lagetoleranzen

Lösung

Passmaß	Abmaße
Ø13 h6	-0 -0,011
Ø17 k6	-0,012 -0,001
Ø15 k6	-0,012 -0,001
6 P9	-0,012 -0,042
Ø19 g6	-0,007 -0,020

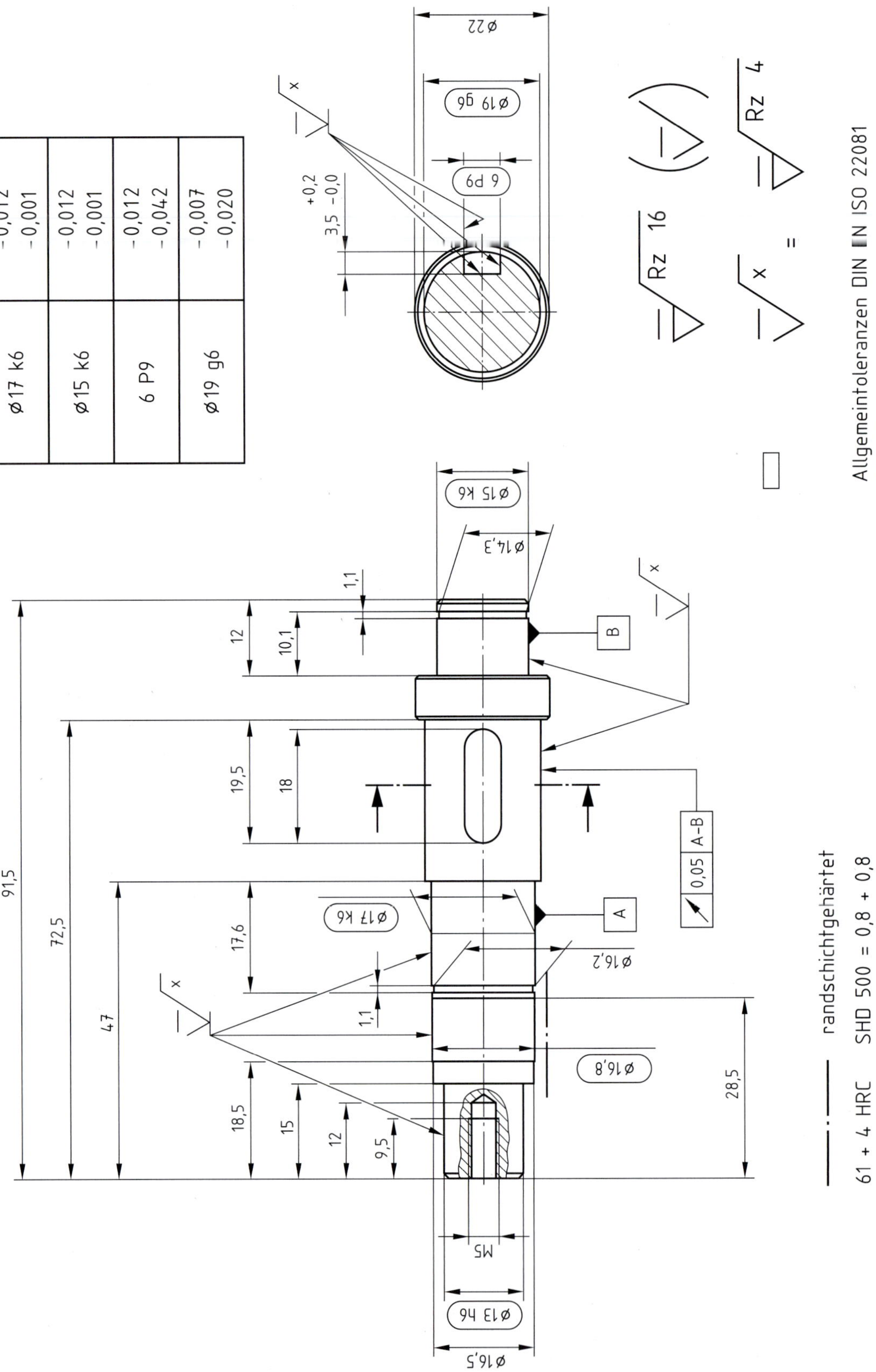

Darstellung von Blechteilen — Ansichten

Blechkonsole

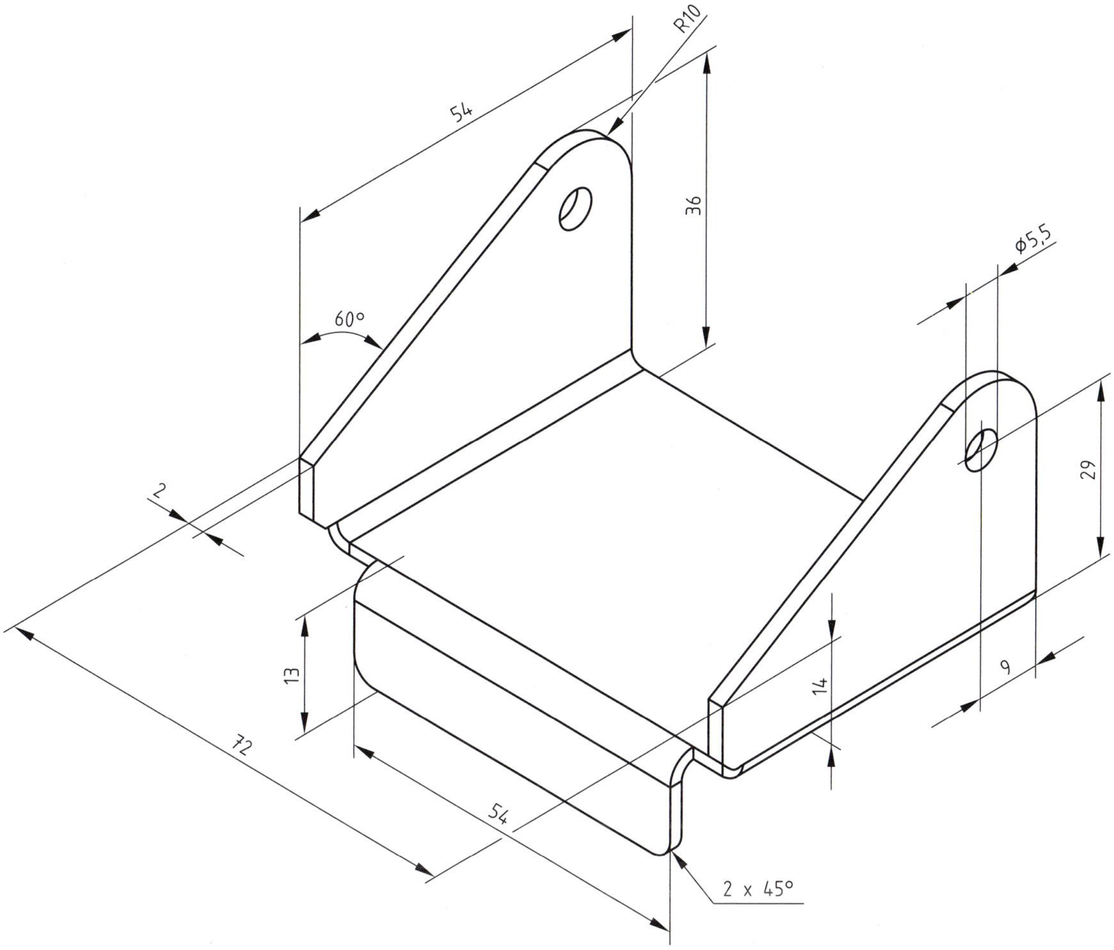

Ausgangssituation

Die skizzierte Blechkonsole dient zur Befestigung von Montagestützen aus Profilrohren und wird aus Korrosionsgründen anschließend verzinkt.

Aufgaben

1. Erstellung einer Fertigungszeichnung in 3 Ansichten im Maßstab 1:1 mit allen notwendigen Angaben.

   Hinweise

   - Die Allgemeintoleranzen sollen nach DIN EN ISO 22081 und DIN 2769 „Linear size-d" betragen. Alle Außenkanten sollen abtragend mit -0,2 mm gebrochen werden.
   - Der Werkstoff ist DC04. Angabe der normgerechten Bezeichnung des Werkstoffes sowie des Halbzeuges. Der Zuschnitt wird aus einer Blechtafel 1 000 · 2 000 geschnitten.

2. Erstellung der Abwicklungszeichnung des Blechzuschnittes mit Angabe der errechneten Biegekanten sowie der notwendigen Maße.

Darstellung von Blechteilen – Ansichten

Lösungen

1. Fertigungszeichnung in 3 Aussichten

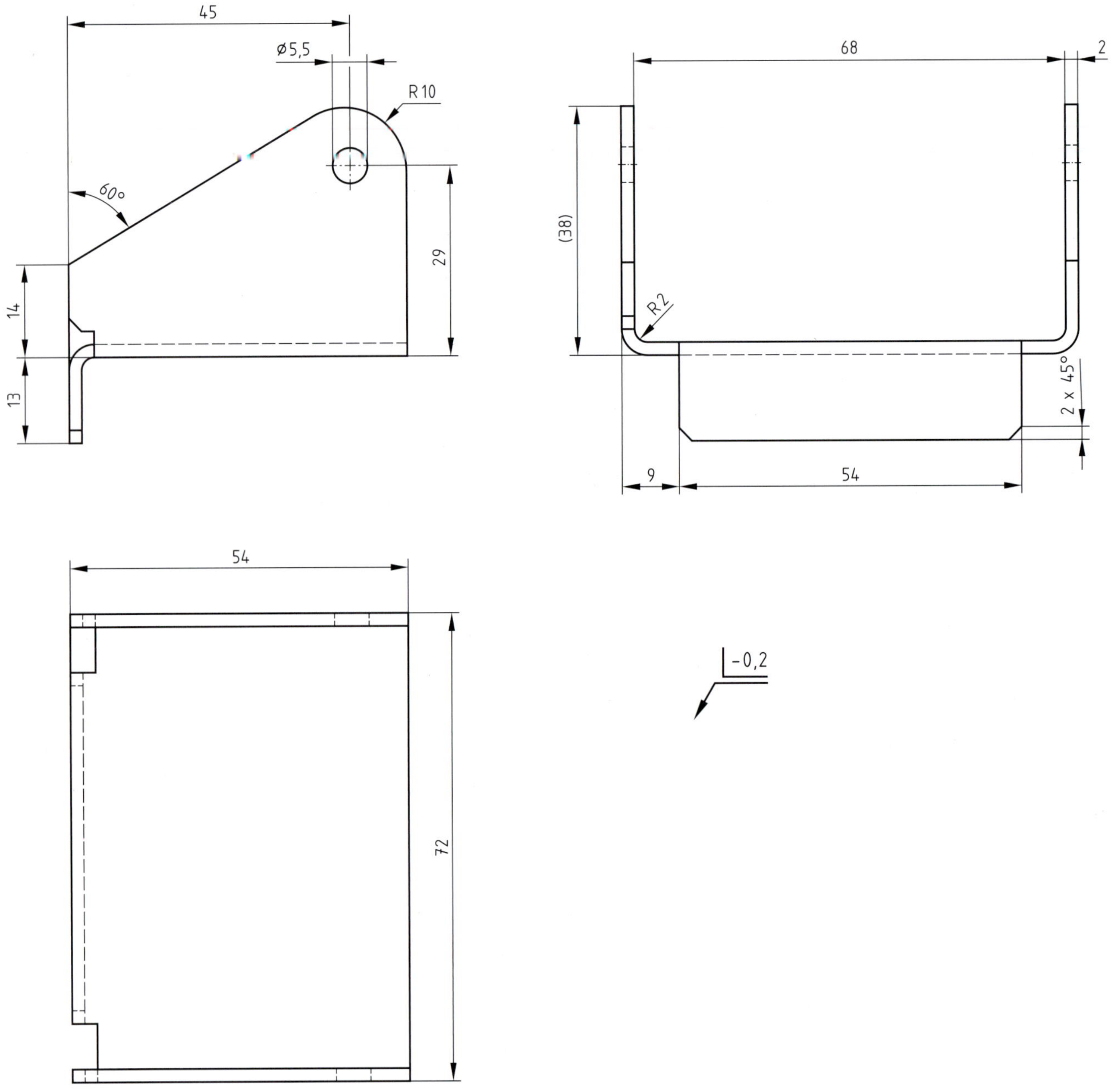

Allgemeintoleranzen DIN EN ISO 22081
DIN 2769 Linear size-d
Angabe: „alle Kanten" entgratet oder Symbol für Kantenzustand

Werkstoff- und Halbzeuge: Blech DIN EN 10130-2x1000x2000-DC04-A-g

Darstellung von Blechteilen – Abwicklung

2. Abwicklung des Blechzuschnittes

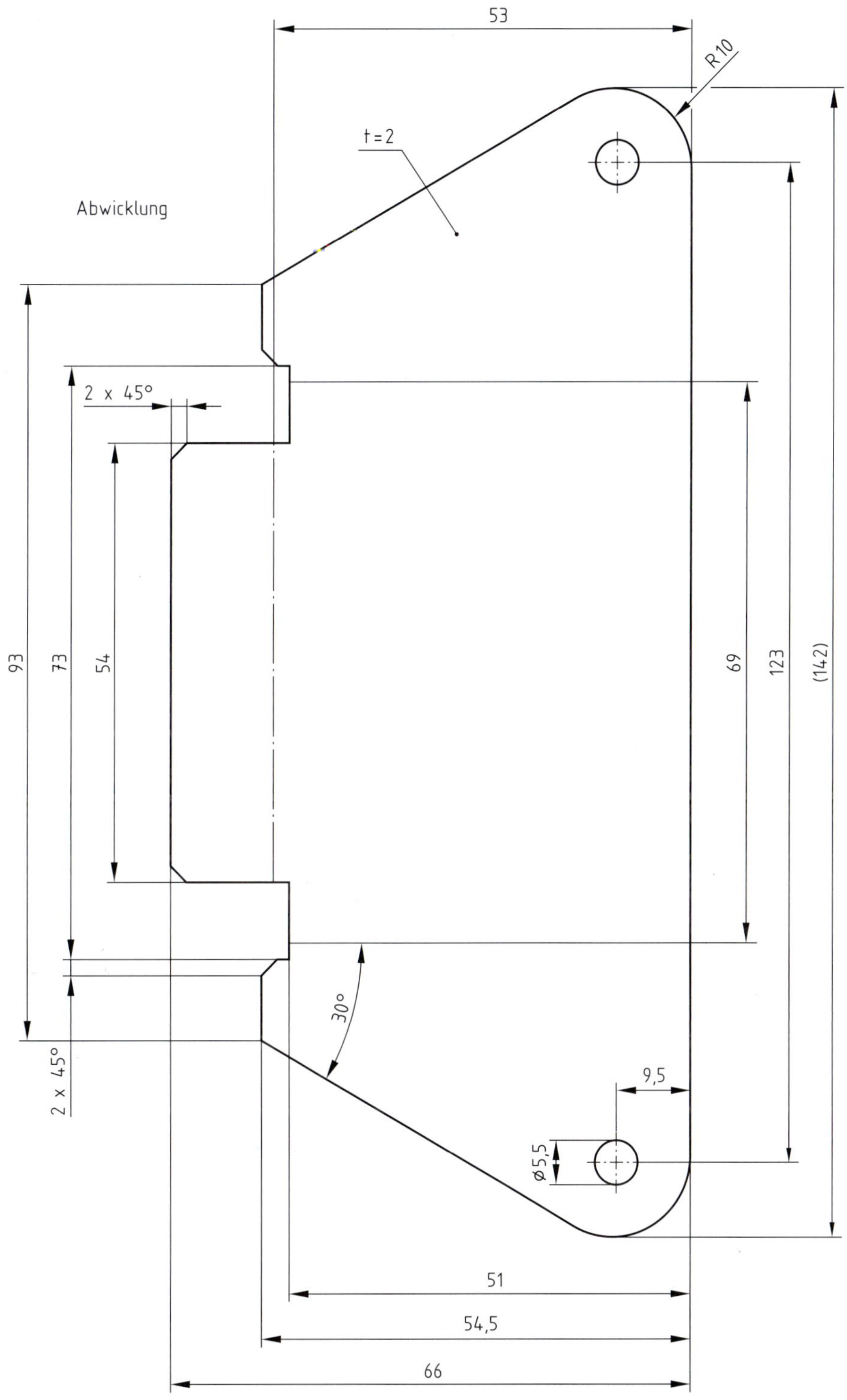

Hinweis: Biegelinienmaße durch Biegeprobe überprüfen und korrigieren!

Darstellung von Gussteilen

Gehäusedeckel

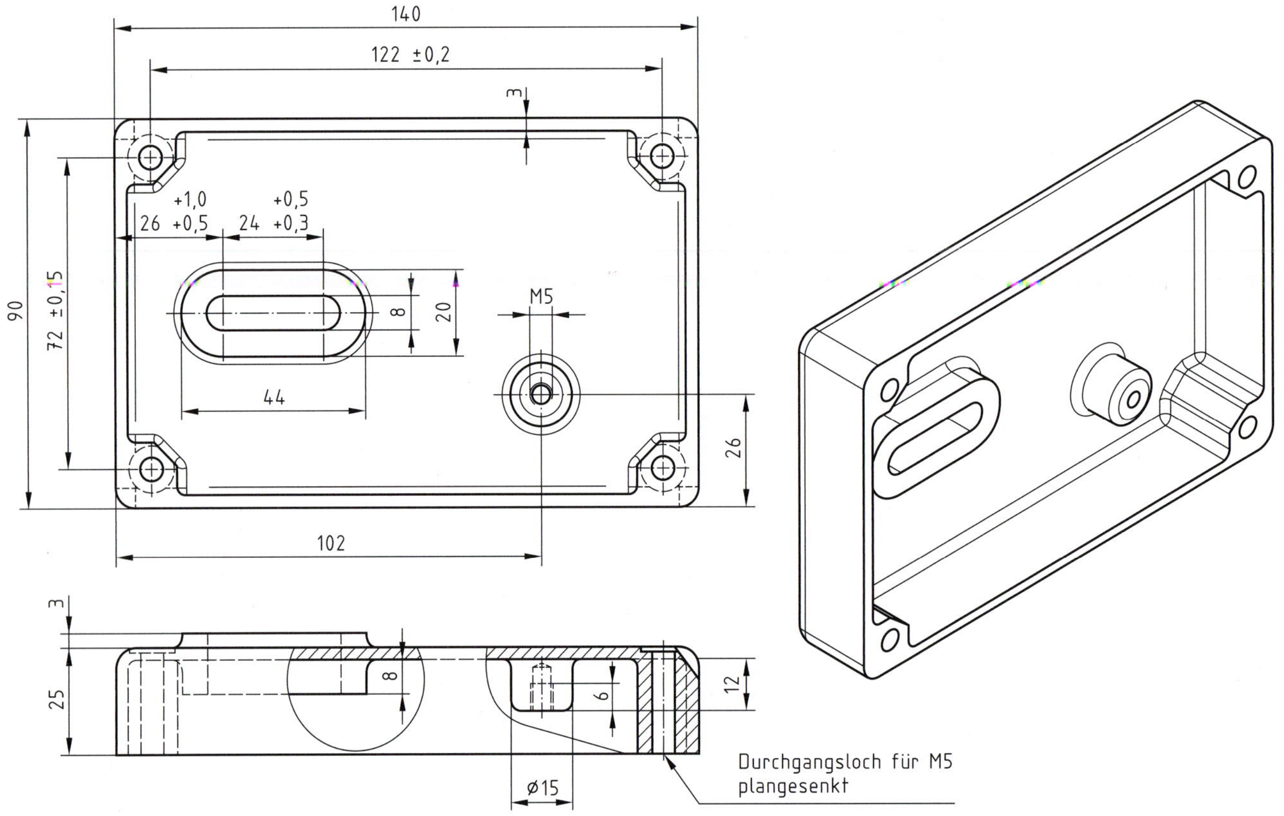

Ausgangssituation

Der Deckel ist als Abdeckung für ein Schaltgetriebe vorgesehen. Er wird aus AC-AlMg5 im Kokillengussverfahren abgegossen.

Die Bearbeitung erfolgt an der Auflagefläche sowie den Planflächen und Innenflächen des Langloches. Gebohrt und gesenkt werden die 4 Durchgangsbohrungen sowie die Gewindebohrung, welche alle nicht vorgegossen sind.

- Die Bearbeitungszugabe RMA nach DIN ISO 8062 ist an den betreffenden Flächen zu bestimmen.
- Die Allgemeintoleranzen sind nach DIN EN ISO 22081 und DIN 2769 „Linear size-b“ und für das Gussrohteil nach DIN EN ISO 8062-3-DCTG 8.
- Das Langloch soll mindestens 0,2 mm und maximal 0,5 mm Spiel haben. Die Parallelitätsabweichung seiner Mittenebene darf höchstens 0,1 mm zur unteren Gehäusekante betragen.
- Die Ebenheit der Deckelauflage darf höchstens 0,1 mm betragen. Die Fläche soll eine Rauheit von weniger als 10 µm haben.
- Die Radien und fehlende Maße, sowie die gusstechnischen Modellierungen sind sinnvoll zu wählen.

Aufgaben

1. Erstellung einer Fertigungszeichnung im Schnitt im Maßstab 1:1 mit Eintragung aller notwendigen Angaben für die Bearbeitung. Der Schnittverlauf ist so zu wählen, dass alle notwendigen Details erkennbar sind.
2. Erstellung der Rohteilzeichnung des Deckels mit Maßangaben nur an den notwendigen Bearbeitungsflächen.

Darstellung von Gussteilen

Lösungen

1. Fertigungszeichnung im Schnitt

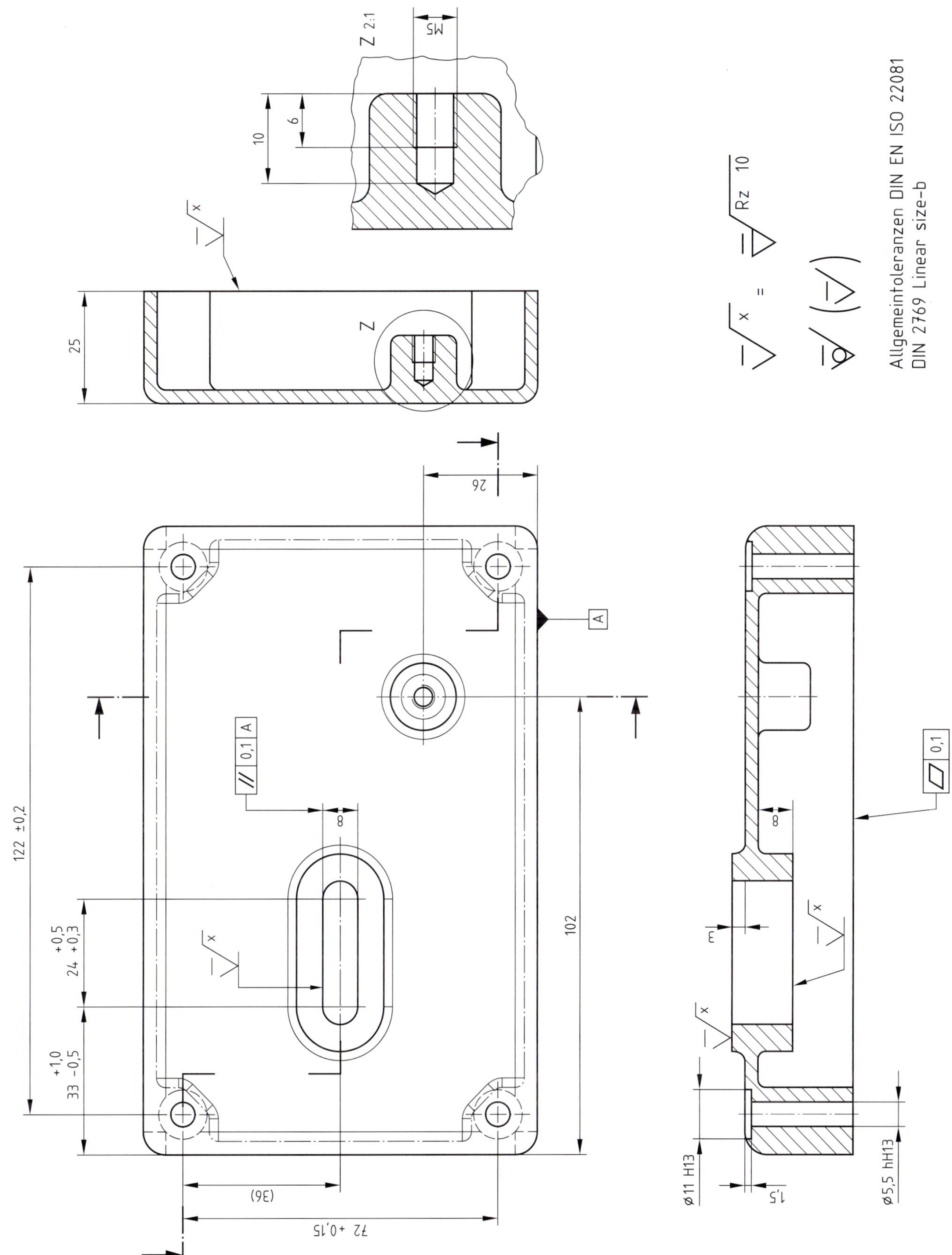

Schweißverbindungen – Lagerwinkel

Stehblech

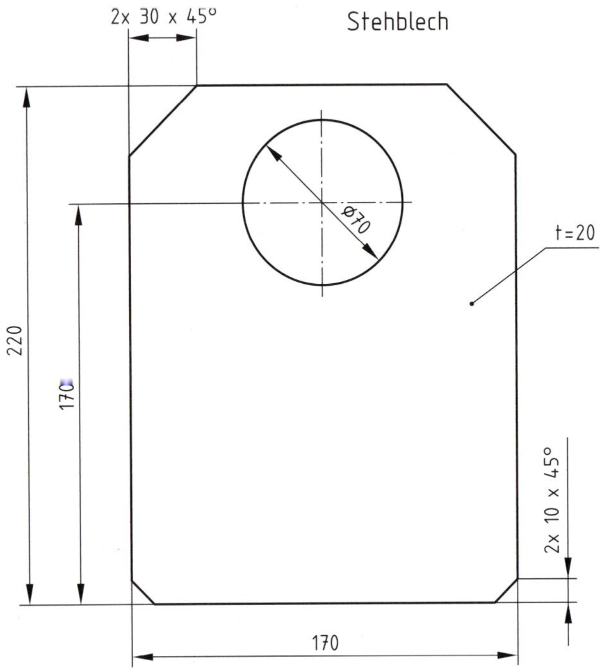

Winkelblech

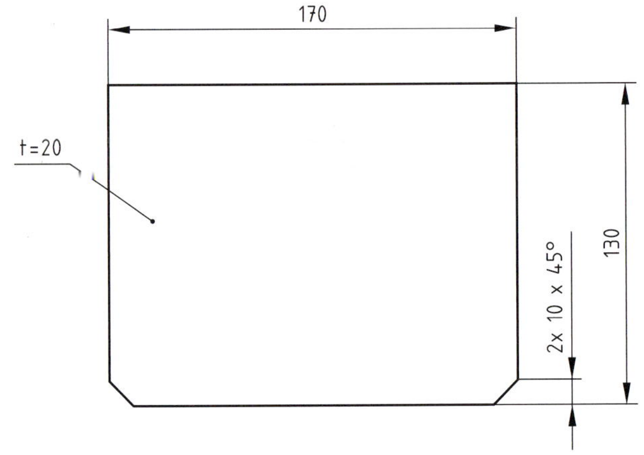

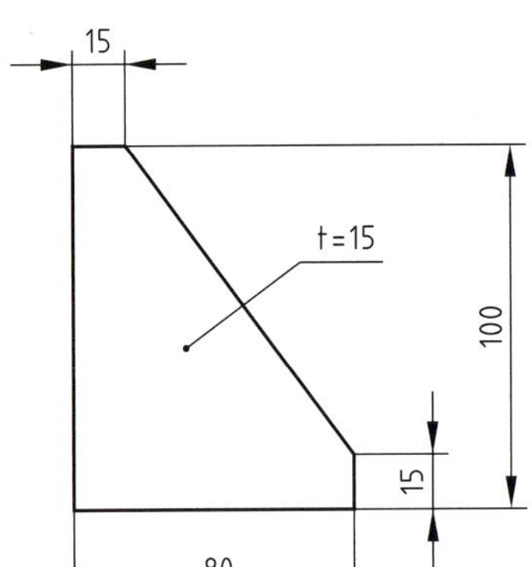

Rippe

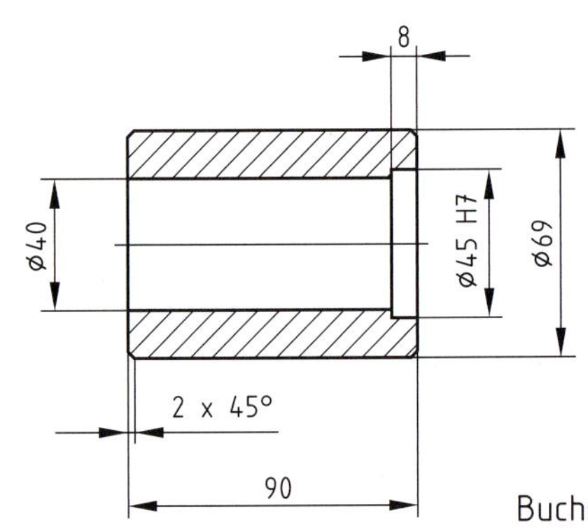

Buchse

Lagerwinkel

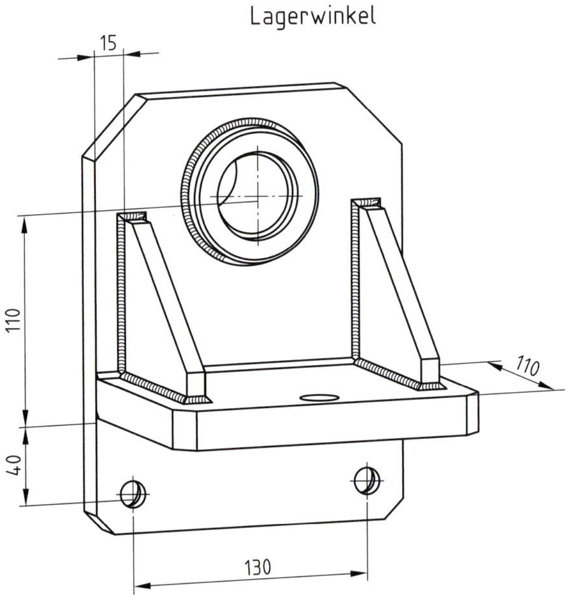

Ausgangssituation

Der skizzierte Lagerwinkel wird zur Lagerung einer Transmissionswelle verwendet.

Die lasergeschnittenen Bleche aus S235JR werden mit Metallschutzgasschweißen gefügt.

- Die Buchse ist fertig bearbeitet und muss beim Zusammenbau ausgerichtet werden.
- Dabei ist eine Parallelität von maximal 0,1 mm zur Auflagefläche des Winkelbleches vorzuschreiben.

Aufgaben

1. Erstellung einer Zusammenbauzeichnung des Lagerwinkels mit Angabe der erforderlichen Fertigungsmaße und Eintragung der Schweißsymbole sowie einer Stückliste.
2. Erstellung einer Zusammenbauzeichnung mit bildlicher Darstellung der Schweißnähte und der Stückliste.

Schweißverbindungen – Lagerwinkel

Lösungen

1. Zusammenbauzeichnung mit Schweißsymbolen

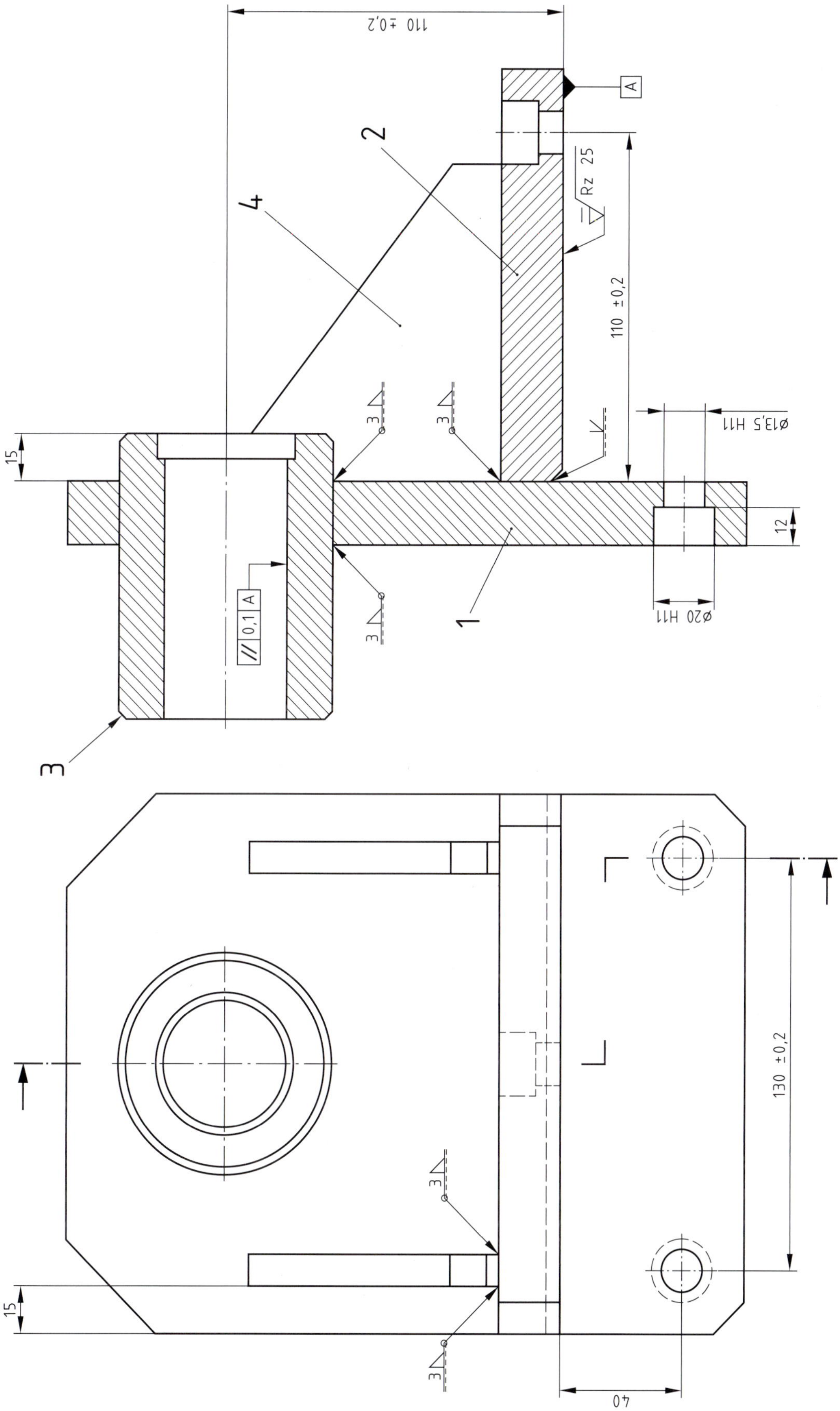

TEILELISTE			
OBJEKT	ANZAHL	BAUTEILNUMMER	BESCHREIBUNG
1	1	Stehblech	
2	1	Winkelblech	
3	1	Buchse	
4	2	Rippen	

Schweißverbindungen — Lagerwinkel

2. Zusammenbauzeichnung mit bildlicher Darstellung der Schweißnähte

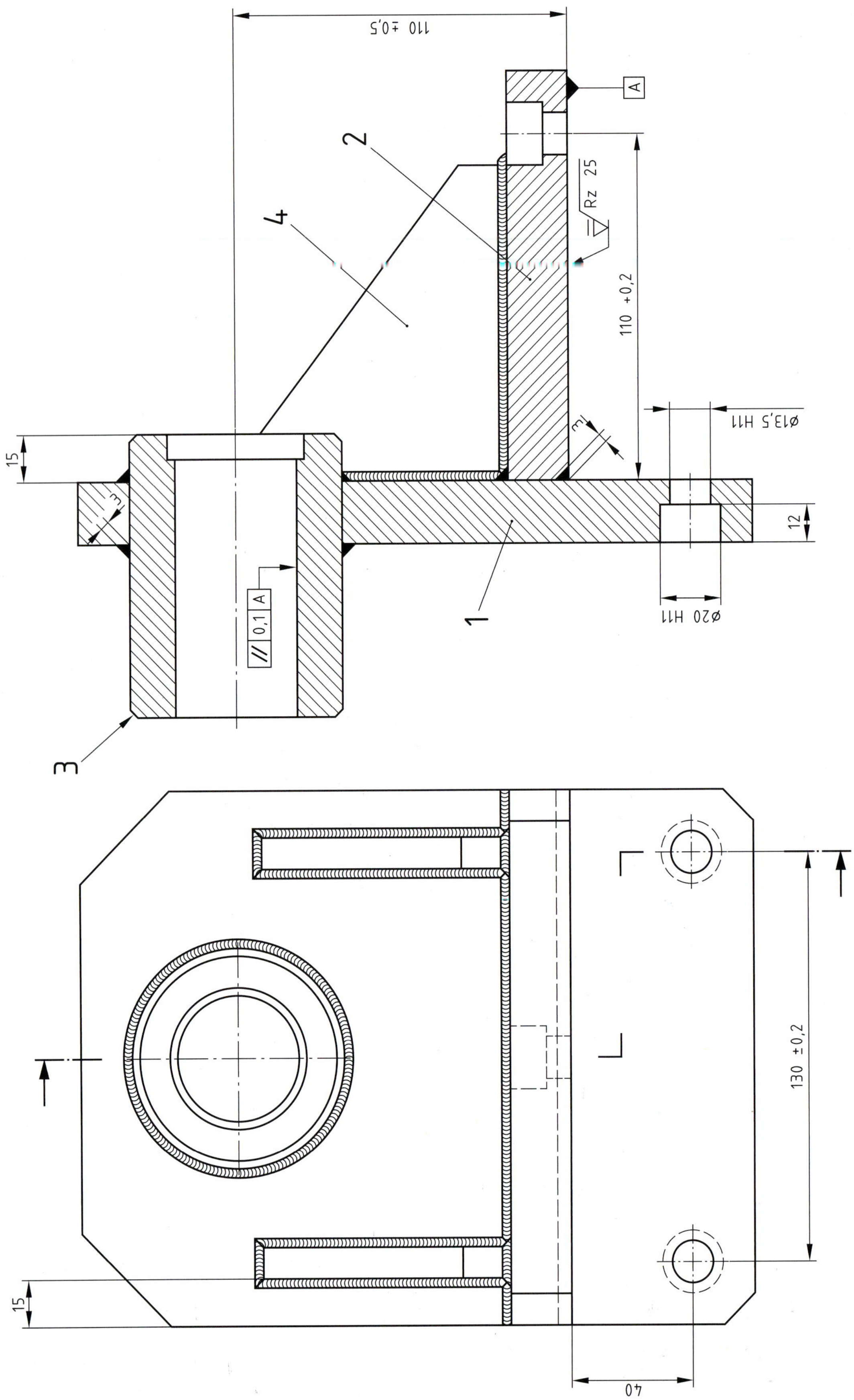

TEILELISTE			
OBJEKT	ANZAHL	BAUTEILNUMMER	BESCHREIBUNG
1	1	Stehblech	
2	1	Winkelblech	
3	1	Buchse	
4	2	Rippen	

Werkstoffnormung

Ausgangssituation

In einem Gehäuse aus Gusseisen ist die vereinfacht dargestellte Getriebewelle in zwei Buchsen gelagert. Die Verzahnung ist in die Getriebewelle hineingefräst. Das Zahnrad wurde auf die Getriebewelle aufgeschrumpft.

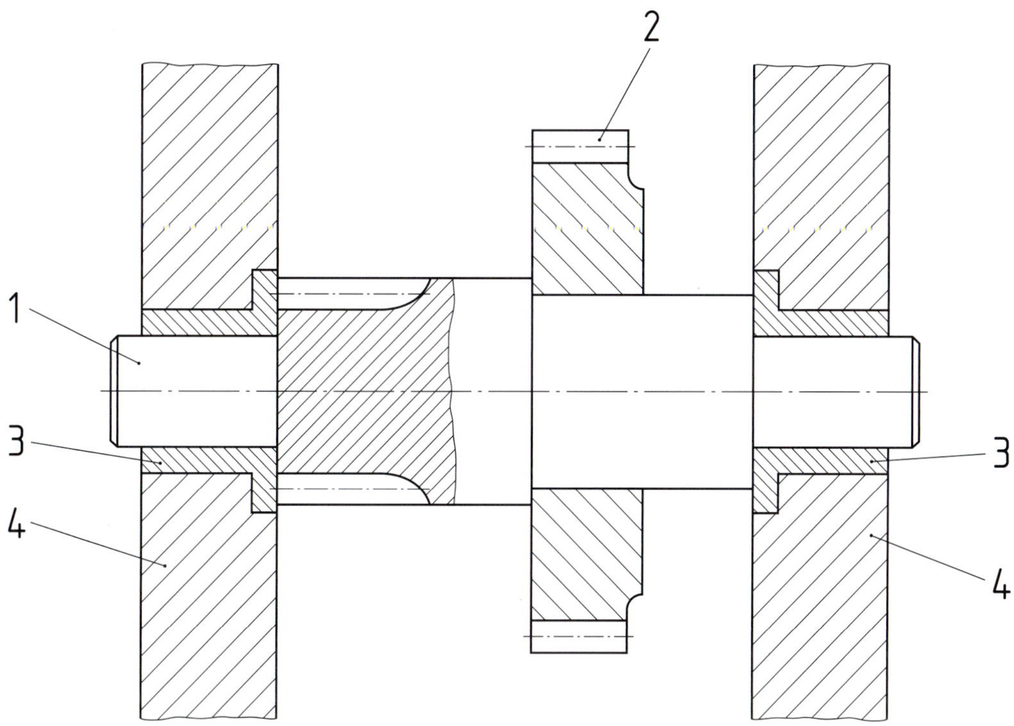

Stückliste		
Pos.	Benennung	Werkstoff
1	Welle	C35
2	Zahnrad	16MnCr5
3	Buchse	CuZn31Si1
4	Gehäuse	EN-GJL-200

Aufgaben

1. Übersicht zur Bezeichnung von Stahl nach der chemischen Zusammensetzung.
2. Definition und Zuordnung der angegebenen Stähle für Welle und Zahnrad. Wahl jeweils eines einfacheren und eines höherwertigen Stahls für die Welle und das Zahnrad.
3. Übersicht zur Bezeichnung von Gusseisenwerkstoffen.
4. Definition und Zuordnung des angegebenen Gusswerkstoffes. Wahl eines einfacheren und eines höherwertigen Werkstoffes für das Gehäuse.
5. Übersicht zur Bezeichnung von Kupferlegierungen und von Sintermetallen.
6. Definition des angegebenen Kupferwerkstoffes. Wahl eines vergleichbaren Sintermetalls für die Buchsen.
7. Ergänzende Aufgabe.
   Für die Welle und das Zahnrad ist jeweils ein korrosionsbeständiger Stahl zu wählen.

Werkstoffnormung

Lösungen

1. Übersicht zur Bezeichnung von Stahl nach der chemischen Zusammensetzung[1]

Hauptsymbole nach der chemischen Zusammensetzung werden nach vier verschiedenen Bezeichnungsgruppen gebildet. Die Zusatzsymbole sind von der Stahlgruppe bzw. Erzeugnisgruppe abhängig.

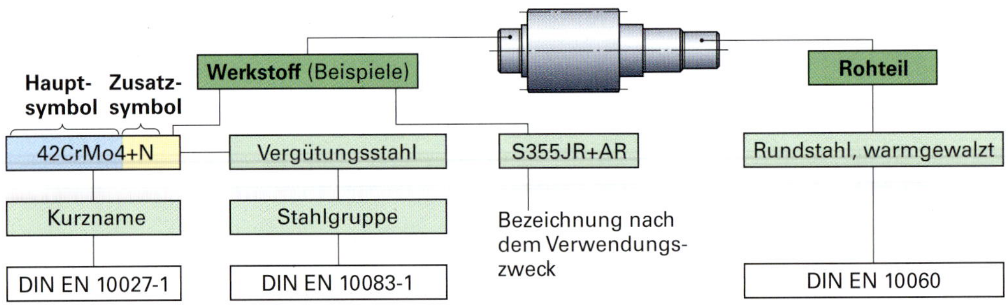

Bezeichnungsgruppen, -beispiele und -anwendung der Hauptsymbole[1]			
Unlegierte Stähle Mangangehalt < 1 % außer Automatenstähle	**Legierte Stähle, Automatenstähle,** unlegierte Stähle mit Mangangehalt > 1 %	**Legierte Stähle** Mittlerer Gehalt eines Legierungselementes über 5 %	**Schnellarbeitsstähle** **HS 10-4-3-10** HS: Kennbuchstaben Schnellarbeitsstahl 10-4-3-10: Prozentualer Gehalt der Legierungselemente in der Reihenfolge W-Mo-V-Co 10 → 10 % Wolfram (W) 4 → 4 % Molybdän (Mo) 3 → 3 % Vanadium (V) 10 → 10 % Cobalt (Co)
C15E	**42CrMo4**	**X12CrNi18-8**	
Anwendung für (z. B.): unlegierte Einsatzstähle, unlegierte Vergütungsstähle, unlegierte Werkzeugstähle	**Anwendung für (z. B.):** Automatenstähle, legierte Einsatzstähle, legierte Vergütungsstähle, legierte Werkzeugstähle, Federstähle	**Anwendung für (z. B.):** **Nichtrostende Stähle** korrosionsbeständige, hitzebeständige, warmfeste Stähle **Werkzeugstähle** Kaltarbeitsstähle, Warmarbeitsstähle	

Hauptsymbole bei Bezeichnung nach dem Verwendungszweck					
Verwendungszweck	**Hauptsymbol**[1]		**Verwendungszweck**	**Hauptsymbol**[1]	
Stähle für den Stahlbau	**S**	**235**[2]	Spannstähle	**Y**	**1770**[3]
Stähle für den Maschinenbau	**E**	**360**[2]	Flacherzeugnisse zum Kaltumformen	**D**	**X52**[4]
Stähle für den Druckbehälterbau	**P**	**265**[2]	Schienenstähle	**R**	**260**[5]
Stähle für Leitungsrohre	**L**	**360**[2]	Flacherzeugnisse aus höherfesten Stählen	**H**	**C400**[6]
Betonstähle	**B**	**500**[2]	Elektroblech und -band	**M**	**400-50**[7]
Verpackungsblech und -band	**T**	**S550**[2]	Bei Stahlguss wird dem Hauptsymbol ein **G** vorangestellt.		

[1] Das Hauptsymbol setzt sich zusammen aus dem Kennbuchstaben und einer Zahl bzw. einem weiteren Buchstaben und einer Zahl
[2] Streckgrenze R_e für kleinste Erzeugnisdicke
[3] Nennwert für Mindestzugfestigkeit R_m
[4] Walzzustand *C, D, X* gefolgt von zwei Symbolen
[5] Mindesthärte nach Brinell HBW
[6] Walzzustand *C, D, X* und Mindeststreckgrenze R_e bzw. Walzzustand C_P, D_P, X_T und Mindestzugfestigkeit Rm
[7] Höchstzulässiger Ummagnetisierungsverlust in W/kg x 100 und Nenndicke x 100, durch Bindestrich getrennt

2. Definition und Zuordnung der angegebenen Stähle für Welle und Zahnrad. Wahl jeweils eines einfacheren und eines höherwertigen Stahls für die Welle und das Zahnrad

Welle: C35 – unlegierter Vergütungsstahl mit 0,35 % C; Alternative: C22 oder 42CrMo4

Zahnrad: 16MnCr5 – legierter Einsatzstahl mit 0,16 % C, 1,25 % Mn, Anteile von Cr unbestimmt
Alternative: C15E oder 17CrNi6-6

[1] vgl. *Tabellenbuch Metall.* 49. Auflage. Haan-Gruiten: Verlag Europa-Lehrmittel, 2022

Werkstoffnormung

3. Übersicht zur Bezeichnung von Gusseisenwerkstoffen[1)]

Werkstoffkurznamen haben bis zu sechs Bezeichnungspositionen ohne Zwischenraum, beginnend mit **EN** (europäische Norm) und **GJ** (*G* Guss; *I* Eisen [engl. Iron])

Bezeichnungsbeispiele:

EN	**-**	**GJ**	**L**		**-**	**350**		Gusseisen mit Lamellengrafit
EN	**-**	**GJ**	**L**		**-**	**HB155**		Gusseisen mit Lamellengrafit
EN	**-**	**GJ**	**S**		**-**	**350-22U**		Gusseisen mit Kugelgrafit
EN	**-**	**GJ**	**M**	**B**	**-**	**450-6**		Temperguss – schwarz
EN	**-**	**GJ**	**M**	**W**	**-**	**360-12**	**W**	Temperguss – weiß
EN	**-**	**GJ**	**M**		**-**	**HV600(XCr14)**		Verschleißfestes Gusseisen
EN	**-**	**GJ**	**L**	**A**	**-**	**XNiCuCr15-6-2**		Austenitisches Gusseisen

Grafitstruktur (Buchstabe)

- L Lamellengrafit
- S Kugelgrafit
- M Temperkohle
- V Vermikulargrafit
- N grafitfrei
- Y Sonderstruktur

Mikro- oder Makrostruktur (Buchstabe)

- A Austenit
- R Ausferrit
- F Ferrit
- P Perlit
- M Martensit
- L Ledeburit
- Q abgeschreckt
- T vergütet
- B nicht entkohlend geglüht
- W entkohlend geglüht

Mechanische Eigenschaften oder chemische Zusammensetzung (Zahlen/Buchstaben)

Mechanische Eigenschaften

350	Mindestzugfestigkeit R_m in N/mm²
350-22	zusätzlich Bruchdehnung *A* in %
C	**Probe** dem Gusstück entommen
HB155	max. Härte

Chemische Zusammensetzung

XNiCuCr15-6-2 (hochlegiert)

Zusammensetzung: 15 % Ni, 6 % Cu, 2 % Cr

Zusätzliche Anforderungen

- D Rohgussstück
- H wärmebehandeltes Gussstück
- W schweißgeeignet
- Z zusätzliche Anforderungen

Werkstoffnummern haben sechs Bezeichnungspositionen (fünf Ziffern und ein Punkt) ohne Zwischenraum. Sie beruhen auf dem System der DIN EN 10 027-2.

Bezeichnungsbeispiele:

5.	**1**	**3**	**0 4**	Gusseisen mit Lamellengrafit und Härte als Merkmal; EN-GJL-HB19
5.	**3**	**1**	**0 8**	Kugelgrafitguss mit Merkmalen R_m und *A*; EN-GJS-450-18C
5.	**4**	**2**	**0 0**	Weisser Temperguss mit Merkmalen R_m und *A*; EN-GJMW-350-4

Werkstoffgruppe

5. Gusseisen

Grafitstruktur

1 lamellar
2 vermikular
3 kugelig
4 Temperkohle (auch entkohlend geglüht)
5 grafitfrei

Matrixstruktur

1 Ferrit
2 Ferrit / Perlit
3 Perlit
4 Ausferrit[1)]
5 Austenit
6 Ledeburit

Werkstoffkennziffer

00 – 99
Jedem Gusseisen wird eine zweistellige Kennziffer zugeordnet. Eine höhere Kennziffer weist auf eine höhere Festigkeit hin.

4. Definition und Zuordnung des angegebenen Gusswerkstoffes. Wahl eines einfacheren und eines höherwertigen Werkstoffes für das Gehäuse

Gehäuse: EN-GJL-200 – Gusseisen mit Lamellengraphit, Mindestzugfestigkeit R_m = 200 N/mm²
Alternativen: EN-GJL-100 oder EN-GJL-300

[1)] vgl. *Tabellenbuch Metall.* 49. Auflage. Haan-Gruiten: Verlag Europa-Lehrmittel, 2022

Werkstoffnormung

5. Übersicht zur Bezeichnung von Kupferlegierungen und von Sintermetallen[1)]

Beispiele: CuZn31Si - R620
CuZn38Pb2
CuSn11Pb2 - C - GS

Chemische Zusammensetzung

Beispiel	Bedeutung
CuZn31Si	Cu-Legierung, 31 % Zn, Anteile Si
CuZn38Pb2	Cu-Legierung, 38 % Zn, 2 % Pb
CuSn11Pb2	Cu-Legierung, 11 % Sn, 2 % Pb

Gießverfahren

GS	Sandguss	GM	Kokillenguss
GZ	Schleuderguss	GC	Strangguss
GP	Druckguss		

Erzeugnisformen

C	Werkstoff in Form von Gussstücken
B	Werkstoff in Blockmetallform
	Knetlegierung (ohne Kennbuchstabe)

Werkstoffzustand (Auswahl)

Beispiel	Bedeutung	Beispiel	Bedeutung
A007	Bruchdehnung $A = 7\,\%$	Y450	Dehngrenze $R_D = 450$ N/mm²
D	gezogen, ohne Festlegung mechanischer Eigenschaften	M	Herstellzustand, ohne Festlegung mechanischer Eigenschaften
H160	Vickershärte $HV_{min} = 160$	R620	Mindestzugfestigkeit $R_m = 620$ N/mm²

Bezeichnungsbeispiel: **Sint – A 1 0 sinterglatt**

Sintermetall

2. Kennziffer für weitere Unterscheidung ohne Systematik

Kennbuchstabe für Werkstoffklasse

Kennbuchstabe	Raumerfüllung R_x in %	Einsatzgebiet
AF	< 73	Filter
A	75 ± 2,5	Gleitlager
B	80 ± 2,5	Gleitlager Formteile mit Gleiteigenschaften
C	85 ± 2,5	Gleitlager, Formteile
D	90 ± 2,5	Formteile
E	94 ± 1,5	Formteile
F	> 95,5	sintergeschmiedete Formteile

1. Kennziffer für chemische Zusammensetzung

Kennziffer	chemische Zusammensetzung Massenanteil in %
0	**Sintereisen, Sinterstahl,** Cu < 1 % mit oder ohne C
1	**Sinterstahl,** 1 % bis 5 % Cu, mit oder ohne C
2	**Sinterstahl,** Cu >5 %, mit oder ohne C
3	**Sinterstahl,** mit oder ohne Cu bzw. C, andere Legierungselemente > 6 %, z. B. Ni
4	**Sinterstahl,** mit oder ohne Cu bzw. C, andere Legierungselemente > 6 %, z. B. Ni, Cr
5	**Sinterlegierungen,** Cu > 60 %, z. B. Sinter-CuSn
6	**Sinterbuntmetalle,** außerhalb Kennziffer 5
7	**Sinterleichtmetalle,** z,B. Sinteraluminium
8 u. 9	**Reserveziffern**

Behandlungszustand

Behandlungszustand des Werkstoffes		Behandlungszustand des Oberfläche	
• gesintert • kalibriert • wärmebehandelt	• dampfbehandelt • sintergeschmiedet • isostatisch gepresst	• sinterglatt • kalibrierglatt • sintergeschmiedetglatt	• mechanisch bearbeitet • oberflächenbehandelt

6. Definition des angegebenen Kupferwerkstoffes. Wahl eines vergleichbaren Sintermetalls für die Buchsen

Buchse: CuZn31Si1 – Kupfer / Zink- Legierung (Messing), 31 % Zink und 1 % Silizium, Rest Kupfer
Alternative als Sintermetall: Sint – B 10, Sinterstahl mit < 0,3 % C und 1...5 % Cu

[1)] vgl. *Tabellenbuch Metall.* 49. Auflage. Haan-Gruiten: Verlag Europa-Lehrmittel, 2022

Wärmebehandlung von Stahl

Ausgangssituation

In einem Gehäuse aus Gusseisen ist die vereinfacht dargestellte Getriebewelle in zwei Buchsen gelagert. Die Verzahnung ist in die Getriebewelle hineingefräst. Das Zahnrad wurde auf die Getriebewelle aufgeschrumpft.

Zur Verbesserung der mechanischen Eigenschaften müssen die Welle und das Zahnrad wärmebehandelt werden.

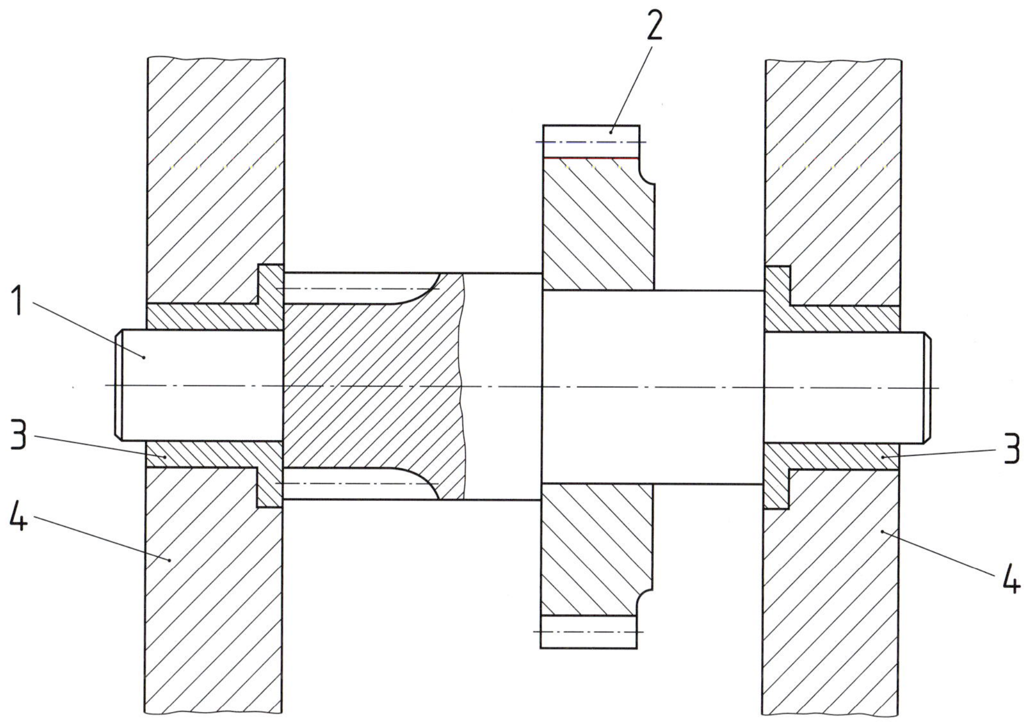

Stückliste		
Pos.	Benennung	Werkstoff
1	Welle	C35
2	Zahnrad	16MnCr5
3	Buchse	CuZn31Si1
4	Gehäuse	EN-GJL-200

Aufgaben

1. Definition und Beschreibung des Härtens.
2. Die Getriebewelle benötigt eine hohe Dauerfestigkeit und die Zahnflanken müssen abriebfest sein. Beschreibung der möglichen Warmbehandlungsverfahren.
3. Das Zahnrad benötigt verschleißfeste Zahnflanken. Beschreibung des Verfahrens für den angegebenen Werkstoff.
4. Definition und Anwendung des Normalglühens.
5. Ergänzende Aufgabe. Definition und Anwendung des Weichglühens.

Wärmebehandlung von Stahl

Lösungen

1. Definition und Beschreibung des Härtens

Verschleißbeanspruchte Teile wie z. B. Werkzeuge, Führungsbahnen oder Pressformen werden gehärtet. Der Kohlenstoffgehalt beträgt C > 0,2 %, z. B. C35, 102Cr6 ...

Erwärmen und Halten auf Härtetemperatur. Über GSK-Linie entsteht Austenit (C im γ-Fe gelöst).

Abschrecken in Wasser, Öl oder Luft. Es entsteht ein sprödhartes, feines Martensit-Gefüge.

Anlassen bei 100 °C... 300 °C. Dadurch wandelt sich verzerrter Martensit um, mit hoher Zähigkeit und Gebrauchshärte.

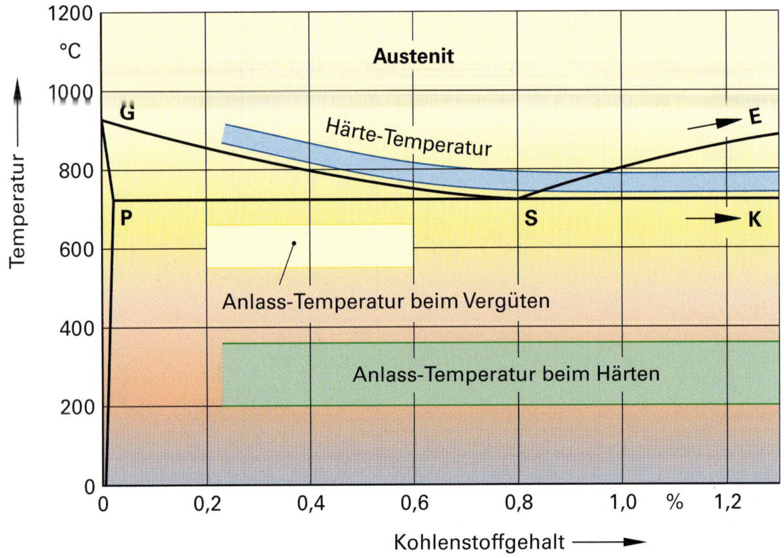

2. Die Getriebewelle benötigt eine hohe Dauerfestigkeit und die gefrästen Zahnflanken müssen abriebfest sein

Beschreibung der Warmbehandlungsverfahren

Vergüten + Randschichthärten oder Vergüten + Nitrieren

Vergüten

Zur Steigerung der Dauerfestigkeit wird die Welle aus C35 vergütet. Es entsteht ein sehr feines Gefüge. Die Zugfestigkeit wird erhöht bei gleichzeitiger Steigerung der Zähigkeit. Der Kohlenstoffgehalt liegt zwischen 0,2 % und 0,6 %, z. B. C35, 42CrMo4 ...

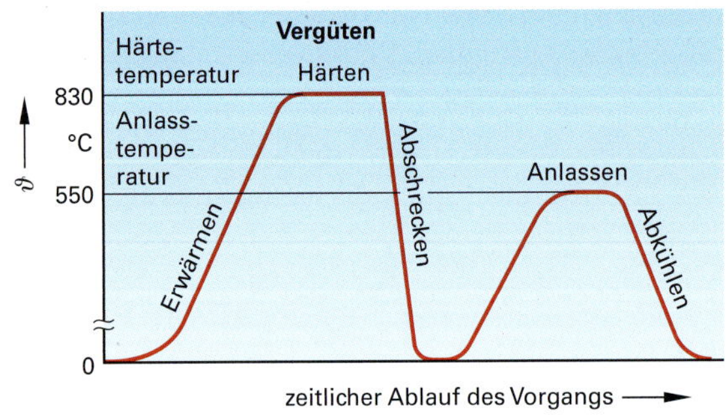

Erwärmen und Halten auf Härtetemperatur. Über GSK-Linie entsteht Austenit (C im γ-Fe gelöst).

Abschrecken in Wasser. Es entsteht ein sprödhartes, feines Martensit-Gefüge.

Anlassen bei 400 °C ... 650 °C. Martensit wandelt sich um, mit hoher Festigkeit und Zähigkeit.

Wärmebehandlung von Stahl

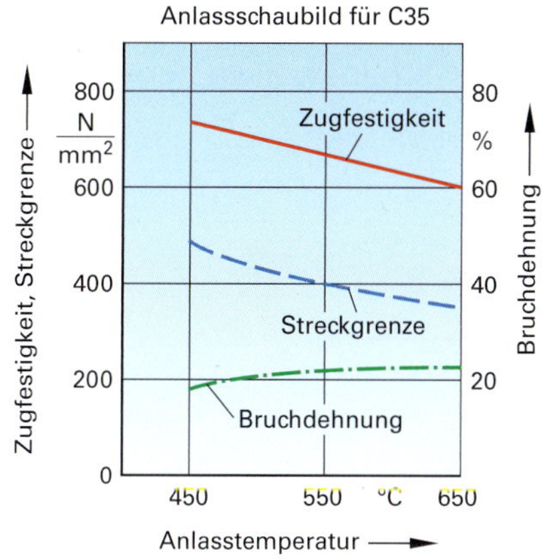

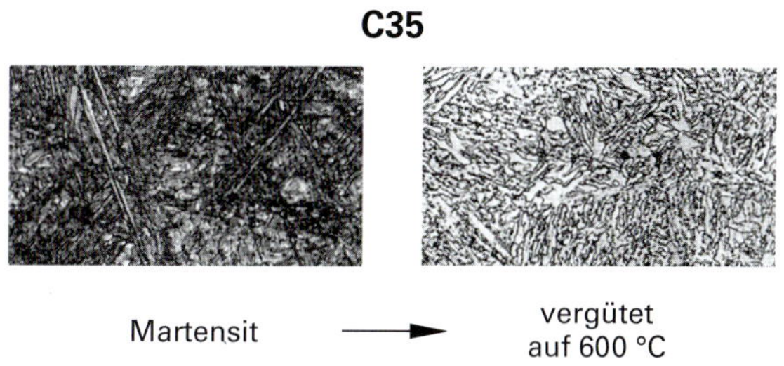

Flamm- oder Induktionshärten – Oberflächenhärten der Zahnflanken

Nach dem Vergüten der Welle aus C35 werden die eingefrästen Zähne an ihrer Oberfläche gehärtet.

Erwärmen auf Härtetemperatur mit einer Flamme oder durch Induktion. Über GSK-Linie entsteht Austenit (C im γ-Fe gelöst).

Abschrecken in Wasser. Es entsteht ein sprödhartes, feines Martensit-Gefüge.

Anlassen bei 200 °C. Dadurch wandelt sich verzerrter Martensit um, mit hoher Zähigkeit und Gebrauchshärte.

3. Das Zahnrad benötigt verschleißfeste Zahnflanken

Beschreibung des Verfahrens.

Da das Zahnrad aus 16MnCr5 weniger als 0,2 % Kohlenstoff hat, muss an der Oberfläche Kohlenstoff zugeführt werden, damit in der Randzone Martensit entstehen kann.

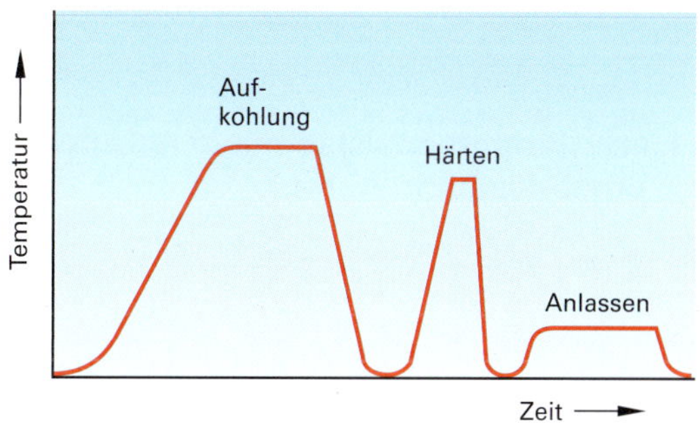

Aufkohlung der bearbeiteten Fläche in der Randschicht bei ca. 900 °C (mehrere Stunden).

Abkühlung auf Raumtemperatur mit Normalgefüge.

Randhärtung mit Erwärmung auf Randhärtetemperatur (ca. 800 °C). Der weitere Ablauf entspricht dem Härten.

4. Definition und Anwendung des Normalglühens

Bei Walz-, Guss-, Schweiß- und Schmiedeerzeugnissen, sowie fehlerhaften Warmbehandlungen entwickeln sich Grobkorngefüge. Die Festigkeit wird dadurch herabgesetzt. Abhilfe bringt das Normalisieren.

Normalglühen

Erwärmen und Halten auf Glühtemperatur. Über GSK-Linie entsteht Austenit (C im γ-Fe gelöst). Das Grobkorngefüge wird aufgelöst.

Abkühlung auf Raumtemperatur mit gesteuertem Prozess ergibt ein feinkörniges Normalgefüge.

Werkstoffprüfung

Ausgangssituation

In einem Gehäuse aus Gusseisen ist die vereinfacht dargestellte Getriebewelle in zwei Buchsen gelagert. Die Verzahnung ist in die Getriebewelle hineingefräst. Das Zahnrad wurde auf die Getriebewelle aufgeschrumpft.

Zur Qualitätssicherung müssen verschiedene Werkstoffprüfungen durchgeführt werden.

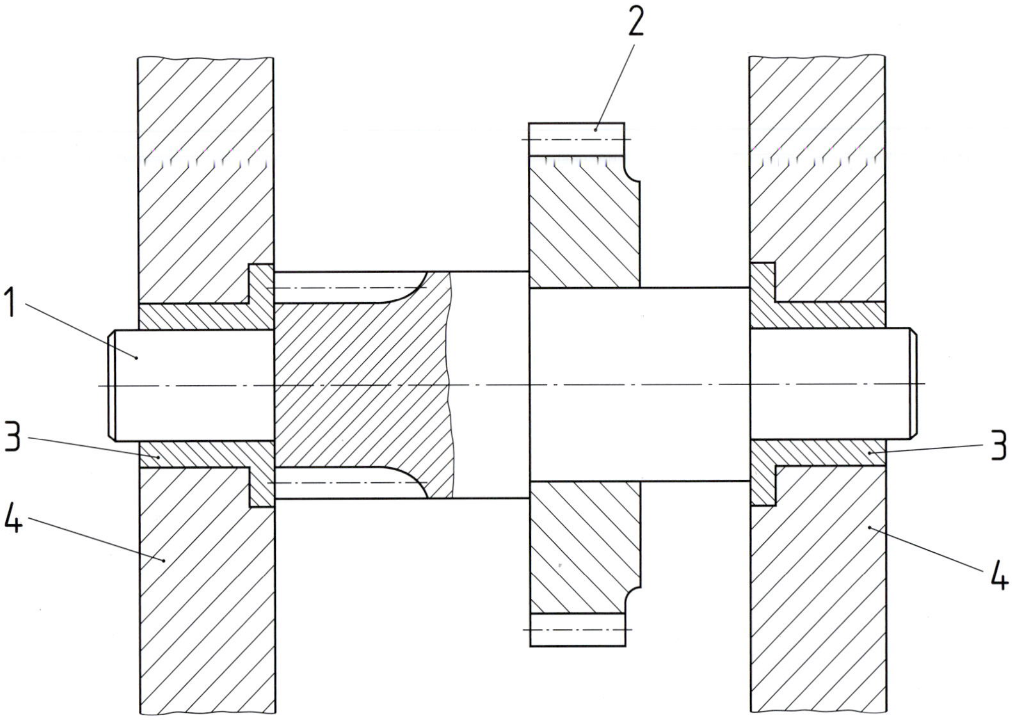

Aufgaben

1. Aus dem wärmebehandelten Wellenwerkstoff C35 wurde ein kurzer Proportionalstab mit dem Durchmesser d_0 = 8 mm hergestellt. Der damit durchgeführte Zugversuch ergab folgende Werte:

Messwerte aus dem Zugversuch							
Messung Nr.	**1**	**2**	**3**	**4**	**5**	**6**	**Bruch**
F in kN	6,6	19,8	26,1	31,8	32,8	31,8	29,2
Δl in mm	0,025	0,075	0,4	2,2	4,0	5,2	6,4

- Berechnung der Spannungs- und Dehnungswerte.
- Darstellung des Spannungs-Dehnungs-Diagramms.
- Bestimmung der Werkstoffkennwerte: Zugfestigkeit, Bruchdehnung, 0,2 %-Dehngrenze und E-Modul.
- Bestimmung der zu erwartenden Härte aus der Zugfestigkeit.

2. Beim vorliegenden Werkstoff wird folgender Härtewert ermittelt: 205 HBW 2,5 / 62,5. Das Messergebnis ist zu erläutern.

3. Beschreibung der Unterschiede zwischen den Härteprüfverfahren Rockwell und Vickers?

4. Die Getriebewelle benötigt eine hohe Dauerfestigkeit. Dies soll durch einen Umlaufbiegeversuch geklärt werden. Beschreibung des Verfahrens.

Werkstoffprüfung

Lösungen

1. Aus dem wärmebehandelten Wellenwerkstoff C35 wurde ein kurzer Proportionalstab mit dem Durchmesser d_0 = 8 mm hergestellt

Mit $A_0 = 50{,}27\ \text{mm}^2$ und $L_0 = 40$ mm ergeben sich folgende Werte für *e* und *R*,

$e = \frac{\Delta L}{L_0} \cdot 100\,\%;\ R = \frac{F}{A_0}$

Berechnung der Spannungs- und Dehnungswerte							
Messung Nr.	**1**	**2**	**3**	**4**	**5**	**6**	**Bruch**
R in N/mm²	131	394	519	632	652	632	580
e in %	0,0625	0,1875	1	5,5	10	13	16

Darstellung des Spannungs-Dehnungs-Diagramms

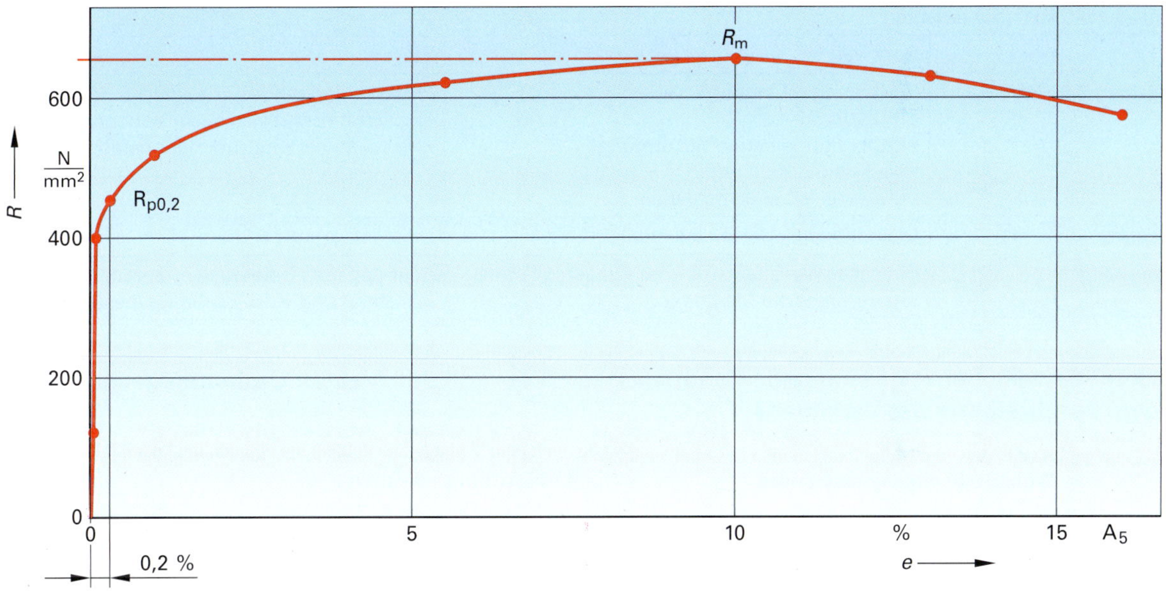

Bestimmung der Werkstoffkennwerte: Zugfestigkeit, Bruchdehnung, 0,2 %-Dehngrenze und E-Modul

$R_m = 652\ \frac{\text{N}}{\text{mm}^2}$ (Werte aus Messung 5)

$A_5 = 15{,}8\ \%$ (Werte nach Bruch)

$R_{p0,2} = 460\ \frac{\text{N}}{\text{mm}^2}$ (Wert aus Diagramm ermittelt mit *e* = 0,2 %)

$E = 210\,133\ \frac{\text{N}}{\text{mm}^2}$ (Messung Nr. 2 → $394\ \frac{\text{N}}{\text{mm}^2} : 0{,}001\,875$)

Bestimmung der zu erwartenden Härte

Der Werkstoff C35 hat im Anlieferungszustand eine Härte von 205 HBW.

Werkstoffprüfung

2. Das Messergebnis 205 HBW 2,5 / 62,5 ist zu erläutern

180 HBW 2,5 / 62,5
600 HBW 1 / 30 / 25

Härtewert	Prüfkörper	Kugeldurchmesser	Prüfkraft *F*	Einwirkdauer
Brinellwerte 180 Brinellwerte 600	W Hartmetallkugel	2,5 mm 1 mm	62,5 · 9,806 65 N = 612,9 N 30 · 9,806 65 N = 294,2 N	ohne Angabe: 10 bis 15 s Wertangabe: 25 s

Brinellhärte 205
Hartmetallkugel W
Kugeldurchmesser 2,5 mm
Prüfkraft F = 6,12,9 N
Einwirkdauer 10...15 s

3. Unterscheidung von Härteprüfverfahren Rockwell und Vickers

Vergleich der Härteprüfverfahren		
	Rockwell	**Vickers**
Ermittlung der Härte	Prüfkraft und Eindringtiefe • Prüfvorkraft • Prüfkraft (bleibende Verformung) • Wegnahme Prüfkraft • Ergebnis ist direkt ablesbar	Prüfkraft und Eindruckoberfläche • Prüfkraft richtet sich nach Probendicke • Messung der Eindruckdiagonalen
Prüfkörper	Diamantkegel, Hartmetallkugel	Diamantpyramide
Anwendung	Einfaches Werkstattverfahren, universell durch unterschiedliche Methoden.	Sehr genaues Universalverfahren, auch für dünne Schichten und einzelne Gefügebestandteile.

4. Die Getriebewelle benötigt eine hohe Dauerfestigkeit. Dies soll durch einen Umlaufbiegeversuch geklärt werden. Beschreibung des Verfahrens[1)]

Wöhlerschaubild eines Stahles

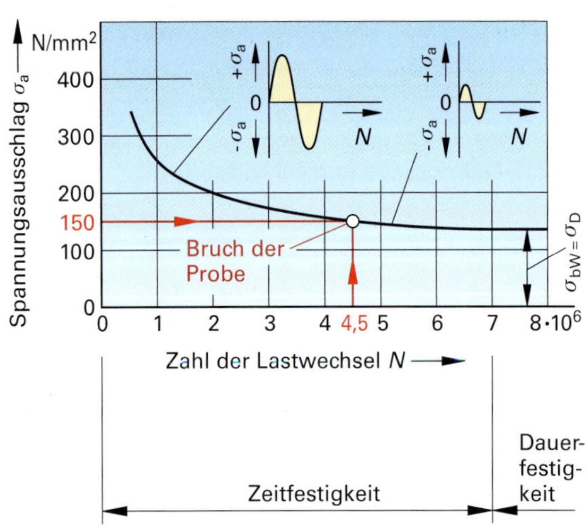

Umlaufbiegeversuch

Eine mit hoher Drehzahl umlaufende Probe wird durch eine Biegekraft F belastet und so mit dem vorgewählten Spannungsausschlag σ_a auf Wechselbiegung beansprucht. Im Bereich der Zeitfestigkeit σ_N brechen Stahlproben nach $N < 7 \cdot 10^6$ Lastwechseln. Erfolgt bis zu dieser Grenze ($N < 7 \cdot 10^6$ Lastwechsel) und danach kein Bruch durch die aufgebrachte Belastung, so wird auch danach kein Bruch auftreten.
Beanspruchungen im Bereich der Dauerfestigkeit σ_D führen zu keinem Bruch der Probe.
Dauerfestigkeit σ_D = Biegewechselfestigkeit σ_{bW}

[1)] vgl. *Tabellenbuch Metall.* 49. Auflage. Haan-Gruiten: Verlag Europa-Lehrmittel, 2022

Zerspanung – Bohren, Reiben, Senken

Gehäusedeckel

Der im Sandguss gegossene Deckel aus EN AC – AlSi7Mg soll spanend bearbeitet werden.

Die Losgröße beträgt 250 Stück.

Folgende Bearbeitungen sind vorgesehen:

Die Auflagefläche des Deckels, welche eine Bearbeitungszugabe von 2,5 mm hat muss komplett überfräst werden.
Die Bohrung 40H7 ist mit ∅ 30 mm vorgegossen, muss aufgebohrt und anschließend auf das Passmaß gerieben werden.

Für die Befestigung des Gehäusedeckels sollen Durchgangsbohrungen mit Flachsenkungen für Zylinderschrauben mit Innensechskant von der Deckelrückseite angebracht werden.

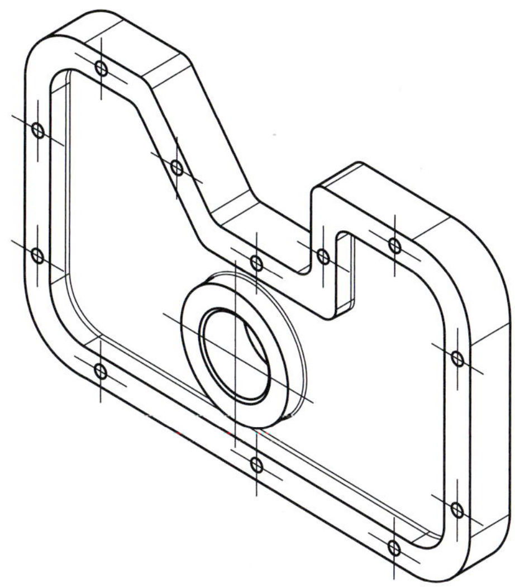

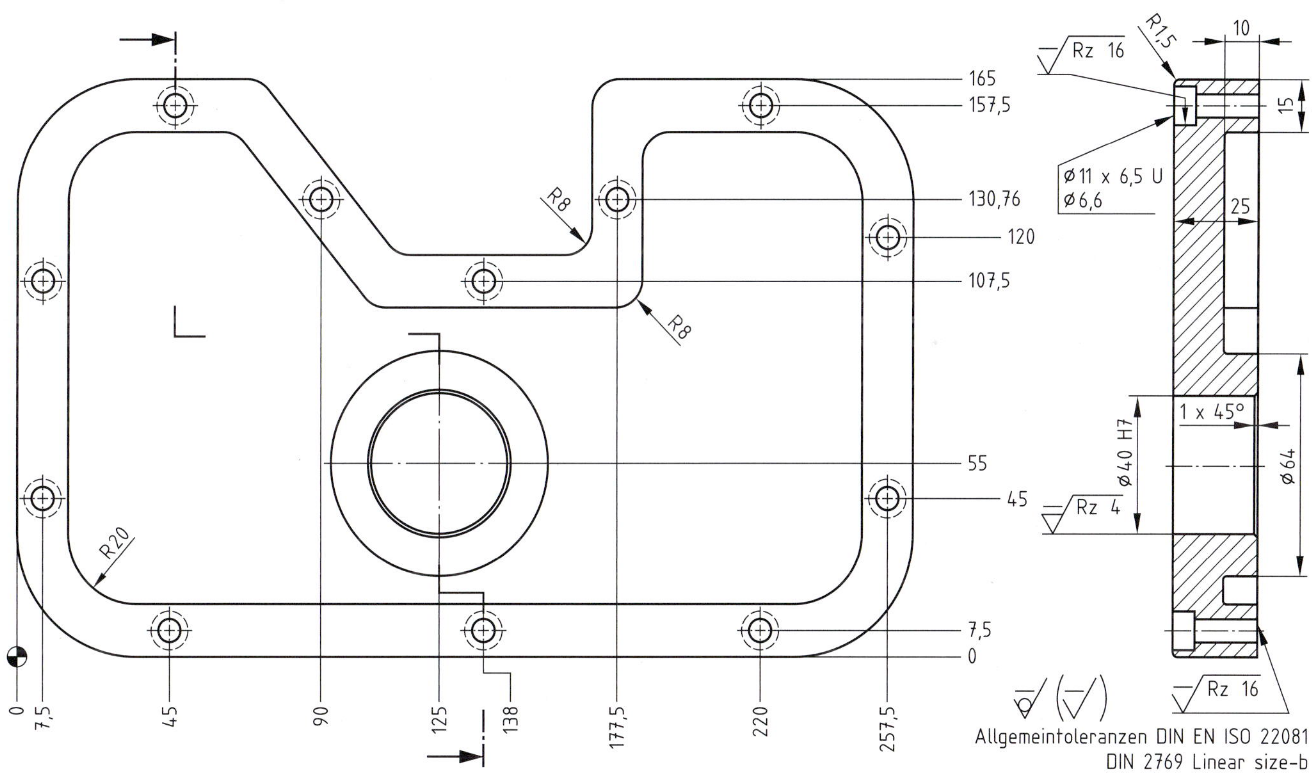

Aufgaben

1. Festlegung des Fertigungsablaufes für die Deckelbearbeitung.
2. Planung der Fräsbearbeitung der Auflageseite und Berechnung der Hauptzeit für das Planfräsen.
3. Ermittlung der Technologiedaten für die Bohrung 40 H7.
4. Hauptzeitberechnung für die Schraubenlöcher.
5. Angabe der absoluten und relativen Positionskoordinaten der Bohrungen.
6. Erstellung eines CNC-Programm-Teiles für die Befestigungsbohrungen.

Zerspanung – Bohren, Reiben, Senken

Lösungen

1. Fertigungsablauf

Deckel gegen Anschlag auf Tisch spannen und ausrichten, anschließend Auflage überfräsen.
Spannen auf Unterlagen mit Pratzen und Anschlägen. Aufbohren auf ∅ 39,7 mm und Reiben ∅ 40 H7.
Anschließend Befestigungslöcher bohren und senken.

2. Fräsbearbeitung

Angenommene Werte:
45°-Planfräser mit Hartmetall-Wendeschneidplatten, Fräser-Durchmesser d = 100 mm
Anzahl Schnitte i = 1; Schnitttiefe a_p = 2,5 mm;
Schnittbreite a_e = 85 mm; Anzahl an Schneiden z = 6
Schnittgeschwindigkeit v_c = 350 m/min bei Werkstoff EN AC – AlSi7 Mg; Vorschub f_z = 0,23 mm

Drehzahl $n = \frac{v_c}{\pi \cdot d} = \frac{350 \frac{\text{m}}{\text{min}}}{\pi \cdot 0{,}1\ \text{m}} = \mathbf{1\,114\ \frac{1}{min}}$ Anlauf $l_a = l_u$ = 2 mm, gewählt

Vorschubgeschwindigkeit $v_f = n \cdot f_z \cdot z = 1\,114\ \frac{1}{\text{min}} \cdot 0{,}23\ \text{mm} \cdot 6 = \mathbf{1\,537\ \frac{mm}{min}}$

Anschnitt $l_s = \sqrt{a_e \cdot d - a_e^2} = \sqrt{85\ \text{mm} \cdot 100\ \text{mm} - 85^2\ \text{mm}^2} = l_s = \mathbf{35{,}7\ mm}$

Vorschubweg $L = l + 0{,}5 \cdot d + l_a + l_u + l_s = 265\ \text{mm} + 0{,}5 \cdot 100\ \text{mm} + 2\ \text{mm} + 2\ \text{mm} + 35{,}7\ \text{mm} \sim \mathbf{355\ mm}$

Hauptnutzungszeit $t_h = \frac{L \cdot i}{v_f} = \frac{355\ \text{mm} \cdot 2}{1\,537\ \frac{\text{mm}}{\text{min}}} = 0{,}462\ \text{min}$

$\mathbf{t_h = 27{,}7\ s}$

3. Technologiedaten Bohren und Reiben

Hartmetall-Wendeplattenbohrer mit Durchmesser = 39,7 mm;
Schnitttiefe a_p = 4,8 mm;
Schnittgeschwindigkeit v_c = 120 m/min bei Werkstoff EN AC – Al Si7 Mg; Vorschub f = 0,2 mm (niedrigere Werte, da ungleiche Spanbedingungen)
Alternative:
Aufbohrer (3-Schneider) aus HSS oder zirkulares Ausfräsen
Reiben mit HSS-Reibahle (v_c = 11 m/min); HM (v_c = 20 m/min) und Vorschub f = 0,4 mm

4. Hauptzeitenermittlung beim Bohren und Reiben

HSS-Bohrer, beschichtet: Schnittgeschwindigkeit $v_c = 50\ \frac{\text{m}}{\text{min}}$ Vorschub f = 0,15 mm

Drehzahl $n = \frac{v_c}{\pi \cdot d} = \frac{50 \frac{\text{m}}{\text{min}}}{\pi \cdot 0{,}0066\ \text{m}} = \mathbf{2411\ \frac{1}{min}}$

Vorschubgeschwindigkeit $v_f = n \cdot f = 2\,411\ \frac{1}{\text{min}} \cdot 0{,}15\ \text{mm} = 361{,}6 \sim \mathbf{362\ \frac{mm}{min}}$

Anlauf $l_a = l_u$ = 1 mm = geschätzt, Anschnitt $l_s = 0{,}3 \cdot d = 0{,}3 \cdot 6{,}6\ \text{mm} \sim \mathbf{2\ mm}$

Vorschubweg $L = l + l_a + l_u = 25\ \text{mm} + 2\ \text{mm} + 2\ \text{mm} = \mathbf{29\ mm}$ Anzahl der Schnitte: i = 12

Hauptnutzungszeit $t_h = \frac{L \cdot i}{v_f} = \frac{29\ \text{mm} \cdot 12}{362\ \frac{\text{mm}}{\text{min}}} = 0{,}96\ \text{min}$

$\mathbf{t_h = 58\ s}$

Zerspanung – Bohren, Reiben, Senken

5. Ermittlung der Koordinaten

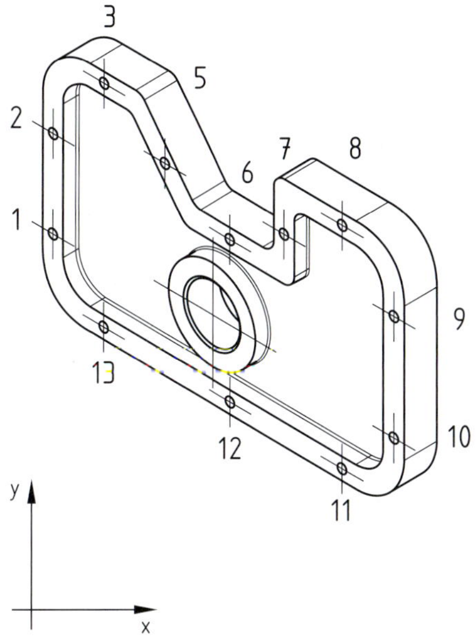

Koordinaten				
Bohrung	Absolute Positionen		Relative Positionen	
	X-Position	Y-Position	X-Position	Y-Position
1	7,5	45	7,5	45
2	7,5	107,5	0	62,5
3	45	157,5	37,5	50
4	90	130,76	45	-26,74
5	138	107,5	48	-23,26
6	177,5	130,76	39,5	23,26
7	220	157,5	42,5	26,74
8	257,5	120	37,5	-37,5
9	257,5	45	0	-75
10	220	7,5	-37,5	-37,5
11	138	7,5	-82	0
12	45	7,5	-93	0

6. CNC-Teilprogramm Bohrlochpositionen

Arbeitsplanung:

Das Bohrbild wird mittels Bohrzyklus G 81 (einfacher Bohrzyklus ohne Spanbrechen) und G 82 (Tiefbohren mit Spanbrechen) abgearbeitet.

Die Programmabschnittswiederholung G 23 sorgt für das erneute Anfahren der Positionen beim Bohren.

Der NC-Anbohrer wird beim Anbohren auf passende Tiefe gefahren um die Senkung der Bohrung gleich mit herzustellen.

Die Weiterbearbeitung des Deckels erfolgt dann entweder in einer Vorrichtung (Aufnahme in 2 Bohrungen) oder manuell an einer Tischbohrmaschine.

```
; Bohrprogramm Deckel              ;Programmname
N2 G54                             ;Nullpunktverschiebung
N3 T01 M6                          ;NC-Anbohrer 90° einwechseln
N4 S2000 M3 M8 F1000
N5 G81 ZA-3,75 V1                  ;einfacher Bohrzyklus mit Senktiefe
N6 G79 X7,5 Y45 Z1                 ;Zyklusaufruf Bohrposition 1 anfahren
N7 G79 Y107,5
N8 G79 X45 Y157,5
N9 G79 X90 Y130,76
N10 G79 X138 Y107,5
N11 G79 X177,5 Y130,76
N12 G79 X220 Y157,5
N13 G79 X257,5 Y120
N14 G79 Y45
N15 G79 X220 Y7,5
N16 G79 X138
N17 G79 X45
N18 G0 X7,5 Y45                    ;Anfahren erste Position
N19 T02 M6                         ;Bohrer D6,6 einwechseln
N20 S2000 M3 M8 F1000
N21 G82 ZA-28 D5 V1                ;Bohrzyklus Tiefbohren mit Spanbruch
N22 G23 N6 N17                     ;bedingter Sprungbefehl
N23 M30                            ;Programmende
```

Zerspanung – Drehen, Schleifen, Fräsen

Ausgangssituation

Die Getriebewelle soll gefertigt werden.

Die Losgröße des Auftrages beträgt 20 Stück.

Der Werkstoff ist C45 und liegt als geschälter, warmgewalzter Rundstab nach DIN EN 10060 mit 25 mm Durchmesser in Stangenform vor.
Die Bearbeitung erfolgt auf einem CNC-Drehbearbeitungszentrum mit vorhandenem Stangenlader sowie angetriebenen Werkzeugen für die Nutherstellung.

Die Welle soll komplett bearbeitet werden.

Passmaß	Abmaße
Ø13 h6	+0 -0,011
Ø17 k6	+0,012 +0,001
Ø15 k6	+0,012 +0,001
6 P9	+0,012 +0,042
Ø19 g6	+0,007 +0,020

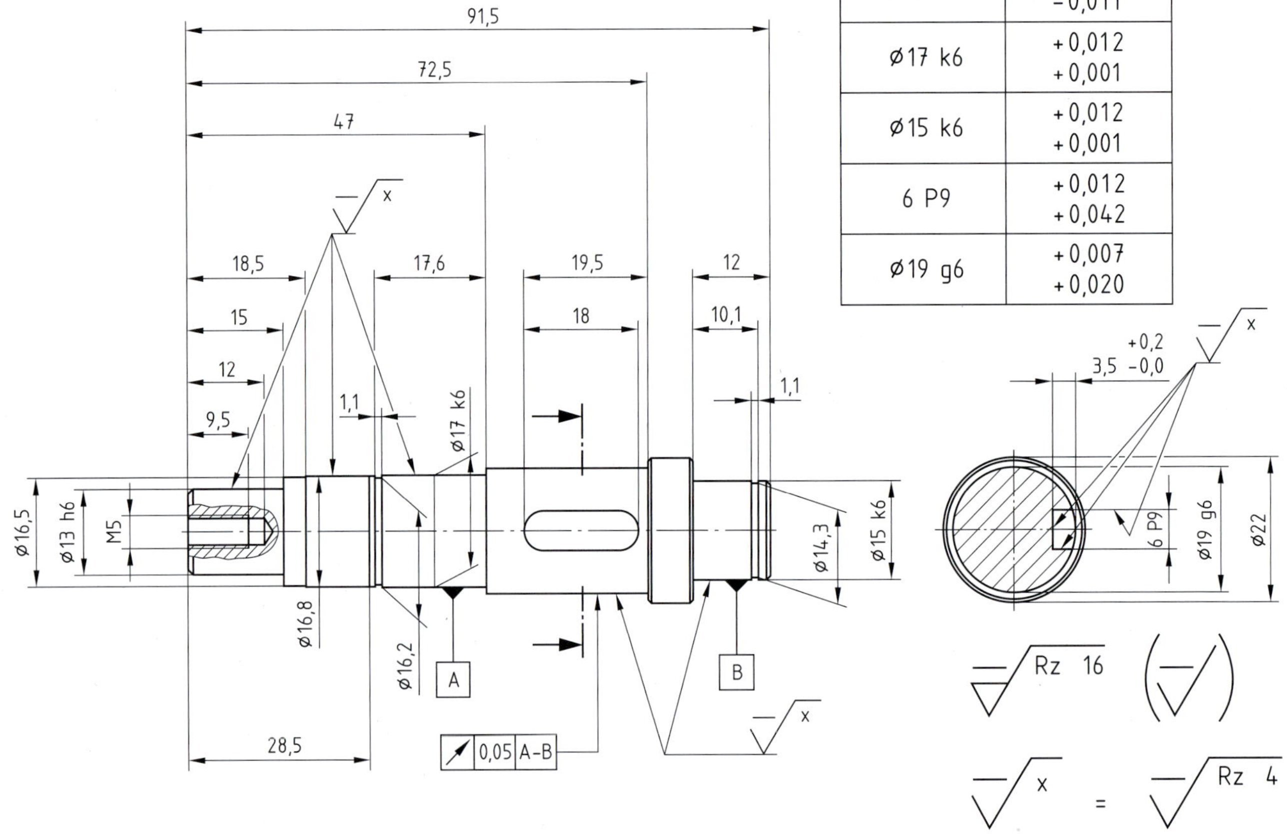

Aufgaben

1. Erstellung eines Arbeitsplanes für die Herstellung der Welle, inklusive der Wärmebehandlung und Feinbearbeitung.
2. Planung der Drehbearbeitung mit Auswahl der Werkzeuge und Festlegung der Technologiedaten.
3. Erstellung eines CNC-Programmes für den Schruppvorgang beim Drehen.
4. Berechnung der Hauptnutzungszeiten für das Schruppen.
5. Ermittlung der Hauptzeiten für die Nutbearbeitung des Passfedersitzes.
6. Festlegung einer geeigneten Wärmebehandlung der Dichtringkontaktfläche mit Angabe der Zeichnungsangaben.
7. Festlegung der Schleifstrategie und Auswahl einer geeigneten Schleifscheibe.
8. Berechnung der Hauptnutzungszeit für die Schleifbearbeitung.
9. Festlegung einer Qualitätsprüfung für die Werker-Selbstprüfung der Getriebewelle.

Zerspanung – Drehen, Schleifen, Fräsen

Lösungen

1. Arbeitsplan für die Herstellung der Welle

Drehbearbeitung von der Stange auskragend und mit Reitstock gegengelagert. Linke Lagerseite (∅15k6) auf Futterseite.

- Schruppen der Geometrie.
- Schlichten der Kontur mit 0,2 mm Aufmaß für das Schleifen an den Passungen und der Dichtringfläche.
- Einstiche für Sicherungsringe eindrehen.
- Passfedernut mit angetriebenem Werkzeug fräsen.
- Einstechen der Länge und Fasen der Kanten.
- Reitstock entfernen, Bohrung setzen und Gewinde schneiden.
- anschließend Abstechen.

Induktivhärten des Dichtringdurchmessers mit anschließendem Anlassen.
Schleifen der Durchmesser 13h6; 16,8; 17k6; 19g6 und 15k6.
Endkontrolle und Konservierung.

2. Planung der Drehbearbeitung

Arbeitsplan: Drehen			**Werkstück:** Getriebewelle	
Werkzeuge: Drehen: HM, beschichtet, P-Sorte Fräsen: Voll-HM, beschichtet, P-Sorte			**Rohmaterial/Werkstoff:** Rundstab DIN EN10060 – 25-Stahl C45E DIN EN 10083	
Datei:				
Nr.	**Arbeitsschritt**	**Werkzeug/Prüfmittel**	**Schnittgrößen** v_c [m/min]; f [mm]; n [1/min]; a_p [mm]	**Bemerkungen**
1	Stange laden und ca. 100 mm ausspannen	Messschieber		Maße prüfen
2	Plandrehen und zentrieren	Plandrehmeißel Zentrierbohrer	v_c = 130 m/min; f = 0,1 mm; (n = 1655 1/min); a_p = 1 mm	
3	Werkstückansätze durch Längsrunddrehen schruppen	Schruppdrehmeißel	v_c = 190 m/min; f = 0,4 mm; (n = 2419 1/min); a_p = 1,5–2,5 mm	
4	Werkstückkontur schlichten	Schlichtdrehmeißel	v_c = 250 m/min; f = 0,1 mm; (n = 3980 1/min); a_p = 0,2 mm	
5	Nuten einstechen	Einstechdrehmeißel	v_c = 130 m/min; f = 0,1 mm; (n = 1655 1/min)	
6	Passfedernut fräsen	Schaftfräser	v_c = 80 m/min; f_z = 0,05 mm; (n = 5090 1/min); a_p = 1 mm	
7	Einstechen auf Länge	Abstechdrehmeißel	v_c = 130 m/min; f = 0,1 mm; (n = 1655 1/min)	
8	Fasen und entgraten der Werkstückkanten	Gebogener Drehmeißel	v_c = 130 m/min; f = 0,1 mm; (n = 1655 1/min)	
9	Kernlochbohrung herstellen	HSS-Bohrer beschichtet	v_c = 35 m/min; f = 0,08 mm; (n = 2785 1/min)	
10	Gewinde formen	Gewindeformer HSS	v_c = 12 m/min; (n = 3180 1/min)	
11	Abstechen der Welle	Abstechdrehmeißel	v_c = 130 m/min; f = 0,1 mm; (n = 1655 1/min)	
12	Kontrollieren	Messschieber Grenzlehrdorn 6P9		
13				

Zerspanung – Drehen, Schleifen, Fräsen

3. CNC-Programmteil für das Schruppen der Welle

CNC-Programm		
Satznr.	**Programmbefehle**	**Kommentare**
N1	G54	Nullpunktverschiebung
N2	G90	Absolute Maßeingaben
N3	G92 S3000 M04	Drehzahlbegrenzung auf 3 000 1/min, Gegenuhrzeigersinn
N4	G96 F0.2 S150	Konstante Schnittgeschwindigkeit 150 m/min; Vorschub f = 0,2 mm
N5	T01 M08	Werkzeugplatz 01; Schmiermittel ein
N6	G00 Z2	Positionierung im Eilgang
N7	G00 X22.5	
N8	G01 Z-94	Bearbeitung linear mit Vorschub
N9	G01 X24	
N10	G00 Z2	
N11	G00 X19.5	
N12	G01 Z-72.4	
N13	G01 X21	
N14	G00 Z2	
N15	G00 X17	
N16	G01 Z-18.4	
N17	G01 X17.3	
N18	G01 Z-29.3	
N19	G01 X17.5	
N20	G01 Z-46.9	
N21	G01 X19.5	
N22	G00 Z2	
N23	G00 X13.5	
N24	G01 Z-14.9	
N25	G01 X15.5	
N26	G00 Z2	
N27	G00 X200 Z200	Werkzeugwechselposition anfahren
N28	G96 F02 S150	
N29	T20 M08	Stechdrehmeißel einwechseln
N30	M4	
N31	G00 X23 Z-82.7	
N32	G01 X19	Stechdrehen Absatz ∅15,2
N33	G01 Z-95	
N34	G0 X20	
N35	G00 Z-82.7	
N36	G01 X15.4	
N37	G01 Z-95	
N38	G00 X26	
N39	G00 X200 Z200	Werkzeugwechselposition anfahren
N40	M30	Programmende

4. Bestimmung der Hauptnutzungszeit für das Schruppen

Hinweise:

Zur Vereinfachung werden die einzelnen Strecken mit gleicher Geschwindigkeit berechnet, da aufgrund der kleinen Durchmesserunterschiede nur ein kleiner Fehler entsteht. Die Längen sind dem CNC – Programm für das Schruppen entnommen:

L_1 = 96 mm ; L_2 = 74,4 mm; L_3 = 20,4 mm; L_4 = 10,9 mm; L_5 = 17,6 mm; L_6 = 16,9 mm

Vorschubweg L_{ges} = **236,2 mm**

Schnittgeschwindigkeit v_c = 150 m/min; Vorschub f = 0,2 mm; i = 1 Schnitt

Drehzahl $n = \frac{v_c}{\pi \cdot d} = \frac{150 \, \frac{\text{m}}{\text{min}}}{\pi \cdot 0{,}020 \text{ m}} = \mathbf{2\,387 \, \frac{1}{min}}$

Vorschubgeschwindigkeit $v_f = n \cdot f = 2\,387 \, \frac{1}{\text{min}} \cdot 0{,}2 \text{ mm} = \mathbf{477{,}4 \, \frac{mm}{min}}$

Hauptnutzungszeit $t_h = \frac{L \cdot i}{v_f} = \frac{236{,}2 \text{ mm} \cdot 1 \text{ min}}{477{,}4 \text{ mm}} = 0{,}495 \text{ min}$

$\mathbf{t_h = 29{,}6 \text{ s} \approx 30 \text{ s}}$

Zerspanung – Fräsen

Ausgangssituation

Der Zylinderdeckel wird als Boden für einen Hydraulikzylinder eingesetzt. Für eine Sonderserie wird er aus einem Aluminiumhalbzeug spanend hergestellt. Für die ersten Aufträge soll nun die spanende Fertigung optimiert werden.

In einem weiteren Schritt ist eine wirtschaftliche Herstellung aus gegossenen bzw. geschmiedeten Rohteilen zu überprüfen.

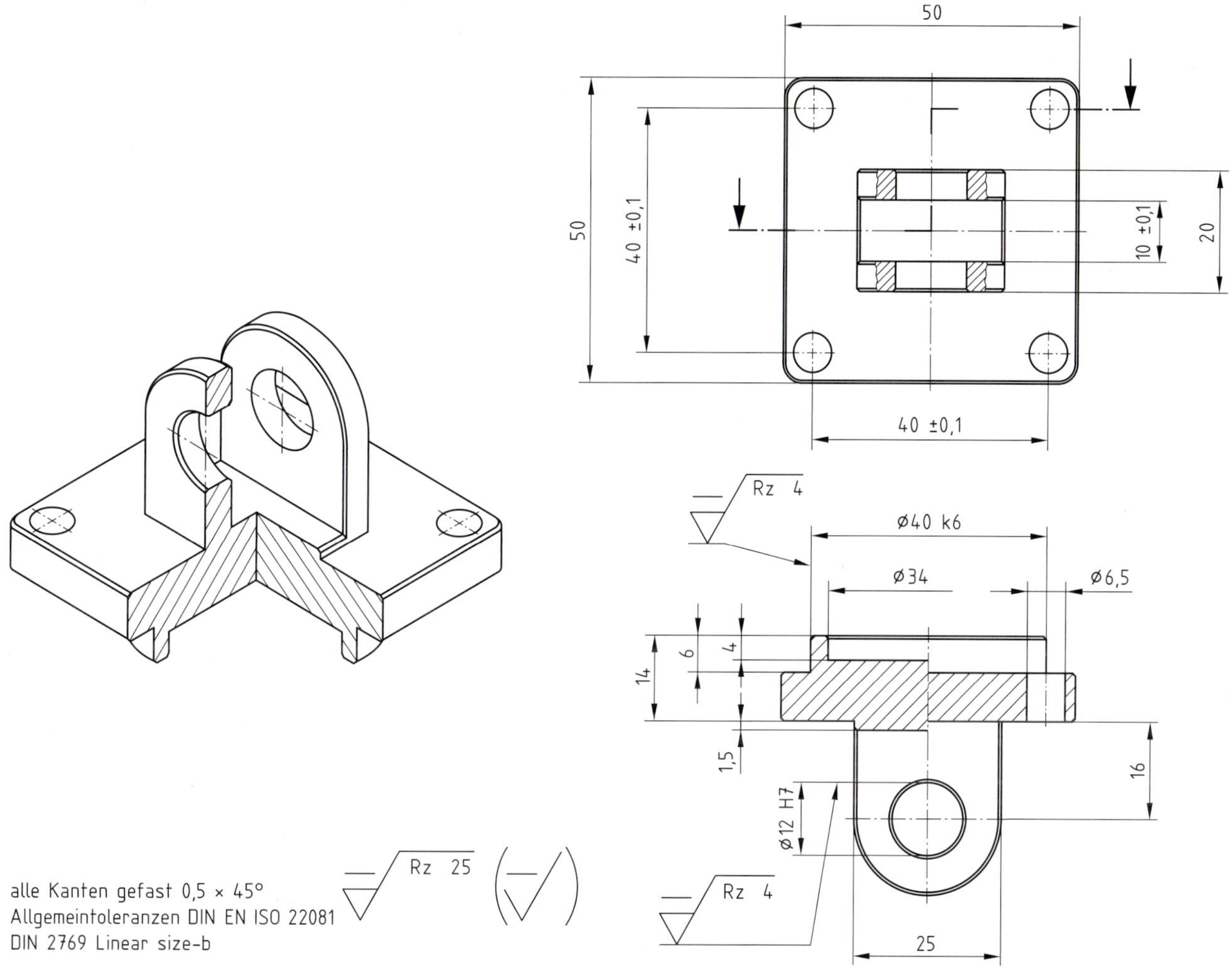

Aufgaben

1. Es soll die Fertigung des Zylinderdeckels aus Aluminiumprofilen nach DIN EN 754 aus AlCu 4PbMg analysiert werden.

   Als Ausgangsquerschnitte sollen ein gezogener Rundstab mit Durchmesser 80 mm und ein gezogener Vierkantstab mit 50 mm Kantenlänge verglichen werden.

   Zu ermitteln ist der Zerspanungsanteil und der Materialeinsatz.
2. Es soll eine wirtschaftliche Herstellung aus gegossenen bzw. geschmiedeten Rohteilen überprüft werden. Dazu soll für das Gießen eine Skizze des Rohteiles mit den entsprechenden Aufmaßen entwickelt werden.
3. Bestimmung eines Strangpressprofils für eine wirtschaftliche Fertigung.

Zerspanung – Fräsen

Lösungen

1. Zerspanungsanteil und Materialeinsatz

Abschätzung des Fertigteiles (ohne Fasen und Radien):
Volumen **V = 28,35 cm³** ergibt bei Aluminium Masse **m** = $\varrho \cdot V$ = 2,7 g/cm³ · 28,35 cm³ = **77 g**

Für die Stangenzuschnitte werden jeweils 2 mm Längenaufmaß angesetzt.
Nachfolgende Tabelle zeigt die eingesetzte Materialmasse und das zerspante Volumen absolut und relativ auf.

Spanmasse				
Profil	Spanvolumen	Spanmasse	Relativ zur Werkstückmasse	Steigerung gegeneinander
Vierkant 50	82,77 cm³	223 g	290 %	100 %
Rund 70	142,77 cm³	385,5 g	500 %	173 %
Rund 80	195,20 cm³	527 g	684 %	236 %

Rohteilmasse				
Profil	Abmessungen	Rohteilvolumen	Rohteilmasse	Relative Menge
Vierkant 50	50 x 50 x 44,5	111,25 cm³	300 g	100 %
Rund 70	ø 70 x 44,5	171,26 cm³	462 g	154 %
Rund 80	ø 80 x 44,5	223,68 cm³	604 g	201 %

2. Gussrohteil

Gießverfahren:
Kokillenguss

Bearbeitungszugaben:
1,5 mm

Werkstoff:
AC-AlMg3

Zerspanungsanteil:
ca. 10 cm³
ca. 27 g Aluminium

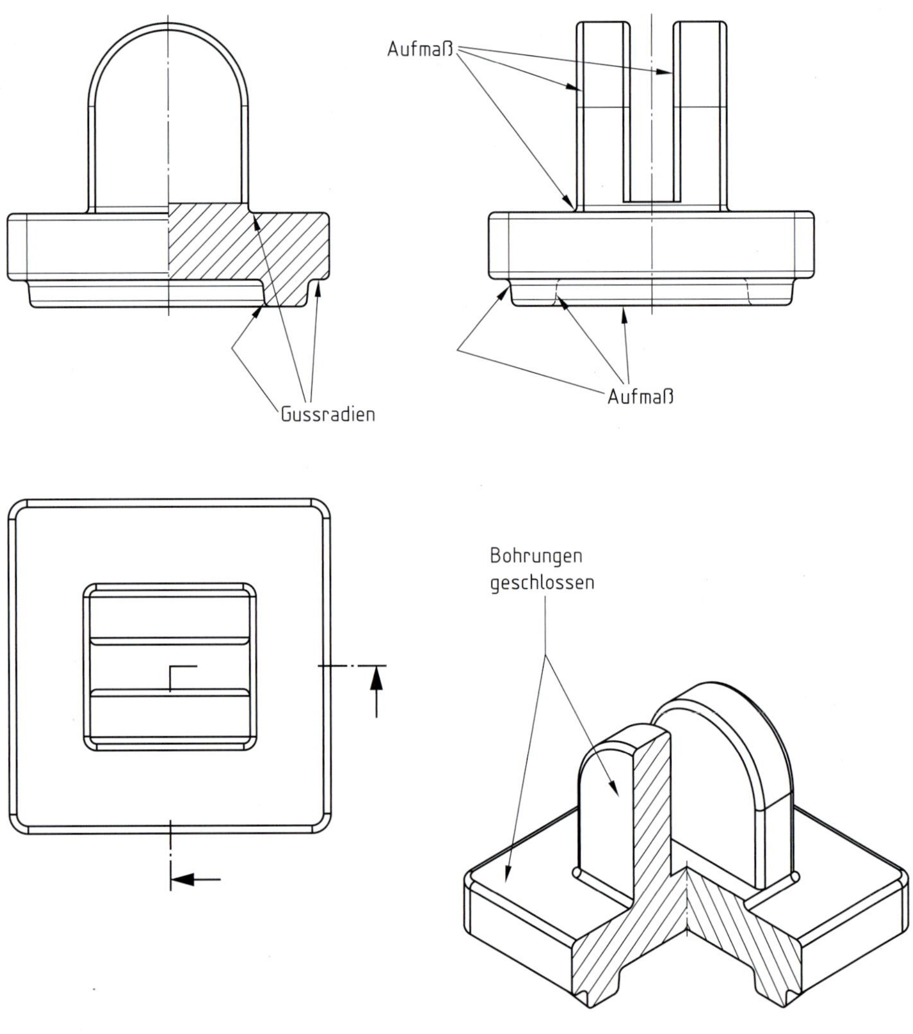

Zerspanung – Fräsen

3. Strangpressprofil

Ein Strangpressprofil ist erst in großen Stückzahlen wirtschaftlich oder bei hoher Einsparung von Spanvolumen.

Ein Vorzug ist jedoch die höhere Stabilität der Profile, hervorgerufen durch die hohen Umformgrade. Dies kann vor allem bei Leichtmetallen hohe Festigkeitswerte und damit gute Gebrauchseigenschaften erzeugen.

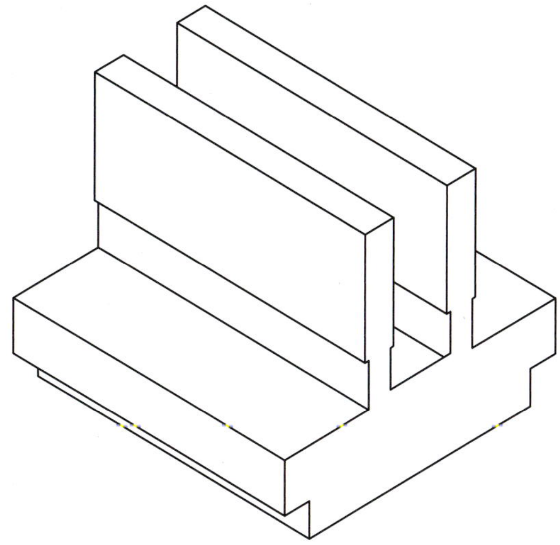

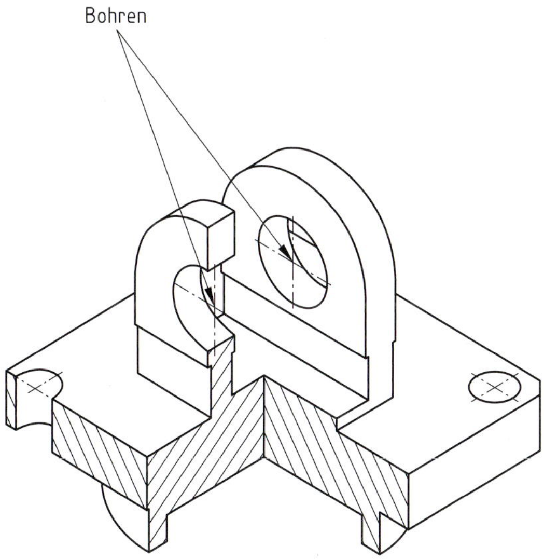

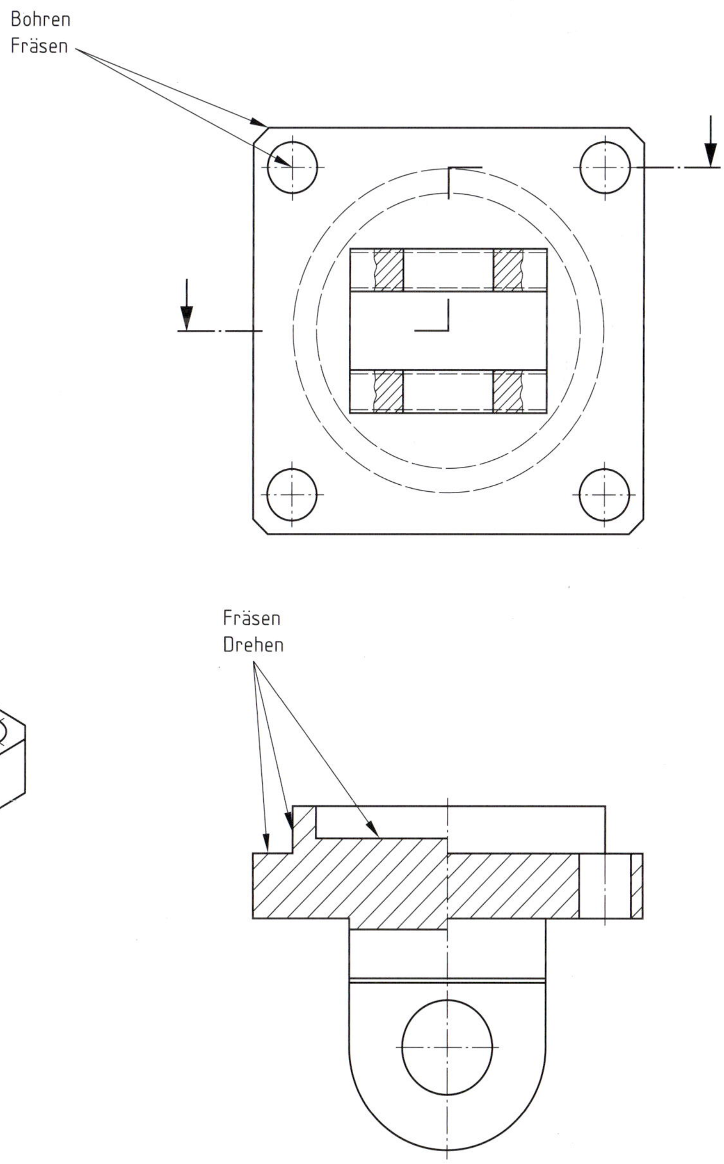

Fügen – Biegen, Schneiden, Schweißen

Ausgangssituation

Für eine Testserie sollen 20 Anbaugetriebe als Schweißkonstruktionen hergestellt werden. Dabei wird das Gehäuse aus Baustahl hergestellt und von Hand geschweißt. Die anschließende Bearbeitung erfolgt auf konventionellen Bearbeitungsmaschinen.

Für die Gehäusefertigung ist die Arbeitsplanung und Projektierung vorzunehmen.

Die Einzelteile werden aus warmgewalzten Blech S235JR gefertigt. Die Zuschnitte werden aus handelsüblichen Formaten durch Scheren bzw. thermisches Trennen ausgeschnitten.

Zeichnung „Schweißbaugruppe"

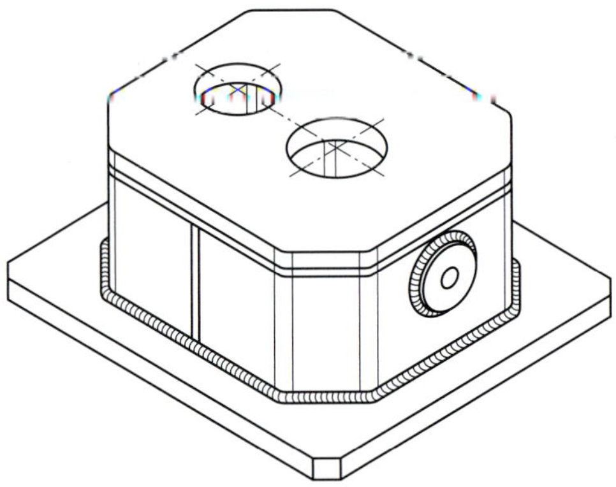

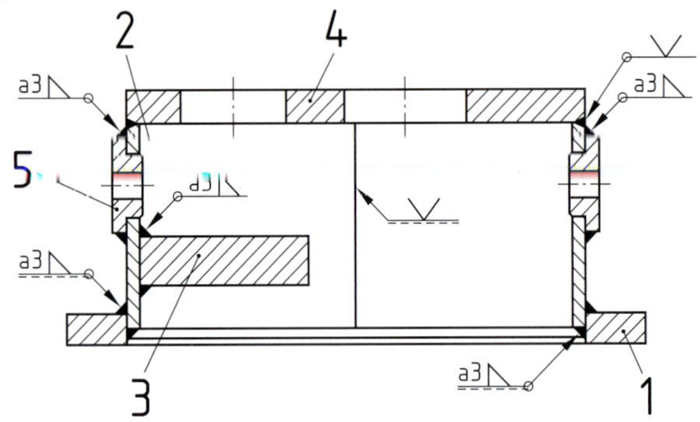

Pos	Menge	Benennung	Norm / Bemerkung
1	1	Flansch	Blech 10 - S235JR
2	2	Seitenteil	Blech 4 - S235JR
3	1	Lagertasche	Blech 15 - S235JR
4	1	Lagerschild	Blech 10 - S235JR
5	2	Stutzen	S235JR

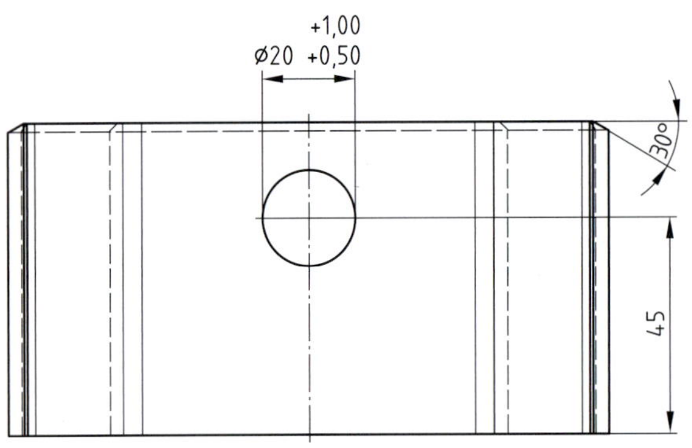

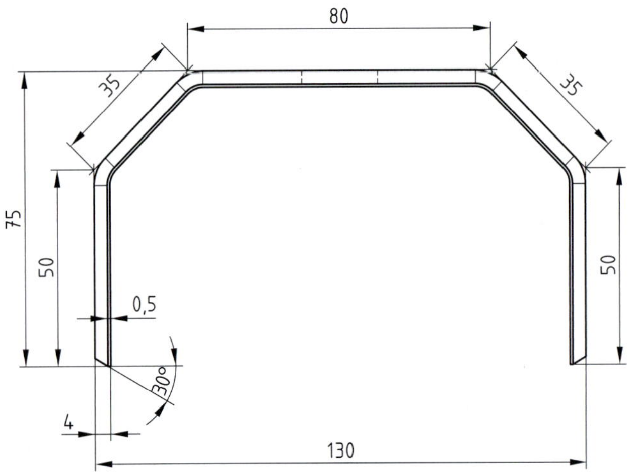

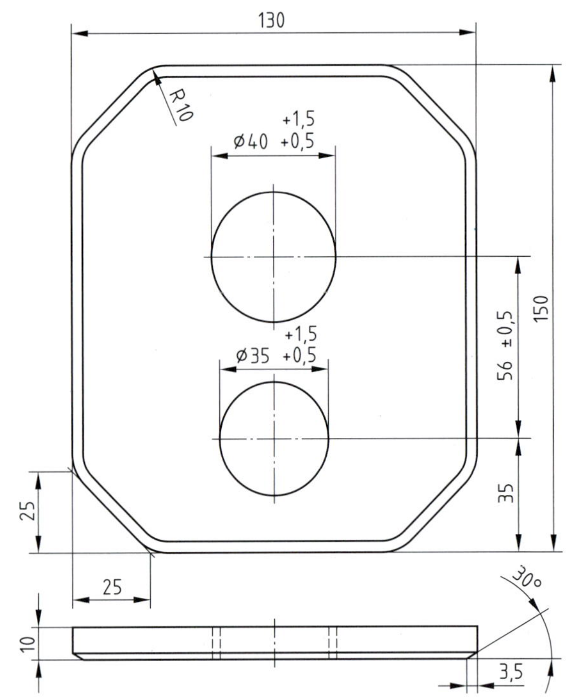

Aufgaben

1. Die Seitenteile sollen durch Biegen im Biegegesenk geformt werden. Die gestreckte Länge der Seitenbleche ist zu bestimmen.
2. Ermittlung der notwendigen Schneidkraft für das Ausstanzen des Loches.
3. Aufzählung von Möglichkeiten der Nahtvorbereitung für die V-Naht.
4. Aufzählung von Trennverfahren für das 10 mm dicke Lagerschild.

Fügen – Biegen, Schneiden, Schweißen

1. Bestimmung der gestreckten Länge des Seitenbleches

Mindestbiegeradius: Kaltbiegen, eventuell längs der Walzrichtung; Blechstärke 4 mm **$r = 6$ mm**

Korrekturfaktor k

$k = 0{,}65 + 0{,}5 \cdot \log \frac{r}{s} = 0{,}65 + 0{,}5 \cdot \log \frac{6}{4}$

$\mathbf{k = 0{,}738}$

Ausgleichsfaktor v für Biegewinkel über 90° bis 165°:

$$v = 2 \cdot (r + s) \cdot \tan \frac{180° - \beta}{2} - \pi \cdot \left(\frac{180° - \beta}{180°}\right) \cdot \left(r + \frac{s}{2} \cdot k\right)$$

$$v = 2 \cdot (6 + 4)\ \text{mm} \cdot \tan \frac{180° - 135°}{2} - \pi \cdot \left(\frac{180° - 135°}{180°}\right) \cdot \left(6 + \frac{4}{2} \cdot 0{,}738\right)\ \text{mm}$$

$\mathbf{v = 2{,}41\ mm}$

Gestreckte Länge L

$L = \sum \text{Außenmaße} - \sum \text{Ausgleichsfaktoren} = 2 \cdot (50 + 35)\ \text{mm} + 80\ \text{mm} - 4 \cdot 2{,}41\ \text{mm}$

$\mathbf{L = 240{,}36\ mm}$

2. Bestimmung der Schneidkraft F

Lochdurchmesser $d = 20$ mm; Blechstärke $s = 4$ mm;

Werkstoff S 235 JR: Zugfestigkeit $R_m = 360 \ldots 510 \frac{\text{N}}{\text{mm}^2}$

Scherfläche $\mathbf{S} = U \cdot s = \pi \cdot d \cdot s = \pi \cdot 20\ \text{mm} \cdot 4\ \text{mm} = 251{,}3\ \text{mm}^2$

Maximale Scherfestigkeit τ_{aBmax} $\approx 0{,}8 \cdot R_{mmax} = 0{,}8 \cdot 510 \frac{\text{N}}{\text{mm}^2} = \mathbf{408 \frac{N}{mm^2}}$

Schneidkraft $\mathbf{F} = S \cdot \tau_{aBmax} = 251{,}3\ \text{mm}^2 \cdot 408 \frac{\text{N}}{\text{mm}^2} = 102530\ \text{N} \approx \mathbf{102{,}53\ kN}$

3. Möglichkeiten der Schweißnahtvorbereitung

Handbearbeitung mit Kantenhobel (Brennschnitt oder Fräsen), „Knabberer" Nibbelmaschine, Schleifen mittels Winkelschleifer, eventuell 3D-Laserschnitt

4. Trennverfahren für das Lagerschild

Zuschneiden des Lagerschildes: Blechdicke $s = 10$ mm; Werkstoff: S235JR

Thermische Trennverfahren:

Laserschneiden
Plasmaschneiden
Brennschneiden

Andere Trennverfahren:

Wasserstrahlschneiden mit abbrassivem Zusatz
Stanzen auf Stanz- und Nibbelmaschine

Fügen – Schweißen

Ausgangssituation

Die Einzelteile des Gehäuses sollen durch Schweißen gefügt werden.

Für die Fertigung einer Losgröße von 20 Gehäusen ist der rationelle Arbeitsablauf zu planen.

Die Fertigbearbeitung der Gehäuse erfolgt anschließend auf einem CNC-Bearbeitungszentrum.

Der Werkstoff aller Komponenten ist allgemeiner Baustahl S235JR, die Teile sind gestrahlt und entfettet.

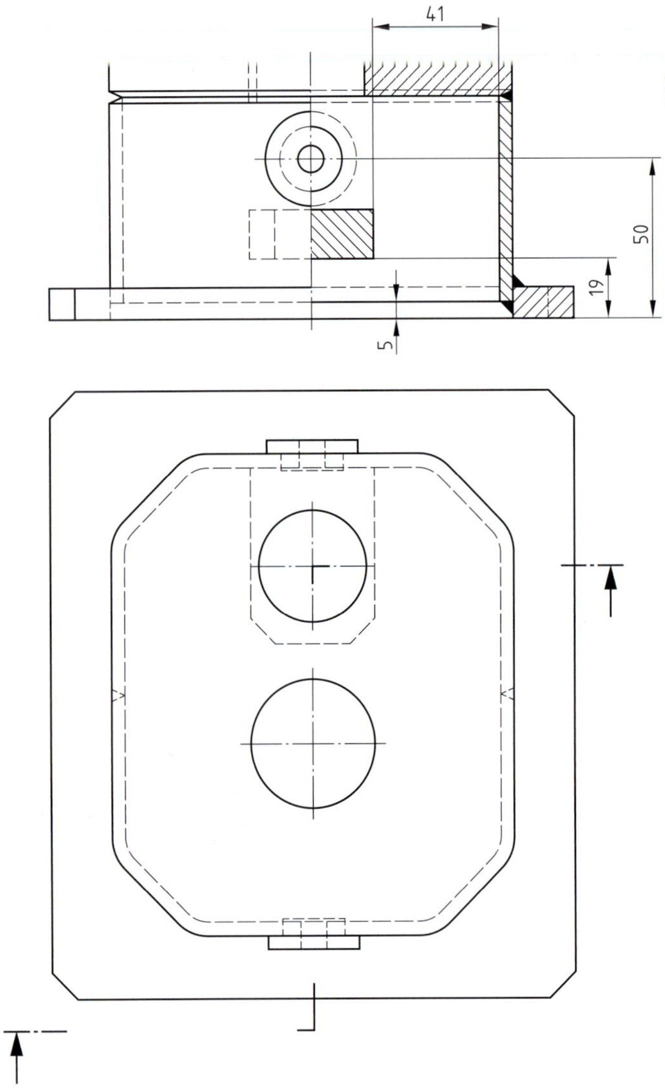

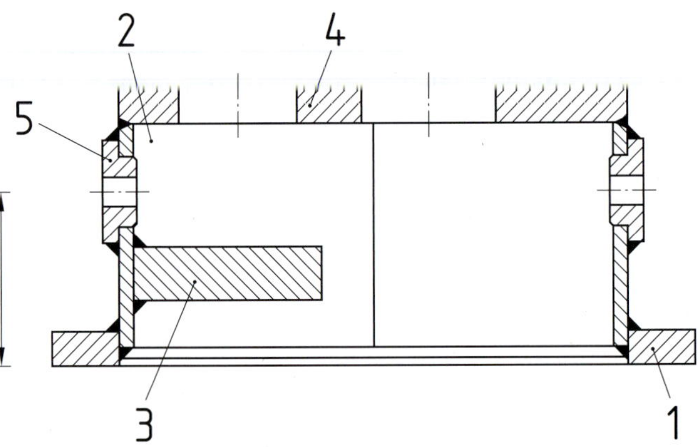

Pos	Menge	Benennung	Norm / Bemerkung
1	1	Flansch	Blech 10 - S235JR
2	2	Seitenteil	Blech 4 - S235JR
3	1	Lagertasche	Blech 15 - S235JR
4	1	Lagerschild	Blech 10 - S235JR
5	2	Stutzen	S235JR

Aufgaben

1. Auswahl eines geeigneten Schweißverfahrens.
2. Festlegung der Schweißfolge der Schweißbaugruppe.
3. Aufzählung von Vorrichtungen zur Erleichterung der Arbeit.
4. Maßnahmen zur Sicherstellung der Qualität der gefertigten Gehäuse.
5. Maßnahmen zur Reduzierung der Spannungen und damit des Verzugs.
6. Maßnahmen zur Vermeidung aufwendiger Nacharbeit zur Beseitigung anheftender Schweißspritzer.

Fügen – Schweißen

1. Auswahl des Schweißverfahren

MSG-Metallschutzgasschweißen

Wirtschaftliches Verfahren mit hoher Werkstoffausbringung, geringen Kosten, leicht automatisierbar und geringerem Anlagenaufwand.

Verfahrensvarianten:

MAG mit aktivem Gas – höherer Einbrand, mehr Spritzer und damit eventuell mehr Nacharbeit.

MIG mit inertem Gas – z. B. Argon, geringerer Einbrand und weniger Spritzer.

2. Schweißfolge

Zuerst die Lagerlasche (3) mit einer Unterlage zentrisch an einem Seitenteil (2) ausrichten und komplett anschweißen, dann die beiden Seitenteile auf ebener Unterlage zusammen heften.

Im nächsten Schritt das Lagerschild (4) an den Seitenteilen (2) ausrichten und heften.

Danach den Flansch (1) unten anheften, die beiden Stutzen (5) einsetzen und verschweißen.

Anschließend das Gehäuse einlagig zusammen schweißen.

Dabei auf gegenüber liegende Nahtfolge für geringeren Verzug achten.

Je nach vorhandenem Platz werden die einzelnen Schritte jeweils für eine kleine Serie zusammengefasst.

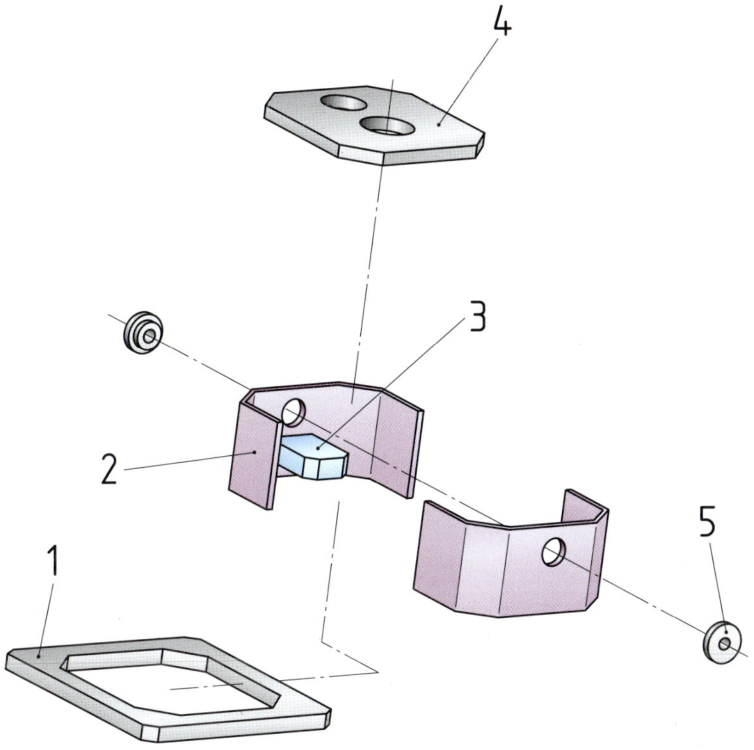

3. Erleichterung durch Vorrichtungen

Um die Teile schneller positionieren zu können, bietet sich ein Schweißtisch mit geeigneten Anschlägen und Unterlagen an. So wird die Wiederholgenauigkeit gesteigert.

4. Qualitätssicherung beim Schweißen

Einsatz von geschultem und ggf. geprüftem Schweißpersonal sowie Dokumentation der Schweißparameter (WPS).

Stichprobenartige Rissprüfung des Gehäuses durch Farbeindringverfahren oder bei Bedarf Druckprüfung mit Wasser.

5. Vermeidung von Verzug beim Bearbeiten

Lange Schweißnähte unterbrochen gegenüber schweißen und damit Verzug vermeiden.

Gehäuse nach dem Schweißen spannungsarm glühen – teuer!

6. Nacharbeit reduzieren

Einsatz von inertem Schutzgas (MIG): wenige Spritzer

Einsatz von Trennmittel (Silikonspray) auf den gefährdeten Bauteilen – Vorsicht: Bindefehler in den Schweißnähten.

Schutz des Gewindes durch Einschrauben eines Gewindebolzens während des Schweißens.

Kunststoffformung – Tiefziehen, Spritzgießen

Ausgangssituation

Die Kunststoffabdeckung wird bisher aus einer 2 mm dicken Polyethylen – Folie durch Tiefziehen hergestellt und dient als Abdeckung eines Maschinengehäuses.

Aufgrund der gestiegenen Nachfrage und im Zuge einer Designüberarbeitung soll die Abdeckung aus Polyamid im Spritzgießverfahren entwickelt werden.

Der überarbeitete Deckel wurde konstruktiv dem Fertigungsverfahren angepasst, die Wandstärke auf 1 mm reduziert und seine Steifigkeit durch Rippen erhöht.

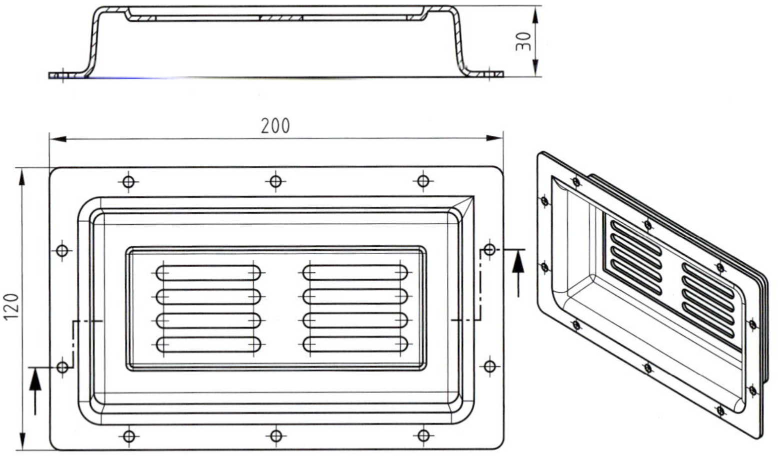

Abdeckung aus PE, tiefgezogen

Werkstückvolumen $V = 66$ cm³;

Werkstückmasse $m = 63$ g

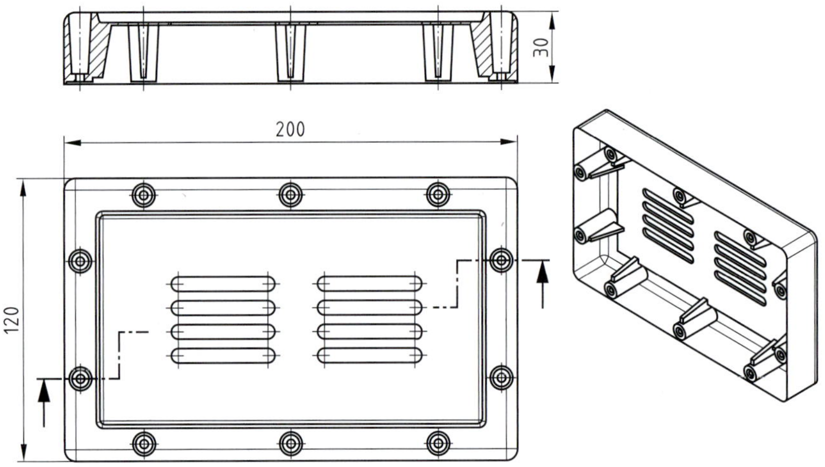

Abdeckung aus PA 6, spritzgegossen

Werkstückvolumen $V = 63$ cm³

Werkstückmasse $m =$ ca. 71 g

Spritzdruck $p_W = 1150$ bar

Aufgaben

1. Gegenüberstellung der Vor- und Nachteile des Tiefziehens gegenüber dem Spritzgießen.
2. Prozessbeschreibung der Herstellung durch Vakuum – Tiefziehen.
3. Berechnung der Zuhaltekraft der Spritzgussmaschine bei einem Spritzdruck von 1150 bar für das verwendete Polyamid und einer Kavität. Dabei ist der Faktor für die Verteilerkanäle 1,25; der Sicherheitsfaktor für das Zuhalten $\varphi = 1,3$ und die Werkstückabmessungen $L \times B \times H = 200 \times 120 \times 30$.
4. Berechnung der Einspritzmasse in die Form bei einem Schwindfaktor von 1,02; einem Angussvolumen von 20 % des Formteilvolumens und einer Dichte $\rho = 1,13$ g/cm³.
5. Beschreibung eines geeigneten Rapid–Prototyping–Verfahrens zur Herstellung eines Gebrauchsmusterteiles.
6. Nennung möglicher Fertigungsabläufe zur Herstellung einer Nullserie mit 150 Kunststoffabdeckungen.
7. Aufzählung der Vorteile der HSC–Fräs-Bearbeitung (high speed cutting) und CAD-CAM bei der Herstellung des Spritzgusswerkzeuges.
8. Mögliche Einsatzbereiche des Senkerodierens bei der Formherstellung.

Kunststoffformung – Tiefziehen, Spritzgießen

Lösung

1. Gegenüberstellung: Tiefziehen – Spritzgießen

	Vakuum – Tiefziehen	Spritzgießen
Vorteile	• einfache Werkzeuge aus Holzpresswerkstoff oder Leichtmetall • einfacher Maschinenaufbau • wenige Einstell- und Prozessparameter	• optimale Anpassung an Werkstoff möglich • mehrere Werkstoffe innerhalb des Werkstückes einsetzbar • mehrfache Form- Kavitäten in Werkzeug möglich • geringe Nachbearbeitung nötig – einbaufertige Produkte
Nachteile	• hoher Lohnanteil durch Nacharbeit • lange Prozesszeiten • unterschiedliche Wandstärken schlecht realisierbar • Rippen / Stege nicht integrierbar	• hohe Werkzeug- und Entwicklungskosten • komplexer, werkstoffabhängiger Spritzgießprozess • viele Einstellparameter mit großen Einflüssen

2. Prozessbeschreibung Vakuum – Tiefziehen der PE – Folie

- Maschine einrichten, Parameter nach Herstellerangaben einstellen.
- Kunststofffolie in Spannrahmen einsetzen (eventuell im Warmluftofen auf 120 °C vorheizen).
- Folie auf Umformtemperatur (160 °C ... 180 °C) mittels Heizstrahlern zeitgesteuert aufheizen.
- Heizung abschalten und eventuell wegschwenken.
- Durch Druckluft das Material vorstrecken (max. Verhältnis 1:4).
- Folie gegen Form pressen und mittels Vakuum in Form hineinziehen.
- Abkühlzeit abwarten, die Form entfernen und Werkstück entnehmen.
- Nacharbeiten wie Zuschneiden, Lochen und sonstige Bearbeitungen durchführen.

3. Berechnung Zuhaltekraft:

Projizierte Fläche $A_p = n \cdot A_{pn} \cdot \text{Faktor} = 1 \cdot 20\ \text{cm} \cdot 12\ \text{cm} \cdot 1{,}25 = 300\ \text{cm}^2$

$\boldsymbol{A_p = 300\ \text{cm}^2}$

Auftriebskraft $F_A = p_e \cdot A_p = 1\,150\ \text{bar} \cdot 10\ \frac{\text{N}}{\text{cm}^2} \cdot \text{bar} \cdot 300\ \text{cm}^2 = 3\,450\,000\ \text{N} = 3\,450\ \text{kN}$

$\boldsymbol{F_A = 3\,450\ \text{kN}}$

Zuhaltekraft $F_Z \geq F_A \cdot \varphi = 3\,450\ \text{kN} \cdot 1{,}3 = 4\,485\ \text{kN}$

$\boldsymbol{F_Z \geq 4\,485\ \text{kN}}$

4. Berechnung Einspritzmasse:

Spritzvolumen $V_S = n \cdot V_{FT} \cdot \text{Faktor} + V_A = 1 \cdot 63\ \text{cm}^3 \cdot 1{,}02 + 0{,}25 \cdot 63\ \text{cm}^3 = 80{,}01 \approx 80\ \text{cm}^3$

$\boldsymbol{V_S = 80\ \text{cm}^3}$

Spritzmasse $m_s = \rho \cdot V_S = 1{,}13\ \frac{\text{g}}{\text{cm}^3} \cdot 80\ \text{cm}^3 = 90{,}4\ \text{g} = 0{,}09\ \text{kg}$

$\boldsymbol{m_s = 90{,}5\ \text{g}}$

5. Rapid–Prototyping–Verfahren:

- 3D-Drucken mit FLM[1)]: schichtweiser Aufbau durch aufgeschmolzenen Kunststoffdraht.
- Selektives Lasersintern: Anschmelzen von Kunststoffpulver unter Schutzgas und Prozesswärme.
- Stereolithographie: Aushärten eines lichtempfindlichen Kunststoffpolymeres.

[1)]Fused-Layer-Modeling

Schraubenverbindungen

Lösung

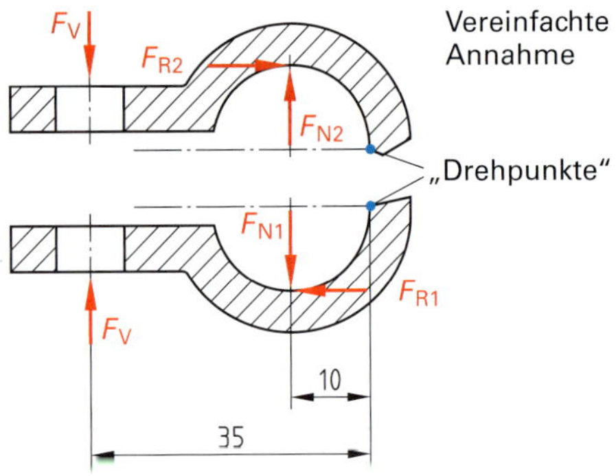

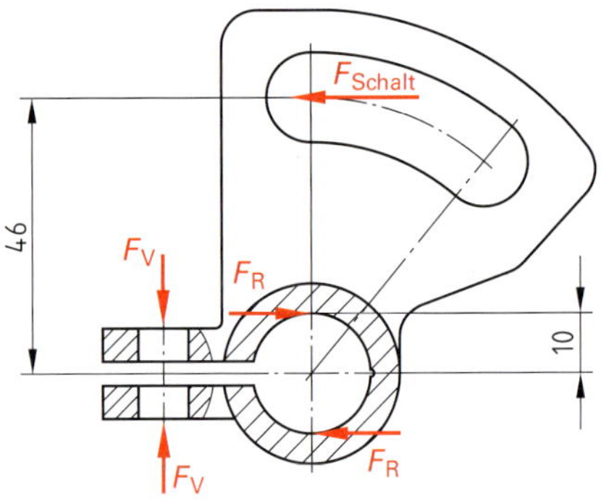

Angenommene Werte
Anziehen von Hand
F_V = 10 000 N (Erfahrungswerte)

Anziehen mit Drehmomentschlüssel
$F_{V\,max}$ = 18 600 N bei M_A = 24,6 Nm
90 %-ige Ausnutzung der Streckgrenze und μ_G = 0,12.

Hinweis:
Der angesetzte Lösungsweg basiert auf der Vereinfachung, dass die einseitig geschlitzte Nabe als Gelenk fungiert. Dadurch kann das System wie ein einseitiger Hebel betrachtet und berechnet werden.
Vereinfachend werden die Kräfte punktförmig und die enstehenden Druckspannungen als gleichmäßig verteilt betrachtet.

1. $F_{V\,min}$ bei entfetteten Bauteilen

$$F_{R\,min} = \frac{F_{Schalt} \cdot 46\text{ mm}}{2 \cdot 10\text{ mm}} = \frac{2\,000\text{ N} \cdot 46\text{ mm}}{2 \cdot 10\text{ mm}} = 4\,600\text{ N}$$

$$\text{es ist } F_{N\,min} = \frac{F_{R\,min}}{\mu} = \frac{4\,600\text{ N}}{0{,}2} = 23\,000\text{ N}$$

$$F_{V\,min} = \frac{F_{N\,min} \cdot 10\text{ mm}}{35\text{ mm}} = \frac{23\,000\text{ N} \cdot 10\text{ mm}}{35\text{ mm}}$$

$F_{V\,min}$ = 6 571 N ~ 6,6 kN < 10 000 N; sicherer Halt!

2. $F_{V\,min}$ bei nicht entfetteten Bauteilen

$$\text{es ist } F_{N\,min} = \frac{F_{R\,min}}{\mu} = \frac{4\,600}{0{,}12} = \mathbf{38\,333\text{ N}}$$

$$F_{V\,min} = \frac{F_{N\,min} \cdot 10\text{ mm}}{35\text{ mm}} = \frac{38\,333\text{ N} \cdot 10\text{ mm}}{35\text{ mm}}$$

$F_{V\,min}$ = 10 952 N ~10,95 kN > 10 000 N; rutscht, unsicher!

3. Anziehen mit Drehmomentschlüssel

F_V = 18 600 N, davon noch 90 % nach dem Setzen wirksam:
F_V = 0,9 · 18 600 N = 16 740 N

$$\text{Vorhandene Sicherheit } \nu = \frac{16{,}7\text{ kN}}{10{,}95\text{ kN}} \approx \mathbf{1{,}5}$$

4. Schraubenvorspannkraft

$$F_{Schalt} = 2\,500\text{ N} \quad F_U = \frac{F_{Schalt} \cdot 46\text{ mm}}{10\text{ mm}}$$

$$= \frac{2\,500\text{ N} \cdot 46\text{ mm}}{10\text{ mm}} = 11\,500\text{ N}$$

$$F_R = \frac{F_U}{2} = \frac{11\,500\text{ N}}{2} = 5\,750\text{ N}$$

$$F_N = F_R/\mu = \frac{5\,750\text{ N}}{0{,}2} = 28\,750\text{ N}$$

$$F_V = \frac{F_N \cdot 10\text{ mm}}{35\text{ mm}} = \frac{28\,750\text{ N} \cdot 10\text{ mm}}{35\text{ mm}} = 8\,214\text{ N}$$

5. Flächenpressung zwischen den Bauteilen

$$p_{vorh} = \frac{F_N}{A} = \frac{F_N}{d \cdot l} = \frac{28\,750\text{ N}}{20\text{ mm} \cdot 40\text{ mm}} = 35{,}9\,\frac{\text{N}}{\text{mm}^2} \sim \mathbf{36\,\frac{N}{mm^2}}$$

Welle aus E295: $R_e = 325\,\frac{\text{N}}{\text{mm}^2}$;

Nabe aus GE200: $R_{p\,0,2} = 200\,\frac{\text{N}}{\text{mm}^2}$

$$p_{zul} = \frac{R_{p0,2}}{1{,}2} = \frac{200\text{ N}}{1{,}2\text{ mm}^2} = 166{,}6\,\frac{\text{N}}{\text{mm}^2} \sim \mathbf{167\,\frac{N}{mm^2} > p_{vorh}}$$

zulässige Beanspruchung!

6. Montagehinweise

- Bohrung des Winkelhebels sowie den Wellenabsatz kurz vor der Montage mit Aceton reinigen.
- Schraube und Muttern bei Montage auf Schmutz und übermäßige Korrosion kontrollieren.
- Vorgeschriebenes Schraubenanziehmoment einstellen und Verschraubung anziehen.
- Nur kalibrierte Drehmomentschlüssel verwenden.

Wellen – Naben – Verbindungen

Ausgangssituation

Bei der Instandsetzung eines Vorschubantriebes wurde die Steckkupplung ausgebaut und es wurden Schäden festgestellt. Da keinerlei technische Unterlagen zur vorhandenen Anlage bereitstehen, soll nun die Verbindung auf ihre Verwendung überprüft werden.

Der Antriebsmotor hat folgende Angaben: $U = 400\,\text{V}$; $P = 0{,}37\,\text{kW}$; $n = 1\,410\,\frac{1}{\text{min}}$.

Auf dem Getriebetypenschild ist die Übersetzung $i = 2{,}7$ eingeschlagen.

Die Kugelumlaufspindel hat eine Steigung von 5 mm und ist aus Stahl gefertigt.

Die Abscherstifte sind aus Polypropylen, ihre Anzahl ist unklar, da die Demontage der Kupplung vor längerer Zeit stattfand.

Der Kupplungskörper besteht aus einer Aluminiumlegierung.

Aufgaben

1. Ermittlung des maximalen Anlaufmomentes des Antriebsstranges.
2. Kontrolle der vorhandenen Passfederverbindung DIN 6885 – A – 5 x 5 x 30.
3. Ermittlung der vorhandenen Torsionsspannung an den Abscherstiften und Festlegung der notwendigen Anzahl an Stiften.
4. Gegenüberstellung der Steckkupplung mit anderen, verwendbaren Kupplungstypen.

Steckkupplung

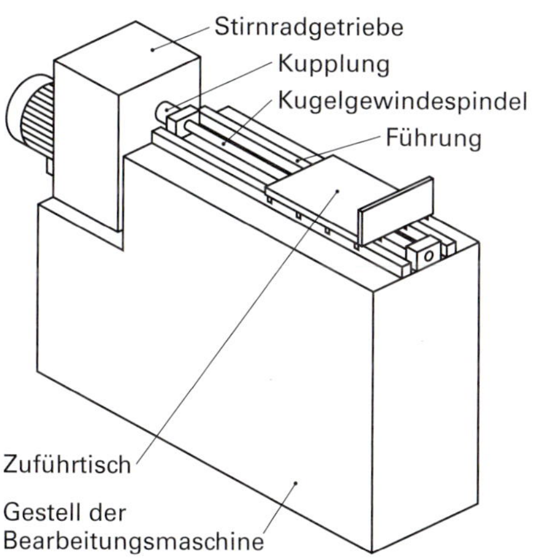

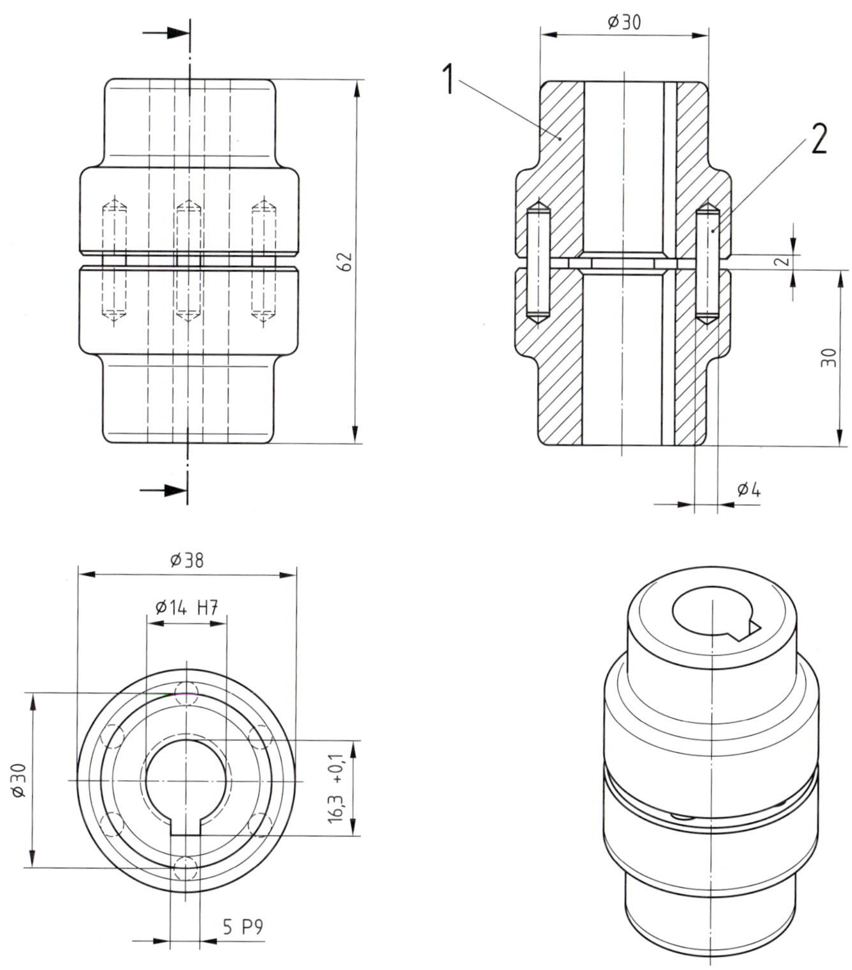

Objekt	Anzahl	Benennung	Material
1	2	Nabe	Aluminium - 6061
2	6	Abscherstift	Polypropylen

Wellen – Naben – Verbindungen

Lösung

1. Antriebmoment des Elektromotors

$M_{nenn} = 9\,550 \cdot \frac{P}{n} = 9\,550 \cdot \frac{0{,}37}{1\,410} = 2{,}51$ Nm (Zahlenwertgleichung)

(Einschalt- bzw. Anlaufmomente je nach Elektromotorenbauformen zwischen 2 bis 3 -faches Nennmoment)

$M_{Anlauf} = 2{,}5 \cdot M_{nenn} = 2{,}5 \cdot 2{,}51 \text{ Nm} = 6{,}27 \text{ Nm}$

$M_{Spindel} = i \cdot M_{Anlauf} = 2{,}7 \cdot 6{,}27 \text{ Nm} = 16{,}9 \text{ Nm}$

2. Passfederüberprüfung

$M_{Spindel} = F_U \cdot \frac{\text{Fügedurchmesser}}{2} \rightarrow F_U = \frac{2 \cdot M_{Spindel}}{\text{Fügedurchmesser}} = \frac{2 \cdot 16{,}9 \text{ Nm}}{0{,}014 \text{ m}} = 2\,420{,}4 \text{ N} \sim 2\,420 \text{ N}$

Flächenpressung in der Aluminiumnabe:
Passfeder DIN 6885 – A – 5 · 5 · 30 → Anlagefläche A in der Nabe: $A = l \cdot (h - t_1) = (30 - 5) \cdot (5 - 3) = 50 \text{ mm}^2$

Flächenpressung $p = \frac{F}{A} = \frac{2\,420 \text{ N}}{50 \text{ mm}^2} = \mathbf{48{,}4 \frac{N}{mm^2}} = \boldsymbol{p_{vorh}}$; zulässige Pressung Aluminiumlegierung: $\boldsymbol{p_{zul}} = \mathbf{35 \frac{N}{mm^2}}$

$\boldsymbol{p_{vorh} > p_{zul}}$ → die Passfederverbindung der Kupplung ist nicht geeignet!

3. Ermittlung der Scherspannung der Stifte

$F_a = 2 \cdot \frac{M_{Spindel}}{\text{Fügedurchmesser}} = \frac{2 \cdot 16{,}9 \text{ Nm}}{0{,}030\text{m}} = 1\,126{,}6 \text{ N} \sim 1\,127 \text{ N}$

Bei einem Stift ergibt sich:

$\tau_a = \frac{F}{S} = \frac{4 \cdot F}{\pi \cdot d^2} = \frac{4 \cdot 1\,127 \text{ N}}{\pi \cdot 64 \text{ mm}^2} = 22{,}4 \frac{\text{N}}{\text{mm}^2}$ Die Scherfestigkeit τ_{aB} des Polypropylen ist ungefähr 15 $\frac{\text{N}}{\text{mm}^2}$

Je nach Anzahl der einsetzten Stifte ergeben sich folgende Abscherspannungen τ_a:

Anzahl an Stiften	**1**	**2**	**3**	**4**	**5**	**6**
τ_a [N/mm]	22,4	11,2	7,5	5,6	4,5	3,7
Abschermoment M_a [Nm]	14,4	28,8	43,2	57,6	72	86,4

Es genügen also 2 Stifte in der Kupplung, dann würde sie bei einem Moment von 28,8 Nm auslösen.

4. Vor- und Nachteile der Steckkupplung

Vorteile
Einfacher Aufbau.
Leichte Montage / Demontage.
Dämpfung von Schwingungen durch Kunststoff möglich.
Einstellen des Abschermoments durch Einsatz mehrerer Stifte möglich.

Nachteile
Demontage nach Abscheren nötig.
Kein Ausgleich von Fluchtungsfehler oder Wellenversätzen möglich.

Lager, Welle – Nabe – Verbindungen

Ausgangssituation

Bei der Instandsetzung einer Transferstraße wurde die abgebildete Getriebewelle aufgrund eines Schadens ausgebaut und muss ersetzt werden.

Die Skizze zeigt die Welle im eingebauten Zustand mit den angrenzenden Maschinenteilen.

Es soll nun eine neue Welle hergestellt werden. Da jedoch keine Zeichnung vorhanden ist, müssen die Maße und Anforderungen aufgrund der Bauteile festgelegt werden. Dabei sollen auch die Verbindungsmittel überprüft werden.

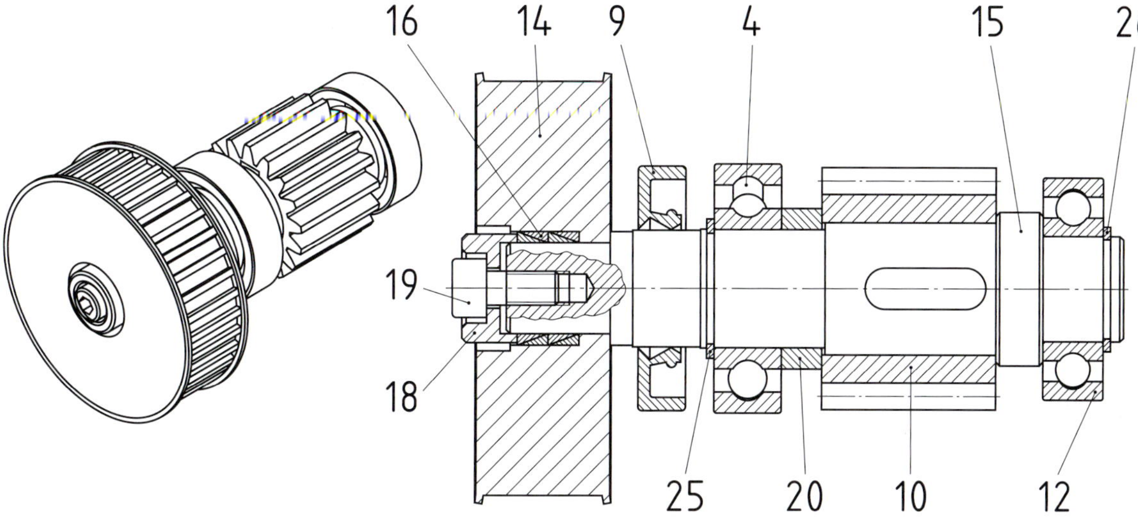

Pos	Menge	Bauteilnummer	Norm/Beschreibung
4	1	DIN 625 SKF - SKF 6003	Kugellager, einreihig
9	1	DIN 3760 - AS - 17 × 35 × 7 - NBR	Wellendichtring
10	1	Stirnzahnrad 1	
12	1	DIN 625 SKF - SKF 6002	Kugellager, einreihig
14	1	Zahnriemenscheibe 1	
15	2	Welle	
16	2	Spannelement 13×16	
17	2	Spannelement 13×16	
18	1	Druckstück	
19	1	ISO 4762 - M5×10	Innensechskantschraube
20	1	Distanzbuchse	

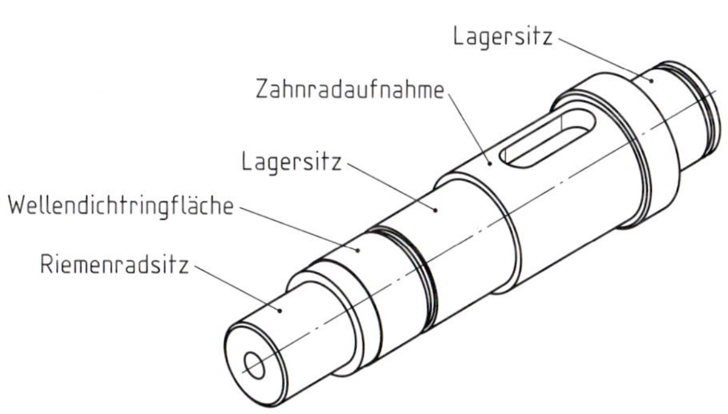

Aufgaben

1. Das Zahnriemenrad ist mit Spannelementen auf der Welle befestigt. Nennung von Vorteilen gegenüber einer Passfederverbindung.
2. Der Radial-Wellendichtring erfordert eine besondere Wellengestaltung in seinem Dichtbereich. Nennung von Anforderungen, die zu erfüllen sind.
3. Die Innenringe der beiden Wälzlager werden durch Umfangskräfte beaufschlagt. Das Lager neben dem Riemenrad ist als Loslager vorgesehen. Es sind die Paßmaße sowie die Montagevorschriften festzulegen.
4. Das Zahnrad wird auf dem Wellenabsatz mit Durchmesser 19 mm mit leichtem Spiel gefügt und soll dabei noch leicht zu montieren sein. Es ist eine geeignete Passung auszuwählen und deren Grenzspiele zu bestimmen.
5. Da das Getriebe wechselnde Drehrichtungen erlaubt, soll die entsprechende Passung der Passfeder ermittelt werden.
6. Nennung von Alternativen für Welle-Nabe-Verbindungen.

Lager, Welle – Nabe – Verbindungen

Lösung

1. Vergleich der Verbindungen

Spannelemente	Passfeder
• keine Schwächung der Bauteile • keine aufwendige Bearbeitung • keine Unwucht bei hohen Drehzahlen • Position und Lage einstellbar • leichte Montage	• Schwächung der Bauteile durch Nuten • größerer Herstellaufwand • problematisch bei wechselnden Drehzahlen und Drehrichtungen

2. Anforderungen an Dichtflächen

Die Dichtlippe des Radial-Wellen-Dichtringes (WDR) erfordert eine glatte und drallfrei bearbeitete Oberfläche. Ein Drall würde das Medium nach Draußen bzw. Schmutz nach Innen fördern. Zudem dürfen bei der Montage von anderen Bauteilen keine Kratzer die Oberfläche beschädigen. Deshalb wird der Wellendurchmesser um 0,2 mm kleiner gewählt.
Bei der Montage muss eine Beschädigung der Dichtlippe vermieden werden. Darum werden alle Kanten mit Fasen versehen oder gerundet. Im Sonderfall müssen Montagehülsen verwendet werden.

3. Toleranzen für den Einbau von Wälzlagern

Lagertyp: Kugellager, belastet durch Umfangslast; als Belastungsgrad wird mittel angenommen :
Toleranzfeld **j**, **k**, **m** und meist **IT6** als Toleranzgrad

Montagehinweise
Beim Aufpressen der Lager, die Kraft nur über den Innenring und nicht über die Wälzkörper wirken lassen.
Beim Aufschrumpfen die Erwärmungstemperaturen nicht höher als die Herstellerangaben wählen.
Beim Fügen durch Dehnen der abgekühlten Welle geeignete persönliche Schutzausrüstung (Brille, Handschuhe, u. Ä.) verwenden und Mitarbeiter durch Unterweisungen für den Umgang mit Kältemittel qualifizieren.

4. Anforderungen an die Passung

Geringes Spiel und leicht montierbar $\mathbf{\frac{H7}{g6}}$ oder $\mathbf{\frac{H7}{f7}}$ bei etwas mehr Spiel

Mindest- und Höchstspiel am Beispiel 19 $\frac{H7}{g6}$:

19 H7:

$\boldsymbol{EI = 0}$; T_B = IT7 = 0 21 µm; $\boldsymbol{ES} = T_B + EI = 21 + 0 =$ **21 µm**;

$\boldsymbol{G_{oB}}$ = 19 mm + 0,021 mm = **19,021 mm**; $\boldsymbol{G_{uB}}$ = 19 mm + 0 mm = **19,000 mm**

19 g6:

$\boldsymbol{es = -7}$; T_W = IT6 = 13 µm; $\boldsymbol{ei} = es - T_W = -7 - 13 =$ **– 20 µm**;

$\boldsymbol{G_{oW}}$ = 19 mm + (– 0,007 mm) = **18,993**; $\boldsymbol{G_{uW}}$ = 19 mm + (– 0,020 mm) = **18,980 mm**

Mindestspiel $\boldsymbol{P_{SM}} = G_{uB} - G_{oW}$ = 19,000 mm – 18,993 mm = **0,007 mm**;

Höchstspiel $\boldsymbol{P_{SH}} = G_{oB} - G_{uW}$ = 19,021 mm – 18,980 mm = **0,041 mm**

5. Passung der Passfeder

Wechselnde Drehrichtungen der Passfeder: **fester Sitz P9** für die Nabennut und Wellennut

6. Welle-Nabe-Verbindungen

Spannelemente, Spannsätze, Kerbzahnprofil DIN 5481, Evolventenzahnprofil DIN 5480, Keilwellenprofil DIN ISO 14, Pressverband, Polygonprofil

Lagerungen – Gleitlager

Ausgangssituation

Im Zuge der Betriebsmittelerfassung wird die Hubkonsole aufgenommen. Da keine originalen Wartungsunterlagen vorliegen, sollen die benötigten Bauteile für die Instandsetzung erfasst und überprüft werden.

Die maximale Hublast ist mit 250 kg aufgeführt, die Trapezspindel wurde mit TR 32 x 6 gemessen.

Die beiden Gleitscheiben sind vermutlich aus CuSn-Legierungen und bei der Kette wurde ISO 606 Typ 10B ermittelt. Die Drehmomentübertragung erfolgt durch einen Spannstift mit 8 mm Durchmesser und einer Kettenübersetzung von $i = 1$.

Der Elektromotor hat folgende Typenschildangaben: 400 V; $n = 1\,080\ \frac{1}{\text{min}}$; $P = 1{,}1$ kW

Aufgaben

1. Berechnung des Antriebsmomentes des Elektromotors.
2. Vergleich der maximalen Kettenkraft, bei einem 2,5–fachen Motoranlaufmoment mit der zulässigen Kettenkraft von $F_{zul} = 22{,}4$ kN.
3. Ermittlung der Scherspannung des Stiftes.
4. Ermittlung der Reibkraft und des Reibmomentes an der Spindelauflage.
5. Im Zuge einer Verbesserung wird der Umbau auf Axialwälzlager erwogen. Nennung von Vor- und Nachteilen, die sich dadurch ergeben.
6. Entwurf einer Umbauanordnung mit Wälzlagern und Nennung von Abdichtmöglichkeiten.

Hubkonsole

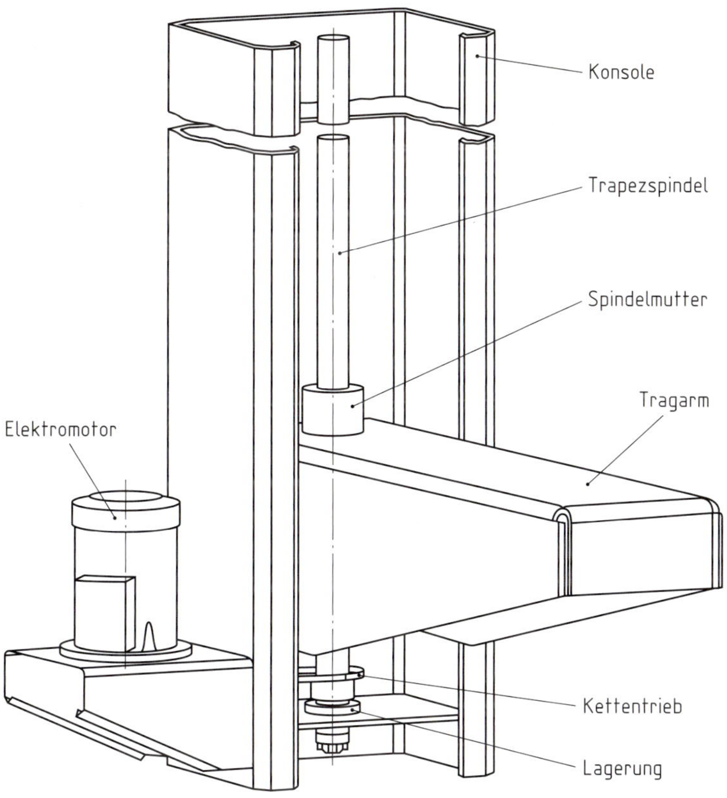

Detail der Lagerung

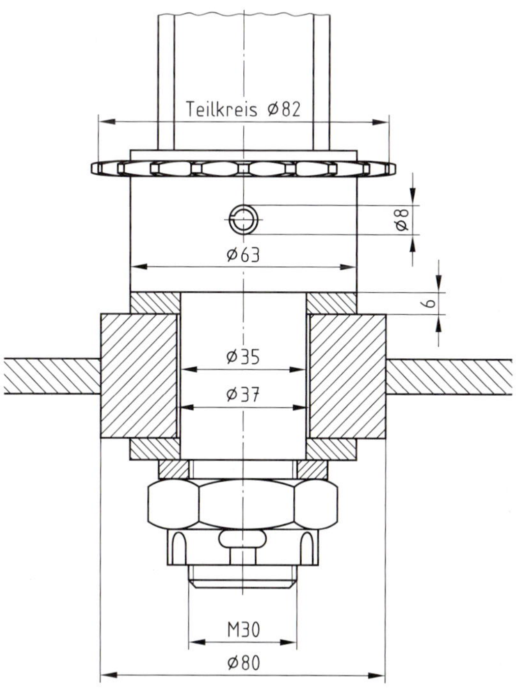

Automatisierte Fertigung

5. Mögliche Probleme bei der Zuführung von Schüttgütern

- Vereinzelung der Werkstücke, besonders bei Wirrteilen wie Federn, Drahtteilen, ...
- Störungen bei der Entnahme aus dem Bunker durch Verhaken, Anhaften, Klemmen, ...
- Schwierige Orientierung der richtigen Lage des Werkstücks bei problematischem Werkstückverhalten.

6. Vergleich der Transportsysteme

Vibrationswendelförderer

\+ Einfacher Aufbau, leichte Einstellbarkeit, leichte Führung durch Schienen, einfache Orientierung der Lage über Rutschen, Schwerpunkt, usw.,

\+ Wenig störungsanfällig, einfache Umrüstung auf andere Werkstücke

– Keine definierte Lageposition des Werkstücks möglich.

Werkstückträgersysteme

\+ Klare, eindeutige Orientierung und Haltung des Werkstücks, exakte Positionierung möglich, Ein- bzw. Ausschleusen von Werkstücken möglich, eindeutige Takt- und Förderzeit.

– Aufwändige Führungsbahnen, hohe Investitionen, schwieriger Umbau bei Anlagenerweiterungen, jedes Werkstück benötigt eine Aufnahme.

7. Projektplanung Montagelinie

- Anforderungsliste erstellen mit Produktanalyse: Stückzahlen, Nutzungsdauer, Varianten, Anlieferungszustand, Qualitätszielen.
- Analyse der Montage: Rangfolge, Werkstückträgersysteme, Ermittlung der Einzeltaktzeiten.
- Layoutplanung: Platzbedarf, Transportmöglichkeiten, Infrastruktur ermitteln, Anschlüsse, Ver- und Entsorgung.
- Ermittlung der Verfügbarkeit der Einzelstationen und der Gesamtverfügbarkeit: Anlaufverhalten, Personalanforderungen.
- Kalkulation der Anlage und Amortisationsrechnung sowie Auswahl und Entscheidung.

8. Anforderungen an das Bedienpersonal

- Flexible Arbeitshaltung, selbstständiges Handeln und Entscheiden, einschlägige Berufsausbildung bzw. Erfahrung.
- Mechatronikerausbildung für elektrische Probleme im Schichtbetrieb, Durchführung kleinerer Wartungs- und Instandhaltungsaufgaben, Interesse für die Steuerungstechnik, ...

9. Maßnahmen für Arbeiten in teilautomatisierten Montageanlagen

Der menschliche Arbeitsplatz muss aus dem Arbeitstakt der Montagelinien herausgelöst werden, da der Mitarbeiter Pausen benötigt. Deshalb müssen geeignete Pufferspeicher oder Bunker für den Menschen bereitgestellt werden. Die Taktzeit muss durch den manuellen Arbeitsplatz und nicht durch die automatisierten Teilbereiche erfolgen.

10. Vorteile der Automatisierung des Montageprozesses

- Konkurrenzdruck erfordert kostengünstiges Montieren.
- Qualitätssteigerung der Montageaufgaben, da weniger menschliche Fehler ins Produkt gelangen.
- Abschaffung monotoner Arbeitsbedingungen und Aufwertung der anderen Arbeitsplätze.
- Steigerung des Montageausstoßes und Erhöhung der Produktivität.
- Durchführung von mannloser Montage in der Nachtschicht ohne Qualitätseinbußen.

Pneumatik – Leckage, Druckluftkosten

Ausgangssituation

Bei einer Druckluftanlage enstehen Geräusche, die auf eine Leckage hindeuten. Diese wird durch ein Loch im Rohr angenommen.

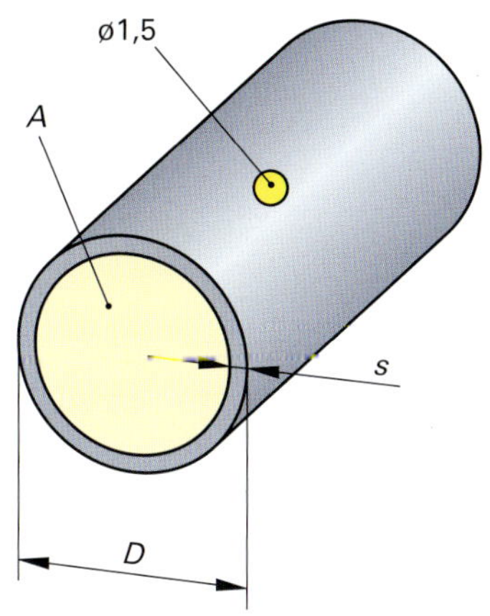

Hinweise

Ausströmgeschwindigkeit: $v = \sqrt{\frac{2 \cdot \Delta p}{\rho_{\text{Luft}}}}$

Herleitung der Formel zur Ausströmgeschwindigkeit (nicht notwendig zur Lösung):

Energieerhaltungssatz:

$$\frac{V \cdot \rho_{\text{Luft}}}{2} \cdot v^2 = \Delta p \cdot V$$

kinetische Energie des Gases = Druckenergie

V = Volumen des ausströmenden Gases

Aufgaben

1. Durch das oben abgebildete Rohr strömt Druckluft mit 6 bar. Berechnung der durch das Loch (d =1,5 mm) stündlich austretenden Luftmenge (m^3/h).
2. Berechnung der Leckageverluste in Euro pro Jahr, wenn ein m^3 Luft 1,6 Cent kostet und die Anlage das gesamte Jahr über an 5 Tagen pro Woche jeweils 10 Stunden in Betrieb ist.
3. Berechnung der vom Kompressor abgegebenen Energie bzw. Arbeit in kWh. Der Kompressor hat eine Nennleistung von P_N = 110 kW und eine Einschaltdauer von 25 % der Betriebszeit aus 2.
4. Bestimmung des Wirkungsgrades des Kompressors, wenn er für die Arbeit aus Aufgabe 3. jährlich W = 100 000 kWh aufnimmt.

Pneumatik – Leckage, Druckluftkosten

Lösung

1. Stündlich austretende Luftmenge

Lösungsansatz: $Q = v \cdot A_{\text{Leck}}$

Weil ρ_{Luft} in $\frac{\text{kg}}{\text{m}^3}$ gegeben ist, muss der Druck in $\frac{\text{N}}{\text{m}^2}$ (Pascal) umgewandelt werden: 1 bar = 100 000 Pa

$$v = \sqrt{\frac{2 \cdot \Delta p}{\rho_{\text{Luft}}}} = \sqrt{\frac{2 \cdot 600\,000\,\frac{\text{N}}{\text{m}^2}}{1{,}293\,\frac{\text{kg}}{\text{m}^3}}} = \mathbf{963{,}37\,\frac{m}{s}}$$

Damit die Einheiten passen, muss auch A in m² eingesetzt werden.

$$Q = v \cdot A_{\text{Leck}} = v \cdot \frac{d^2 \cdot \pi}{4} = 963{,}37\,\frac{\text{m}}{\text{s}} \cdot \frac{\left(\frac{1{,}5}{1\,000}\,\text{m}\right)^2 \cdot \pi}{4} = 0{,}001\,702\,\frac{\text{m}^3}{\text{s}}$$

$$Q = 0{,}001\,702\,\frac{\text{m}^3}{\text{s}}$$

$$\Rightarrow Q_{\text{Stunde}} = 0{,}001\,702\,\frac{\text{m}^3}{\text{s}} \cdot 3\,600\,\frac{\text{s}}{\text{h}} = \mathbf{6{,}129\,\frac{m^3}{h}}$$

2. Leckageverluste

Die Anlage läuft 52 Wochen je 5 Tage je 10 Stunden: $t = 2\,600$ h

$$V = Q \cdot t = 6{,}129\,\frac{\text{m}^3}{\text{h}} \cdot 2\,600\,\text{h} = 15\,935{,}4\,\text{m}^3$$

$$K = k \cdot V = 0{,}016\,\frac{€}{\text{m}^3} \cdot 15\,935{,}4\,\text{m}^3 = \mathbf{254{,}97\,€}$$

3. Vom Kompressor abgegebene Energie

$$W_{\text{ab}} = P_{\text{N}} \cdot t = 110\,\text{kW} \cdot (0{,}25 \cdot 2\,600\,\text{h}) = \mathbf{71\,500\,kWh}$$

4. Wirkungsgrad des Kompressors

$$\eta = \frac{W_{\text{ab}}}{W_{\text{zu}}};\ W_{\text{zu}} = 100\,000\,\text{kWh}$$

$$\eta = \frac{71\,500\,\text{kWh}}{100\,000\,\text{kWh}} = \mathbf{0{,}715 \triangleq 71{,}5\,\%}$$

Pneumatik – Zylinderkraft und Luftverbrauch

Ausgangssituation

Die Presse einer Montagestation wird pneumatisch bewegt. Der Pneumatikzylinder läuft mit dem gleichen Druck aus und ein (p_{e1} = p_{e2} = 8 bar), obwohl er den hohen Druck nur für den Einpressvorgang benötigt.

Doppelwirkender Zylinder (DZ)

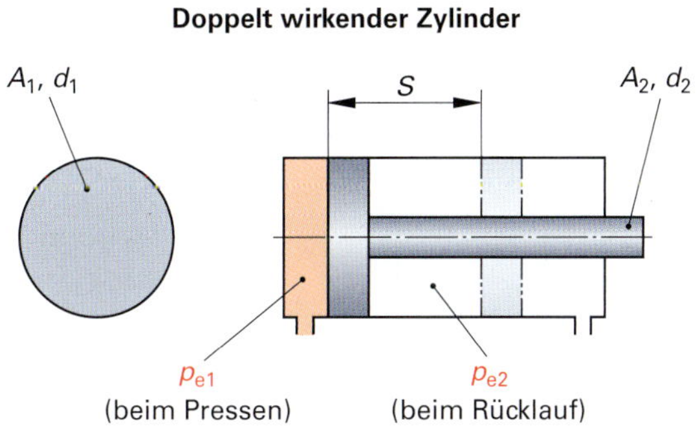

Angenommene Werte

s = 30 mm

d_1 = 100 mm

d_2 = 25 mm

n = 300 Hübe pro Stunde (Aus- und Einfahren)

η = 0,88 (Wirkungsgrad des Zylinders)

k = 0,03 $\frac{€}{m^3}$ (Druckluftkosten)

Ausgangssituation:

$p_{e1} = p_{e2} = 8$ bar

Geänderte Situation:

$p_{e1} = 8$ bar $p_{e2} = 2$ bar

Aufgaben

1. Berechnung der vorhandenen Einpresskraft des Zylinders. Vergleich mit der erforderlichen Einpresskraft von 2 700 N bei geforderter zweifacher Sicherheit.
2. Berechnung der Kolbengeschwindigkeit aus Hubzahl und Hubweg für den Rücklauf.
3. Berechnung des Luftbedarfs bei 300 Hüben pro Stunde.
   a. Bei Ausgangssituation (p_{e1} = 8 bar, p_{e2} = 8 bar).
   b. Bei geänderter Situation (p_{e1} = 8 bar, p_{e2} = 2 bar).
   c. Ermittlung der Differenz pro Stunde.
4. Berechnung der Ersparnis bei 4 000 Betriebsstunden beim Pressen mit 8 bar und Rücklauf mit 2 bar.
5. Ergänzende Aufgabe
   Ermittlung der Kolbengeschwindigkeit aus dem Volumenstrom (Aufgabe 3) und der Zylindergeometrie für den Rücklauf bei 2 bar. Vergleich mit dem Ergebnis aus Aufgabe 2.

Pneumatik – Zylinderkraft und Luftverbrauch

Lösung

1. Berechnung der vorhandenen Einpresskraft

$$F_{Pressen} = \frac{d_1^2 \cdot \pi}{4} \cdot p_{e1} \cdot \eta$$

$$F_{Pressen} = \frac{(10\ \text{cm})^2 \cdot \pi}{4} \cdot 8\ \text{bar} \cdot 10\ \frac{\frac{\text{N}}{\text{cm}^2}}{\text{bar}} \cdot 0{,}88 = 78{,}5398\ \text{cm}^2 \cdot 80\ \frac{\text{N}}{\text{cm}^2} \cdot 0{,}88$$

$$\mathbf{F_{Pressen} = 5\,529{,}2\ N}$$

Forderung: $F_{Pressen} > F_{max}$

$F_{max} = 2 \cdot F_{erf}$

$F_{max} = 2 \cdot 2\,700\ \text{N} = 5\,400\ \text{N}$

5 529,2 N > 5 400 N → Forderung wird erfüllt!

2. Ermittlung der Kolbengeschwindigkeit

$$v = s \cdot n = \frac{30\ \text{mm}}{1\,000\ \frac{\text{mm}}{\text{m}}} \cdot \frac{300\ \frac{1}{\text{h}}}{3\,600\ \frac{\text{s}}{\text{h}}}$$

$$\mathbf{v = 0{,}0025\ \frac{m}{s}}$$

3. Berechnung des Luftbedarfs bei 300 Hüben pro Stunde

Dies erfolgt getrennt nach Pressen (Vorlauf) und Rücklauf. Damit wird neben den Druckunterschieden auch das Kolbenstangenvolumen berücksichtigt.

a. Zuerst wird der Luftbedarf bei $p_{e1} = p_{e2} = 8$ bar berechnet

$$Q_{Pressen\ 8bar} = \frac{d_1^2 \cdot \pi}{4} \cdot s \cdot n \cdot \frac{p_{e1} + p_{amb}}{p_{amb}}$$

$$Q_{Pressen\ 8bar} = \frac{(10\ \text{cm})^2 \cdot \pi}{4} \cdot 3\ \text{cm} \cdot 300\ \frac{1}{\text{h}} \cdot \frac{8\ \text{bar} + 1\ \text{bar}}{1\ \text{bar}}$$

$$= 78{,}5398\ \text{cm}^2 \cdot 900\ \frac{\text{cm}}{\text{h}} \cdot 9 = \mathbf{636\,172{,}51\ \frac{cm^3}{h}}$$

$$Q_{Rücklauf\ 8bar} = \frac{(d_2^2 - d_1^2) \cdot \pi}{4} \cdot s \cdot n \cdot \frac{p_{e2} + p_{amb}}{p_{amb}}$$

$$Q_{Rücklauf\ 8bar} = \frac{[(10\ \text{cm})^2 - (2{,}5\ \text{cm})^2] \cdot \pi}{4} \cdot 3\ \text{cm} \cdot 300\ \frac{1}{\text{h}} \cdot \frac{8\ \text{bar} + 1\ \text{bar}}{1\ \text{bar}}$$

$$= 73{,}6311\ \text{cm}^2 \cdot 900\ \frac{\text{cm}}{\text{h}} \cdot 9 = \mathbf{636\,172{,}51\ \frac{cm^3}{h}}$$

$$\mathbf{Q_{Pressen\ 8bar} + Q_{Rücklauf\ 8bar}} = \mathbf{1\,232\,584{,}24\ \frac{cm^3}{h}}$$

Pneumatik – Zylinderkraft und Luftverbrauch

b. Nun wird der Luftbedarf für den Rücklauf bei p_{e2} = 2 bar berechnet

$$Q_{\text{Rücklauf 2bar}} = \frac{[(10\text{ cm})^2 - (2{,}5\text{ cm})^2] \cdot \pi}{4} \cdot 3\text{ cm} \cdot 300\,\frac{1}{\text{h}} \cdot \frac{2\text{ bar} + 1\text{ bar}}{1\text{ bar}}$$

$$Q_{\text{Rücklauf 2bar}} = 73{,}6311\text{ cm}^2 \cdot 900\,\frac{\text{cm}}{\text{h}} \cdot 3 = \mathbf{198\,803{,}91\,\frac{cm^3}{h}}$$

Aus 3.a. ist bekannt: $Q_{\text{Pressen 8bar}} = \mathbf{636\,172{,}51\,\frac{cm^3}{h}}$

$$Q_{\text{Pressen 8bar}} + Q_{\text{Rücklauf 2bar}} = \mathbf{834\,976{,}42\,\frac{cm^3}{h}}$$

c. Bestimmung der Differenz pro Stunde

$$Q_{\text{Differenz 1h}} = 1\,232\,584{,}24\,\frac{\text{cm}^3}{\text{h}} - 834\,976{,}42\,\frac{\text{cm}^3}{\text{h}}$$

$$\mathbf{Q_{\text{Differenz 1h}} = 397\,607{,}82\,\frac{cm^3}{h} = 0{,}397\,607\,\frac{m^3}{h}}\ \text{(Luftersparnis pro Stunde)}$$

4. Ersparnis

Aus der Ersparnis pro Stunde ergibt sich die Ersparnis bei 4 000 Stunden:

$$Q_{\text{Diff 4000h}} = Q_{\text{Differenz 1h}} \cdot 4\,000\text{ h}$$

$$Q_{\text{Diff 4000h}} = 0{,}397\,607\,\frac{\text{m}^3}{\text{h}} \cdot 4\,000\text{ h}$$

$$\mathbf{Q_{\text{Diff 4000h}} = 1\,590{,}43\text{ m}^3}\ \text{(Luftersparnis bei 4 000 Stunden)}$$

$$\text{Ersparnis} = Q_{\text{Diff 4000 h}} \cdot k \quad \text{mit } k = 0{,}03\,\frac{€}{\text{m}^3}\ \text{(Druckluftkosten)}$$

$$\text{Ersparnis} = 1\,590{,}43\text{ m}^3 \cdot 0{,}03\,\frac{€}{\text{m}^3}$$

Ersparnis = 47,71 Euro (bei 4 000 Betriebsstunden)

Pneumatische Tauchbadsteuerung, SPS, Schrittkette, Grafcet

Ausgangssituation:

In der Lackiererei soll ein Tauchbad weiter automatisiert werden. Hierzu ist eine genaue Analyse der Arbeitsabläufe und Funktionen erforderlich.

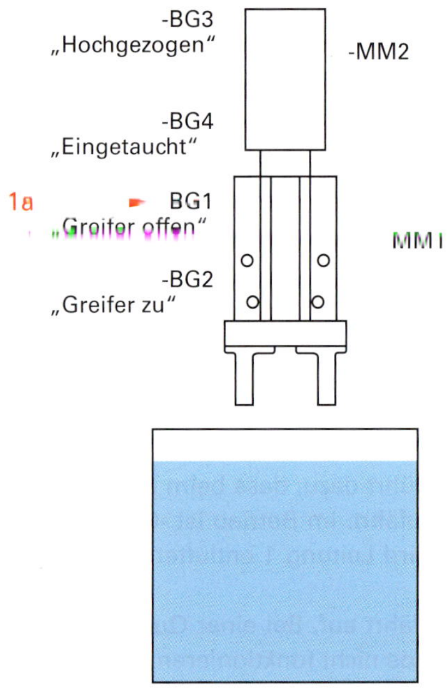

Funktionsbeschreibung

Ein Werkstück soll zweimal in ein Tauchbad eingetaucht werden.

Ablauf

Ein Gelenkarmroboter (nicht dargestellt) befördert das Werkstück zwischen die Greiferbacken. Nach Drücken des Start-Tasters (-SJ1) wird das Teil mithilfe des Spannzylinders -MM1 gegriffen. Nun wird im 1. Tauchgang der Greifer mit dem Werkstück durch den Zylinder -MM2 so weit in das Tauchbad eingetaucht, bis die vordere Endlage von -MM2 erreicht ist. Anschließend wird das Teil nach oben gehoben bis sich -MM2 wieder in der hinteren Endlage befindet. Aus dieser Lage heraus soll nochmals ein Tauchgang erfolgen. Nach dem zweiten Tauchgang öffnet der Greifer und das Werkstück wird vom Gelenkarmroboter übernommen.

Hinweis

Der Gelenkarmroboter bleibt bei den folgenden Aufgaben unberücksichtigt!

Pneumatikplan

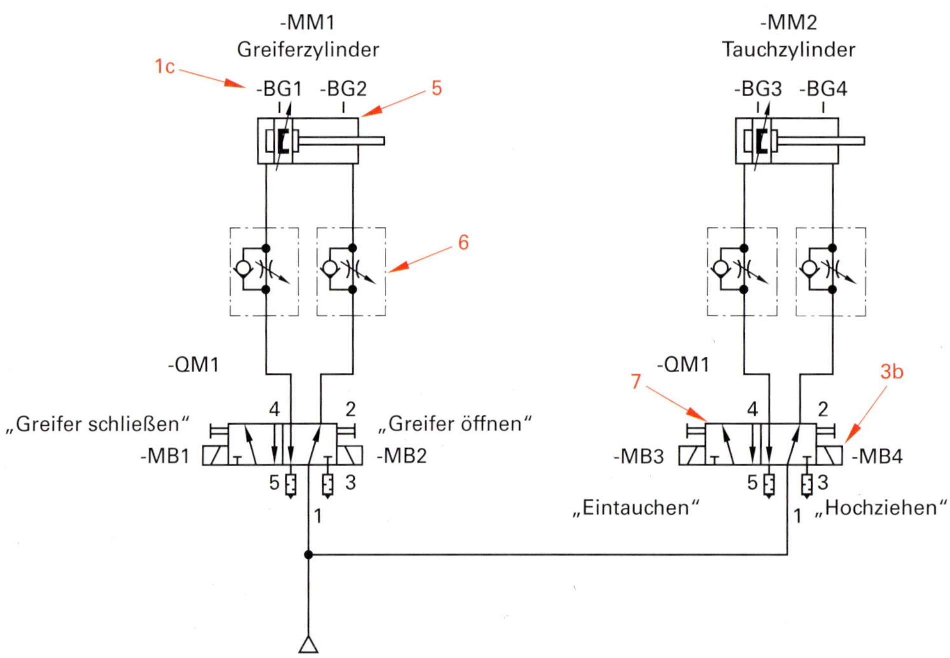

Pneumatik – Zylinderkraft und Luftverbrauch

b. Nun wird der Luftbedarf für den Rücklauf bei p_{e2} = 2 bar berechnet

$$Q_{\text{Rücklauf 2bar}} = \frac{[(10\text{ cm})^2 - (2{,}5\text{ cm})^2] \cdot \pi}{4} \cdot 3\text{ cm} \cdot 300\,\frac{1}{\text{h}} \cdot \frac{2\text{ bar} + 1\text{ bar}}{1\text{ bar}}$$

$$Q_{\text{Rücklauf 2bar}} = 73{,}6311\text{ cm}^2 \cdot 900\,\frac{\text{cm}}{\text{h}} \cdot 3 = \mathbf{198\,803{,}91\,\frac{cm^3}{h}}$$

Aus 3.a. ist bekannt: $Q_{\text{Pressen 8bar}} = \mathbf{636\,172{,}51\,\frac{cm^3}{h}}$

$$Q_{\text{Pressen 8bar}} + Q_{\text{Rücklauf 2bar}} = \mathbf{834\,976{,}42\,\frac{cm^3}{h}}$$

c. Bestimmung der Differenz pro Stunde

$$Q_{\text{Differenz 1h}} = 1\,232\,584{,}24\,\frac{\text{cm}^3}{\text{h}} - 834\,976{,}42\,\frac{\text{cm}^3}{\text{h}}$$

$$\mathbf{Q_{\text{Differenz 1h}} = 397\,607{,}82\,\frac{cm^3}{h} = 0{,}397\,607\,\frac{m^3}{h}} \text{ (Luftersparnis pro Stunde)}$$

4. Ersparnis

Aus der Ersparnis pro Stunde ergibt sich die Ersparnis bei 4000 Stunden:

$$Q_{\text{Diff 4000h}} = Q_{\text{Differenz 1h}} \cdot 4000\text{ h}$$

$$Q_{\text{Diff 4000h}} = 0{,}397\,607\,\frac{\text{m}^3}{\text{h}} \cdot 4000\text{ h}$$

$\mathbf{Q_{\text{Diff 4000h}} = 1\,590{,}43\text{ m}^3}$ (Luftersparnis bei 4000 Stunden)

Ersparnis = $Q_{\text{Diff 4000 h}} \cdot k$ mit $k = 0{,}03\,\frac{€}{\text{m}^3}$ (Druckluftkosten)

Ersparnis = $1\,590{,}43\text{ m}^3 \cdot 0{,}03\,\frac{€}{\text{m}^3}$

Ersparnis = 47,71 Euro (bei 4000 Betriebsstunden)

Pneumatische Tauchbadsteuerung, SPS, Schrittkette, Grafcet

Ausgangssituation:

In der Lackiererei soll ein Tauchbad weiter automatisiert werden. Hierzu ist eine genaue Analyse der Arbeitsabläufe und Funktionen erforderlich.

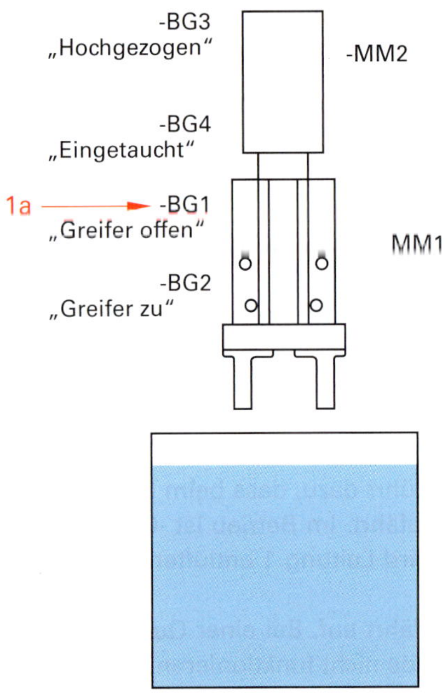

Funktionsbeschreibung
Ein Werkstück soll zweimal in ein Tauchbad eingetaucht werden.

Ablauf
Ein Gelenkarmroboter (nicht dargestellt) befördert das Werkstück zwischen die Greiferbacken. Nach Drücken des Start-Tasters (-SJ1) wird das Teil mithilfe des Spannzylinders -MM1 gegriffen. Nun wird im 1. Tauchgang der Greifer mit dem Werkstück durch den Zylinder -MM2 so weit in das Tauchbad eingetaucht, bis die vordere Endlage von -MM2 erreicht ist. Anschließend wird das Teil nach oben gehoben bis sich -MM2 wieder in der hinteren Endlage befindet. Aus dieser Lage heraus soll nochmals ein Tauchgang erfolgen. Nach dem zweiten Tauchgang öffnet der Greifer und das Werkstück wird vom Gelenkarmroboter übernommen.

Hinweis
Der Gelenkarmroboter bleibt bei den folgenden Aufgaben unberücksichtigt!

Pneumatikplan

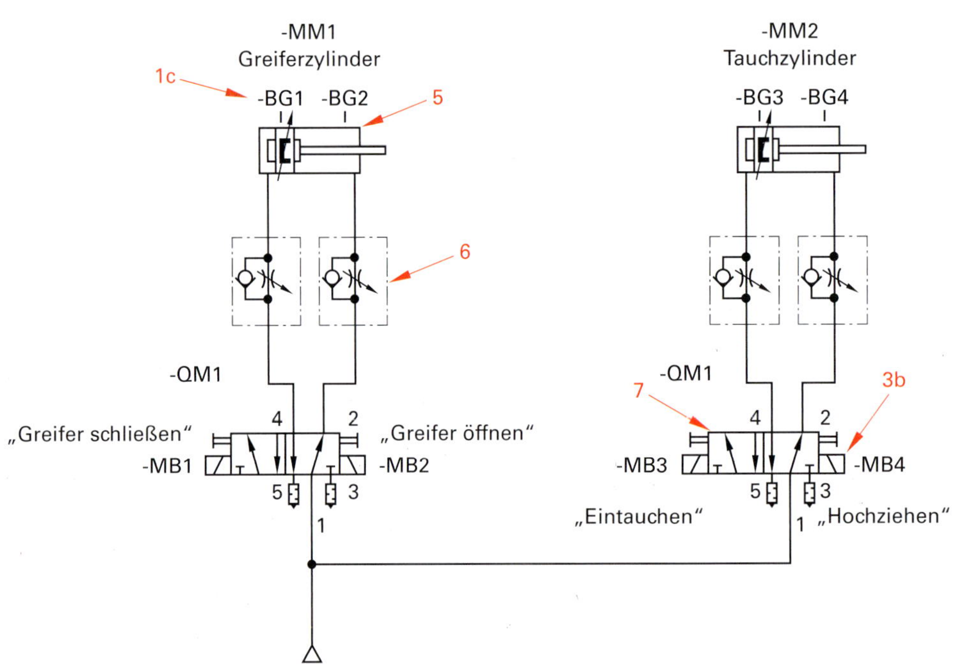

Pneumatische Tauchbadsteuerung, SPS, Schrittkette, Grafcet

Anschlussplan

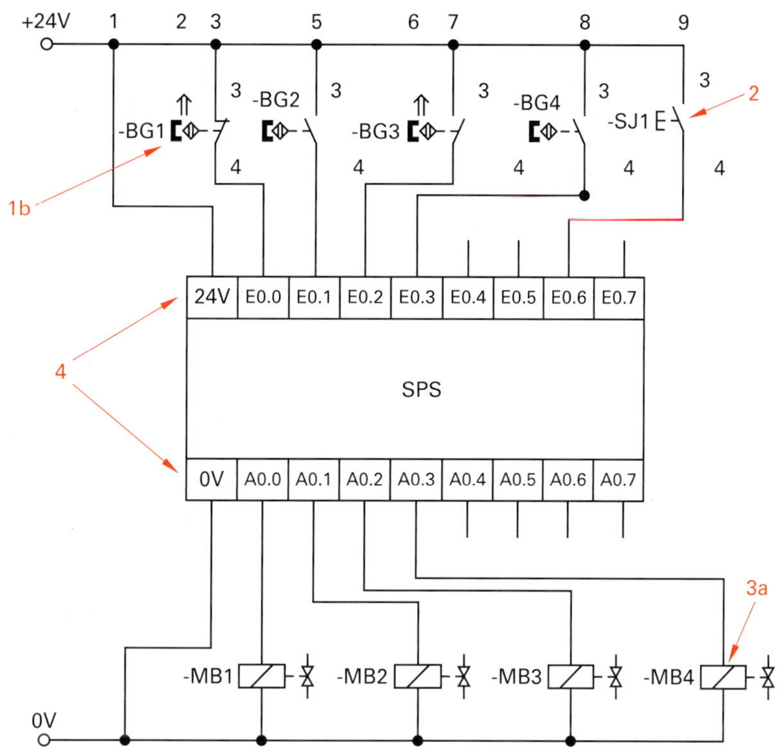

Aufgaben:

1. Definition und Beschreibung der SPS.
   a) Bedeutung der Abkürzung SPS.
   b) Bedeutung der Abkürzung VPS und Abgrenzung gegenüber der SPS.
   c) Nennung von Vor- und Nachteilen einer SPS gegenüber einer VPS.
   d) Nennung der Eingangs- und die Ausgangsklemmen der SPS.
   e) Erklärung der Bedeutung der Buchstaben und Ziffern an den Ein- und Ausgangsklemmen.
   f) Erläuterung der Bestandteile der Anlage, die mit rotem Pfeil und roter Ziffer gekennzeichnet sind.
2. Erstellung des Grafcet-Ablaufplans.

Pneumatische Tauchbadsteuerung, SPS, Schrittkette, Grafcet

Lösung:

1. Definition und Beschreibung der SPS

a. SPS = Speicherprogrammierbare Steuerung.
Wie die Steuerung in Abhängigkeit von den Eingangssignalen die Ausgangssignale setzt, bestimmt ein Programm im Speicher.

b. VPS = Verbindungsprogrammierte Steuerung.
Über feste Schlauch- oder Leitungsverbindungen wird bestimmt, wie die Steuerung in Abhängigkeit von den Eingangssignalen die Ausgangssignale setzt. Es handelt sich entweder um eine reine Pneumatikschaltung oder um eine Elektropneumatikschaltung mit Relais bzw. Schütze.

c. Vorteile (Beispiele):
Änderungen sind einfach durch Programmänderung durchzuführen (z. B. Ergänzungen und Optimierungen); Geringerer Raum und Materialbedarf (logische Verknüpfungen, Zeit- und Zählfunktionen werden durch das Programm erledigt, ohne reale Bauteile); Programme können vervielfältigt und auf andere Steuerungen übertragen werden; Programme und Funktionen können einfach dokumentiert und kommentiert werden; Zeitersparnis durch geringeren Montageaufwand und paralleles Entwickeln von Programmmodulen; Ferndiagnose und Fernwartung sind möglich.

Nachteile:
Hohe Anschaffungskosten, bei Kleinanlagen ist evtl. eine VPS günstiger; zusätzliche Technik ist notwendig (z. B. PC, Speichermedien, Netzwerke); hoch qualifiziertes Personal ist erforderlich.

d. Eingangsklemmen: E 0.0 bis E 0.7.
Ausgangsklemmen: A 0.0 bis A 0.7.

e. Die erste Ziffer gibt gemeinsam mit dem Buchstaben das Byte an, z. B. E0 ist das Eingangsbyte 0. Die zweite Ziffer gibt das Bit an, das entweder 0 oder 1 sein kann. Insgesamt sind es 8 Bit pro Byte, sie sind von 0 bis 7 durchnummeriert.

f. 1: Magnetischer zweipoliger Sensor („Reed-Kontakt"), der ein 1-Signal liefert, wenn der Kolben mit Dauermagnet in seinen Erfassungsbereich kommt.
1a: ist die Lage des Sensors am realen Bauteil.
1b: zeigt seinen elektrischen Anschluss, der Doppelpfeil gibt an, dass der Sensor betätigt ist, es ist also ein betätigter Schließer. 1c zeigt die Lage des Sensors am Zylinder.

2: Handbetätigter Schließer, der das Startsignal gibt.

3: Ventilmagnet bzw. Magnetspule.
3a: zeigt, an welchem Ausgang sie an der SPS angeschlossen ist.
3b: zeigt, wo sie am Ventil wirkt.

4: Die Stromversorgung der SPS. Oft ist die SPS mit einem Netzteil kombiniert, sodass hier keine Verbindung nach außen sichtbar ist.

5: Doppeltwirkender Zylinder mit einstellbarer Endlagendämpfung und magnetischem Kolben.

6: Drosselrückschlagventil zur Abluftdrosselung. Damit wird die Ausfahrgeschwindigkeit des -MM1 eingestellt. Benennungen: -RN1 bis -RN4.

7: 5/2-Wegeventil, beidseitig magnetisch betätigt, mit Handhilfsbetätigung.

Pneumatische Tauchbadsteuerung, SPS, Schrittkette, Grafcet

2. Grafcet – Ablaufplan

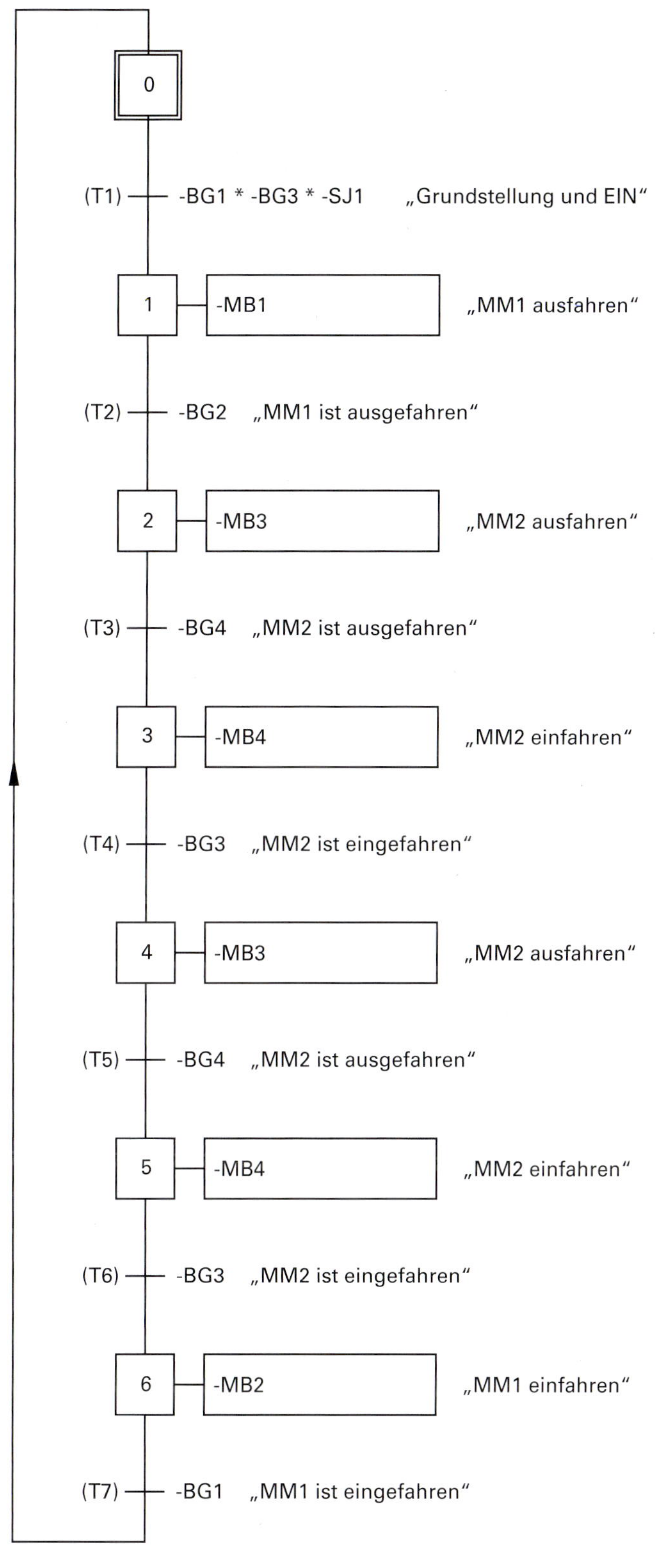

Hydraulik – Elemente, Stromlaufplan, Grafcet

Ausgangssituation:

In einer Getriebefertigung werden Wälzlager auf eine Getriebewelle mit einer Hydraulikvorrichtung gepresst.

Funktionsbeschreibung

Ein Spannzylinder spannt die Welle und dann presst ein Zylinder über eine Einpresshülse das Lager auf den Lagersitz. Nach dem Einpressvorgang gehen beide Zylinder gleichzeitig in ihre Ausgangsstellung zurück.

Wegen einer geplanten Umstellung auf eine SPS müssen die Anlage und die Abläufe analysiert werden.

Hydraulikplan

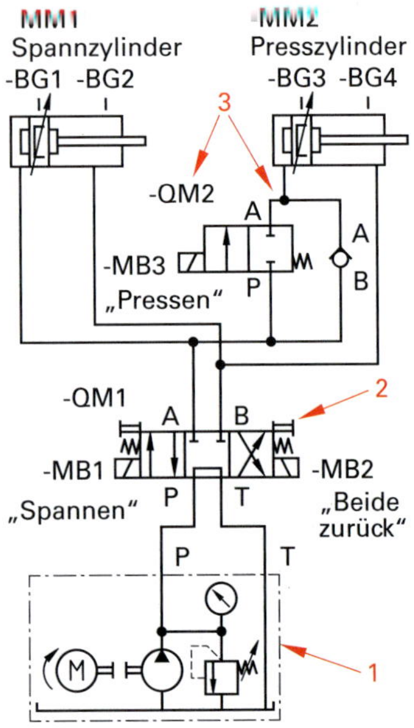

Stromlaufplan

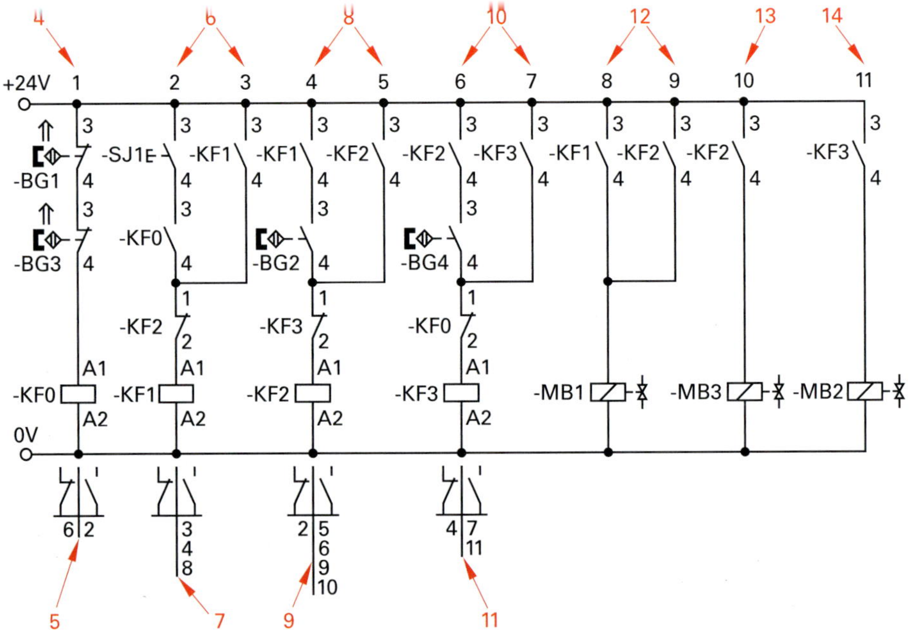

Aufgaben

1. Erstellung eines Grafcet – Ablaufplanes
2. Analyse von Hydraulik- und Stromlaufplan
   a. Benennung und Erläuterung des mit 1 gekennzeichneten Bauteiles.
   b. Vollständige Benennung des mit 2 gekennzeichneten Bauteils und Beschreibung der Funktion.
   c. Vollständige Benennung der mit 3 gekennzeichneten Bauteile und Beschreibung der Funktion.
   d. Erläuterung der Aufgaben des mit 4 gekennzeichneten Strompfades 1.
   e. Erklärung des mit 5 gekennzeichneten Bestandteiles des Stromlaufplanes.
   f. Erläuterung der Aufgaben der mit 6 gekennzeichneten Strompfade 2 und 3.
   g. Erklärung des mit 7 gekennzeichneten Bestandteiles des Stromlaufplanes.
   h. Erläuterung der Aufgaben der mit 8 gekennzeichneten Strompfade 4 und 5.
   i. Erklärung des mit 9 gekennzeichneten Bestandteiles des Stromlaufplanes.
   j. Erläuterung der Aufgaben der mit 10 gekennzeichneten Strompfade 6 und 7.
   k. Erklärung des mit 11 gekennzeichneten Bestandteiles des Stromlaufplanes.
   l. Erläuterung der Aufgaben der mit 12 gekennzeichneten Strompfade 8 und 9.
   m. Erläuterung der Aufgaben des mit 13 gekennzeichneten Strompfades 10.
   n. Erläuterung der Aufgabe des mit 14 gekennzeichneten Strompfades 11

Hydraulik – Elemente, Stromlaufplan, Grafcet

Lösung:

1. Grafcet – Ablaufplan

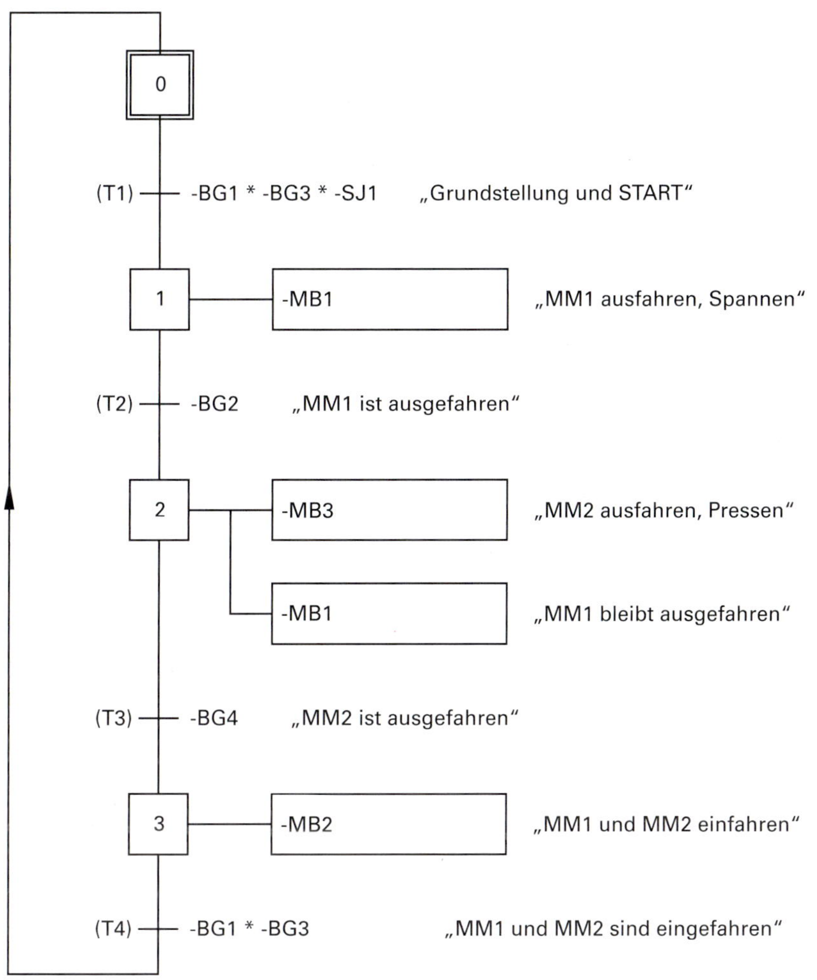

2. Analyse von Hydraulik- und Stromlaufplan

a. 1: Hydraulik-Aggregat (-GP1): Baugruppe mit Motor, Pumpe, Druckbegrenzungsventil, Druckmesser und Tank. Der Motor (rechtsdrehend) treibt die Pumpe zum Druckaufbau an. Am Druckbegrenzungsventil kann der maximale Anlagendruck eingestellt werden, wird dieser überschritten, wird das Öl direkt zurück in den Tank gefördert. Der aktuelle Druck wird über den Druckmesser angezeigt.

b. 2: 4/3-Wegeventil (-QM1), beidseits magnetisch betätigt, mit Federrückstellung und Hand-Hilfsbetätigung. In der Mittenstellung sind die Arbeitsanschlüsse gesperrt und das Öl wird von der Pumpe direkt zurück in den Tank gefördert. Wird die linke Seite geschaltet, erfolgt zuerst das Spannen und dann das Pressen. Wird die rechte Seite geschaltet, erfolgt das Zurückfahren beider Zylinder.

Hydraulik – Elemente, Stromlaufplan, Grafcet

c. 3: 2/2 -Wegeventil (-QM2), magnetisch betätigt mit Federrückstellung. In Ruhestellung ist der Durchfluss gesperrt. In geschalteter Stellung erfolgt das Pressen. Das parallel geschaltete Rückschlagventil ermöglicht das Einfahren vom -MM2 auch bei gesperrter Stellung von -QM2.

d. 4: Strompfad 1 dient zur Feststellung der Grundstellung: Beide Zylinder sind eingefahren, -BG1 und -BG3 sind betätigt. Das Relais -KF0 schaltet.

e. 5: Schaltgliedertabelle: Sie gibt an, in welchen Strompfaden das Relais -KF0 schaltet. Ein Öffner wird in Strompfad 6 betätigt, ein Schließer in Strompfad 2.

f. 6: Hier wird der Schritt „Spannen“ (-KF1) über eine Selbsthaltung realisiert. Das Setzen der Selbsthaltung bzw. des Schrittes erfolgt, wenn derTaster -SF1 betätigt wird und die Grundstellung (-KF0) vorliegt. Der Schritt wird durch einen Öffner beendet, wenn die nächste Selbsthaltung bzw. der nächste Schritt aktiv wird (-KF2).

g. 7: Schaltgliedertabelle: Sie gibt an, in welchen Strompfaden das Relais -KF1 schaltet. Schließer werden in den Strompfaden 3, 4 und 8 betätigt.

h. 8: Hier wird der Schritt „Pressen“ (-KF2) über eine Selbsthaltung realisiert. Das Setzen der Selbsthaltung bzw. des Schrittes erfolgt, wenn der Schritt „Spannen“ aktiv ist und der Spannzylinder die vordere Endlage erreicht (-BG2). Der Schritt wird durch einen Öffner beendet, wenn die nächste Selbsthaltung bzw. der nächste Schritt aktiv wird (-KF3).

i. 9: Schaltgliedertabelle: Sie gibt an, in welchen Strompfaden das Relais -KF2 schaltet. Ein Öffner wird in Strompfad 2 betätigt. Schließer werden in den Strompfaden 5, 6, 9 und 10 betätigt.

j. 10: Hier wird der Schritt „Beide zurück“ (-KF3) über eine Selbsthaltung realisiert. Das Setzen der Selbsthaltung bzw. des Schrittes erfolgt, wenn der Schritt „Pressen“ aktiv ist und der Presszylinder die vordere Endlage erreicht (-BG4). Der Schritt wird durch einen Öffner beendet, wenn beide Zylinder wieder in der Grundstellung sind. (-KF0).

k. 11: Schaltgliedertabelle: Sie gibt an, in welchen Strompfaden das Relais -KF3 schaltet. Ein Öffner wird in Strompfad 4 betätigt. Schließer werden in den Strompfaden 7 und 11 betätigt.

l. 12: Schritt 1 (-KF1) lässt den Spannzylinder ausfahren (-MB1), Schritt 2 (-KF2) hält den Spannzylinder auch während des Pressens ausgefahren.

m. 13: Schritt 2 (-KF2) lässt den Presszylinder ausfahren (-MB3).

n. 14: Schritt 3 (-KF3) lässt beide Zylinder einfahren (-MB2).

Instandhaltung

Ausgangssituation:

Eine Drehmaschine zum Anfertigen von Kleinserien im einschichtigen Betrieb soll beschafft und aufgestellt werden. Es liegen Unterlagen des Herstellers vor.

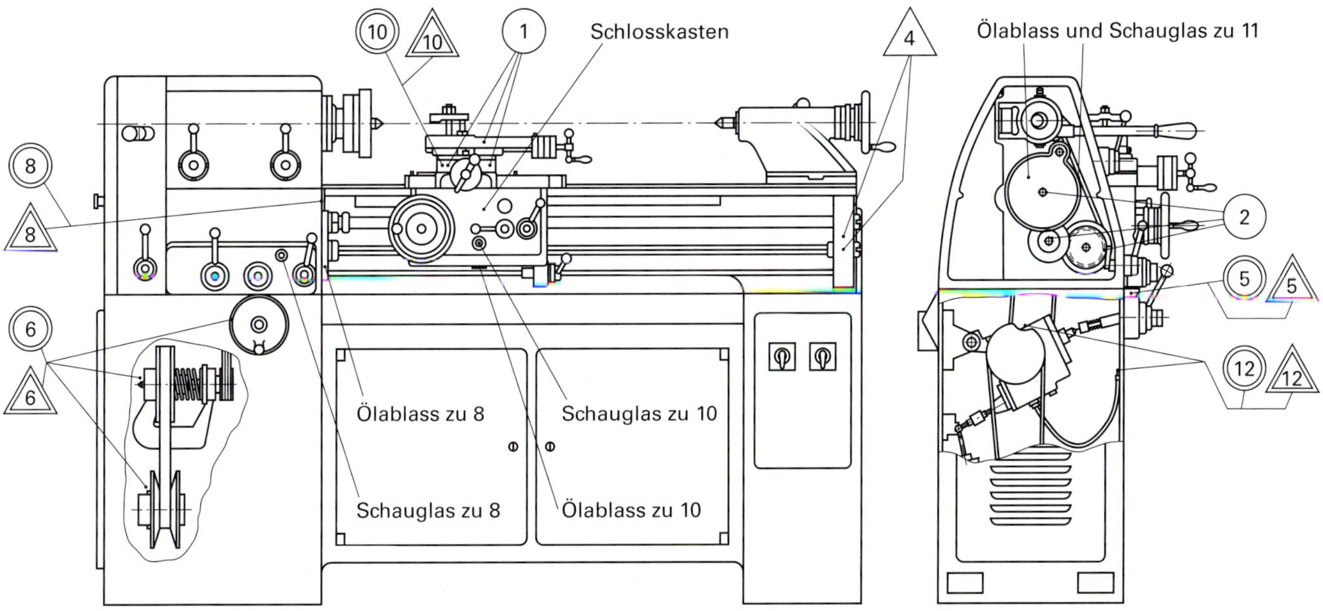

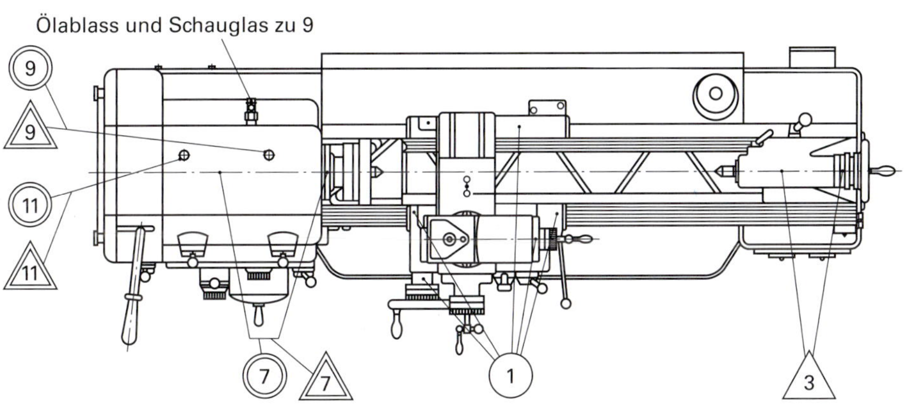

Schmiervorschrift					
Schmierstelle Nr.	Kennzeichen	Schmierhäufigkeit (für einschichtigen Betrieb)	Schmierstoffmenge	Schmierstoff (DIN-Bezeichnung)	Zähigkeit
1	○	täglich	z. B. 3 ... 4 Hübe Ölschmierpresse	Schmieröl (N36-51501)	4,5 E 50 °C
2	○	täglich	z. B. 3 ... 4 Hübe Fettschmierpresse	Wälzlagerfett (100-51825) Kupplungsgabel mit Fett od. Öl schmieren	
3	△	wöchentlich	z. B. 5 ... 6 Hübe Ölschmierpresse	Schmieröl (N36-51501)	4,5 E 50 °C
4	△	wöchentlich	z. B. 3 ... 4 Hübe Fettschmierpresse	Wälzlagerfett (100-51825)	
5, 6, 7	◎	vierteljährlich	z. B. 6 ... 8 Hübe Fettschmierpresse	Wälzlagerfett (100-51825)	
8, 9, 10, 11	◎	vierteljährlich	Nachfüllen bis auf Ölstandsmarke	Getriebeöl (N36-51501)	4,5 E 50 °C
12	◎	vierteljährlich	Nachfüllen 0,5 Liter einhalten	Getriebeöl Nur Schell Tellus 29	
5, 6, 7	◬	jährlich	Wälzlager gründlich reinigen	Mit Benzin auswaschen; max. zur Hälfte mit Fett füllen	
8, 9, 10, 11,12	◬	jährlich	Mit Spülöl auswaschen	Überfüllen vermeiden	
Ölstand an den Schaugläsern laufend überwachen!					

Instandhaltung

Wartungsplan		
Wartungsstelle	**Tätigkeit**	**Bemerkung**
• nach Bedarf mehrmals täglich		
Bett- und Planschlittenführungen	mittels Handpumpe im Schloßkasten schmieren	
• 8 h oder bei 1 Schicht täglich		
Wechselradgetriebe	abschmieren	
Oberschlitten	abschmieren	
Reitstock	abschmieren	
Schloßkasten	Ölstand prüfen und auffüllen.	
Futterschutz und Arbeitsraumabdeckung	Auf Beschädigung prüfen, ggf. austauschen.	
Sicherheitsschalter	Auf Funktion prüfen.	
Spannmittel	Abschmieren nach Herstellerangaben.	
Schnellspannfutter	Gleitsteine abschmieren	
• 40 h oder bei 1 Schicht wöchentlich		
gesamte Maschine	sorgfältig reinigen	
Alle blanken Metallteile	leicht einölen, ausgenommen Riemenscheibe u. Bedienpulte.	
Spannzangen	reinigen und leicht einölen.	
Energieführungsschlauch (Kabelschlepp)	eingedrungene Späne entfernen.	
• 200 h oder bei 1 Schicht monatlich		
Elektrische Anlage	Hauptschalter, Not-Aus-Schalter u. Sicherheitsschalter prüfen.	
Bremse	Funktion prüfen	
Kühlschmierstoff	Zusammensetzung prüfen u. ggf. nachstellen oder austauschen.	Hersteller angaben berücksichtigen
• 1000 h oder bei 1 Schicht halbjährlich		
gesamte Maschine	Ölführende Baugruppen auf Dichtheit u. ungewöhnliche Geräusche prüfen.	
Hauptspindel	Prüfen überhöhter Temperatur u. übermäßiges Spiel.	
Werkzeugschlitten	Spiel der Führung prüfen, Genauigkeit.	
Plan- u. Oberschlitten u. Reitstockspindel	auf übermäßiges Spiel prüfen.	
Schloßkasten	Funktion Handradausrückung prüfen.	
Reitstock	Klemmkraft prüfen.	
Hauptantrieb	Riemen auf Spannung und Verschleiß prüfen.	
Bremse	auf Funktion und Verschleiß prüfen.	
Elektrik	Steck- und Klemmverbinder prüfen.	
Schaltschrank	Dichtungen prüfen	
Kühlschmierstoff	Wechseln (20 L)	
Kühlschmierstoffbehälter	Reinigen	
• 2000 h oder bei 1 Schicht jährlich		
Spindelstock, Vorschubgetriebe, (VS-Getriebe)	Ölwechsel	
Schloßkasten/Werkzeugschlitten	Auslösekraft mit Kraftmessdose prüfen.	
Spannfutter	Spannkraft mit Kraftmessdose prüfen.	
Türen	Scharniere u. Schlösser ölen.	

Instandhaltung

Aufgaben:

1. Nennung des Zieles der Wartung.
2. Nennung von weiteren Instandhaltungsmaßnahmen für die Drehmaschine mit Beispielen.
3. Erläuterung des vorliegenden Instandhaltungskonzeptes mit Schmier- und Wartungsplan. Nennung weiterer Instandhaltungskonzepte und deren Erläuterung.
4. Erläuterung des Abnutzungsvorrates an einem Alltagsbeispiel.
5. Erstellung eines kombinierten Schmier- und Wartungsplans für den Schlosskasten.

Muster:

Wartungs- und Schmierstelle: Schlosskasten		
Häufigkeit	Tätigkeit	Bemerkung (wo, womit, was beachten usw.)

6. Erstellung eines Wartungsplanes für den Kühlschmierstoffbehälter.

Muster:

Wartungsstelle: Kühlschmierstoffbehälter		
Häufigkeit	Tätigkeit	Bemerkung (wo, womit, was beachten usw.)

Lösung:

1. Ziel der Wartung

Die Wartung soll den Abbau des Abnutzungsvorrates verzögern.

2. Instandhaltungsmaßnahmen für die Drehmaschine mit Beispielen.

Inspektion, z. B. Zustand der Wälzlager oder der Getriebezahnräder prüfen. Dazu gehören auch die Maßnahmen am Schlosskasten, bei denen die Funktion der Handausrückung geprüft wird oder die Auslösekraft durch eine Kraftmessdose geprüft wird.
Instandsetzung, z. B. Austausch eines Wälzlagers oder eines Getriebezahnrades.
Verbesserung, z. B. Ersetzen eines Zahnrades durch ein Zahnrad aus einem höherwertigen Werkstoff.

3. Erläuterung des vorliegenden Instandhaltungskonzeptes und weiterer Instandhaltungskonzepte.

Es handelt sich um eine intervallabhängige und geplante Instandhaltung. In regelmäßigen Abständen werden Wartungs- und Inspektionsarbeiten durchgeführt.
„Zustandsabhängige Instandhaltung", bei der z. B. bei Laufgeräuschen der Lager instandgesetzt wird.
Bei der „Predictive Maintenance" (vorausschauende oder prospektive Instandhaltung) wird der Zustand der Anlage durch Sensoren überwacht und z. B. bei der Zunahme von Vibrationen oder Temperaturen ein Lager instandgesetzt.
„Ausfallbedingte Instandhaltung", erst bei Eintritt eines Schadens wird instandgesetzt.

Instandhaltung

4. Abnutzungsvorrat

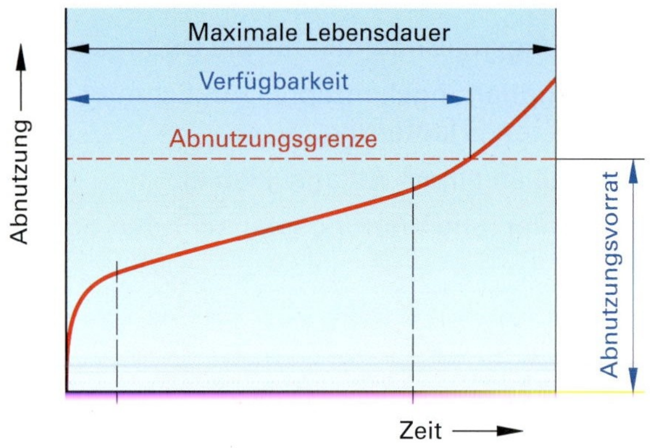

Beispiel Autoreifen: Neu mit Ausgangsprofiltiefe (linke Diagrammseite). Anfangs erfolgt die Abnutzung etwas schneller (bis zur ersten Strichlinie), dann langsamer. Nach einiger Zeit beschleunigt sich die Abnutzung wieder (ab zweiter Strichlinie). Die Verfügbarkeit wurde vollständig ausgenutzt und der Abnutzungsvorrat vollständig verbraucht, wenn die Abnutzungsgrenze erreicht wird (rote waagerechte Strichlinie). Beim Reifen ist dies z. B. die gesetzlich vorgeschriebene Mindestprofiltiefe. Wartung: Luft auffüllen; Inspektion: z. B. Reifenprofil messen; Instandsetzung: Austausch gegen neuen Reifen gleichen Typs; Verbesserung: Austausch gegen besseren Reifen (Abnutzungsvorrat ist größer als 100 % gegenüber Tausch gegen Reifen gleichen Typs).

5. Schmier- und Wartungsplan für den Schlosskasten

Wartungs- und Schmierstelle: Schlosskasten		
Häufigkeit	**Tätigkeit**	**Bemerkung** (wo, womit, was beachten usw.)
laufend	Ölstand am Schauglas überwachen	Schauglas zu 10
8 h oder bei 1 Schicht täglich	Ölstand prüfen und auffüllen	Schauglas zu 10, Getriebeöl N36 DIN 51501
40 h oder bei 1 Schicht wöchentlich	sorgfältig reinigen	im Rahmen der Reinigung der gesamten Maschine
vierteljährlich	Nachfüllen bis auf Ölstandsmarke	Schauglas zu 10, Getriebeöl N36 DIN 51501
1 000 h oder bei 1 Schicht halbjährlich	auf Dichtheit prüfen	im Rahmen der Dichtheitsprüfung der gesamten Maschine
	Funktion Handradausrückung prüfen	Inspektionsmaßnahme
2 000 h oder bei 1 Schicht jährlich	mit Spülöl auswaschen	nicht Überfüllen, Schauglas Ölablass 10, Getr.öl N36 DIN 51501
	Auslösekraft mit Kraftmessdose prüfen	Inspektionsmaßnahme

6. Wartungsplan für den Kühlschmierstoffbehälter

Wartungsstelle: Kühlschmierstoffbehälter		
Häufigkeit	**Tätigkeit**	**Bemerkung** (wo, womit, was beachten usw.)
200 h oder bei 1 Schicht monatlich	Zusammensetzung prüfen	Herstellerangaben! Ggf. nachstellen / austauschen
1 000 h oder bei 1 Schicht halbjährlich	Kühlschmierstoff wechseln	20 Liter
	Kühlschmierstoffbehälter reinigen	im Rahmen der Reinigung der gesamten Maschine

Aufstellung und Inbetriebnahme

Ausgangssituation:

Eine neue CNC-Drehmaschine wurde beschafft. Die Aufstellung und Inbetriebnahme der neuen Maschine muss geplant werden.

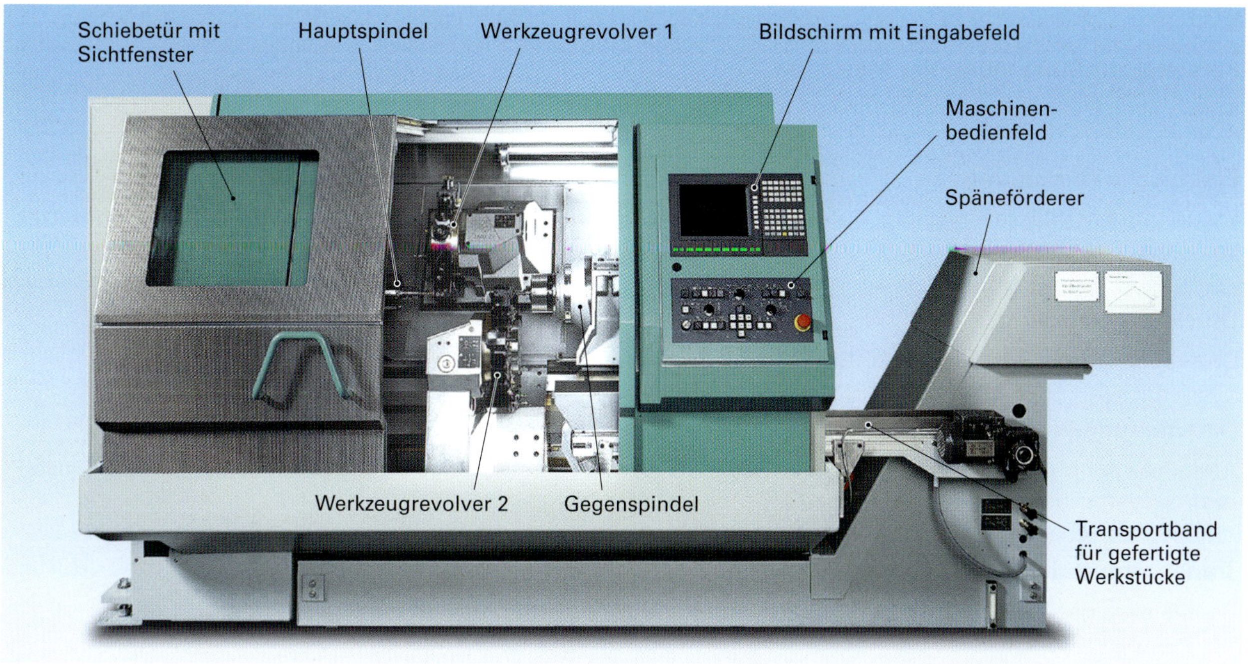

Aufgaben

Erklärung der einzuleitenden und auszuführenden Maßnahmen bei Aufstellung und Inbetriebnahme der neuen Maschine bezüglich:

1. Aufstellungsort
2. Personal zur Aufstellung der Maschine
3. Elektrische Versorgung
4. Druckluftversorgung
5. Datenleitungen und Rechnerinstallation
6. Transportmittel
7. Betriebsmittel
8. Arbeitssicherheit
9. Personal (Bereitstellung und Schulung)
10. Entsorgung der Abfälle
11. Untersuchung zur Abnahme der Maschine

Aufstellung und Inbetriebnahme

Lösung

1. Aufstellungsort

Aufstellungsort festlegen, dabei muss beachtet werden: Transportwege, Verkettung mit anderen Maschinen, Bodenbeschaffenheit (Ebenheit, Tragfähigkeit , Dichtheit usw.), Größe und Gewicht der Maschine, Umweltbedingungen (Klima, Vibrationen, Erschütterungen)

2. Personal zur Aufstellung der Maschine

Mechaniker, Elektroniker, Mechatroniker, Hilfskräfte, Hausmeister...

3. Elektrische Versorgung

Elektrische Anschlüsse einrichten. Auf ausreichende Absicherung und Leitungsquerschnitte gemäß den gesetzlichen Vorschriften achten.

4. Druckluftversorgung

Druckluftversorgung einrichten, Luftbedarf abklären.

5. Datenleitungen und Rechnerinstallation

Anschluss der Maschine ans Netzwerk des Betriebes. Eventuell notwendige Software auf dem eigenen PC installieren.

6. Transportmittel

Bereitstellen geeigneter Transportmittel, z. B. Rollen, Gurte, Ketten, Hubwagen, Stapler, Kräne...

7. Betriebsmittel

z. B. Hydrauliköl, Kühlschmierstoff....

8. Arbeitssicherheit

Sicherheitsbeauftragte des Betriebes mit einbinden.

9. Personal (Bereitstellung und Schulung)

Personal zur Bedienung, Programmierung und Wartung der Maschine auswählen. Schulungsbedarf feststellen und ggf. Schulungstermine ausmachen.

10. Entsorgung der Abfälle

Sowohl die Abfälle der Transportverpackungen als auch die Abfälle, die beim laufenden Betrieb der Maschine anfallen (z. B. Späne, verbrauchter Kühlschmierstoff, Altöle), müssen fachgerecht und umweltgerecht entsorgt werden.

11. Untersuchung zur Abnahme der Maschine

Bei der Abnahme eine Maschinenfähigkeitsuntersuchung durchführen. Dies ist eine Kurzzeituntersuchung bei der z. B. 50 Teile in Folge ohne Änderung der 7M-Bedingungen gefertigt werden.

DIN EN ISO 9000 ff

Ausgangssituation

Die DIN EN ISO 9000 ff ist eine internationale und brachenübergreifende Normengruppe, welche die Forderungen an ein kunden- und prozessorientiertes Qualitätsmanagementsystem definiert, mit dem Nachweis sowohl ein gutes Produkt oder eine Dienstleistung zu liefern, als auch mit der Zielsetzung der kontinuierlichen Verbesserung.

Aufgaben

1. Bestimmung der Kernnormen des Qualitätsmanagements.
2. Begriffserklärung von DIN, EN und ISO.
3. Bestimmung der wesentlichen Elemente der Norm DIN EN ISO 9001.
4. Erklärung des Begriffes „Prozessorientierung".
5. Bestimmung der Qualitätsmanagementdokumente.
6. Erstellung eines Ablaufplanes zur Einführung eines Qualitätsmanagementsystemes.
7. Ergänzende Aufgaben.
   - Auflistung weiterer Managementsysteme mit Angabe der entsprechenden Normen.

Lösungen

1. Bestimmung der Kernnormen des Qualitätsmanagements

DIN EN ISO 9000	Qualitätsmanagementsysteme, Grundlagen und Begriffe.
DIN EN ISO 9001	Qualitätsmanagementsysteme, Anforderungen.
DIN EN ISO 9004	Qualitätsmanagementsysteme, Leitfaden zur Leistungsverbesserung.
DIN EN ISO 19011	Leitfaden für Audits von Managementsystemen.

2. Begriffserklärung von DIN, EN und ISO

DIN – Deutsches Institut für Normung e. V. EN – Europäische Norm. ISO – International Organization of Standardization.

3. Bestimmung der wesentlichen Elemente der Norm DIN EN ISO 9001

Prozessorientierung	• Das Qualitätsmanagement bezieht sich auf die betrieblichen Abläufe.
Ausschlüsse	• Nachweisforderungen können ausgeschlossen werden.
Kundenorientierung	• Unternehmen prüft Kundenwünsche und -forderungen auf Erfüllung.
Produktorientierung	• Unternehmen prüft die Forderungen des Marktes an die Produkte.
Mitarbeiterorientierung	• Qualifikation der Mitarbeiter entspricht den übertragenen Aufgaben.

4. Erklärung des Begriffes Prozessorientierung

- Klare Definition der Aufgaben.
- Klare Definition von Verantwortung und Zuständigkeiten sowie deren Schnittstellen.
- Bereitstellung der erforderlichen Mittel zur Erledigung der Aufgaben.
- Überwachung und Bewertung der Prozesse bezüglich des Erfolges.
- Verbesserungsmöglichkeiten identifizieren und umsetzen.

5. Bestimmung der Qualitätsmanagementdokumente

- Qualitätsmanagement-Handbuch.
- Prozess- / Verfahrensanweisungen.
- Arbeitsanweisungen, Qualitätsaufzeichnungen, Formulare, Checklisten,....

6. Erstellung eines Ablaufplanes zur Einführung eines Qualitätsmanagmentsystemes

a) Informationsbeschaffung zum Thema Qualitätsmanagement.
b) Klärung, ob externer Berater notwendig ist.
c) Beschluss der Geschäftsleitung zur Einführung des Systems.
d) Erstellung des Projektplanes mit Zeitvorgaben.
e) Information an Mitarbeiter über die beabsichtigte Einführung.
f) Formulierung von Q-Politik und Q-Zielen.
g) Benennung eines QM-Beauftragten.
h) Festlegung von Verantwortlichkeiten.
i) Schulung der Mitarbeiter.
j) Erstellung der QM-Dokumentation.
k) Durchführung von internen Audits.
l) Auswahl des Zertifizierers.
m) Zertifizierung.

Verfahrensanweisung/Flussdiagramm

Ausgangssituation

Bei der Rezertifizierung durch ein externes Unternehmen wurde festgestellt, dass die Verfahrensanweisung zur Vorgehensweise bei der Reklamationsbearbeitung überarbeitet werden muss. Dokumentiert werden die Prozesse in einer Verfahrensanweisung mithilfe eines Flussdiagramms.

Aufgaben

1. Erstellung eines Flussdiagramms zur Reklamationsbearbeitung.
2. Ergänzende Aufgaben.
   - Nennung von Anwendungsgebieten, in denen Flussdiagramme verwendet werden.

Lösung

1. Erstellung eines Ablaufdiagramms zur Reklamationsbearbeitung

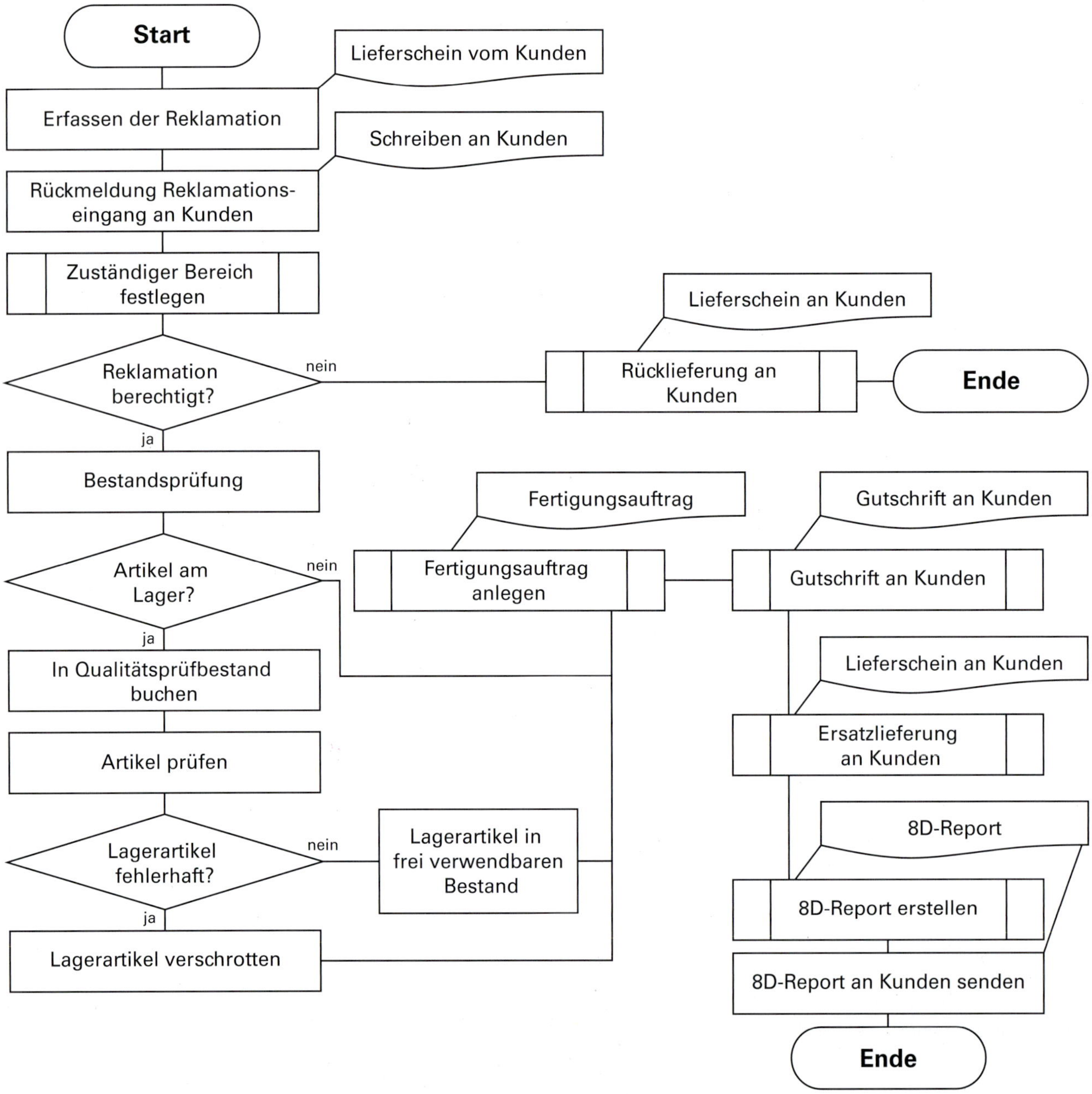

Auditfragebogen

Ausgangssituation

In der zerspanenden Fertigung von Flanschkupplungen werden die unterschiedlichsten Messmittel eingesetzt. Im Zuge der Aufrechterhaltung und Weiterentwicklung des Qualitätsmanagementsystems sind in diesem Bereich interne Audits, die von eigenen Mitarbeitern durchgeführt werden, vorgesehen. Im anstehenden internen Audit soll speziell das Thema „Lenkung von Überwachungs- und Messmitteln" aufgegriffen werden.

Aufgaben

1. Erstellung eines Fragebogens zum internen Audit mit Schwerpunkt: Lenkung von Überwachungs- und Messmitteln.
2. Ergänzende Aufgaben.
   - Auflistung von 5 Merkmalen, die bei einem internen Audit zu berücksichtigen sind.

Lösungen

1. Erstellung eines Fragebogens zum internen Audit mit Schwerpunkt: Lenkung von Überwachungs- und Messmitteln

Fragen zum internen Audit DIN EN ISO 9001				
Nr.	**RN**	**Fragen**	**Erfüllung**	**Eingesehene Unterlagen**
1		Was ist ihre Aufgabe im Unternehmen?		
2	5.5.1	Wer ist ihr Vorgesetzter/Stellvertreter?	☐ ja ☐ nicht zutreffend ☐ teilweise / Begründung	
3	5.3	Welche Qualitätsziele verfolgt das Unternehmen?	☐ ja ☐ nicht zutreffend ☐ teilweise / Begründung	
4	7.6	Sind im Unternehmen Prozesse eingeführt, um sicherzustellen, dass Überwachungen und Messungen durchgeführt werden können?	☐ ja ☐ nicht zutreffend ☐ teilweise / Begründung	
5	7.6	Sind ihre Mitarbeiter im Umgang mit Prüfmitteln und Prüfeinrichtungen hinreichend geschult?	☐ ja ☐ nicht zutreffend ☐ teilweise / Begründung	
6	7.6	Sind die eingesetzten Prüfmittel und Prüfeinrichtungen geeignet, um die geforderte Messaufgabe zu erfüllen?	☐ ja ☐ nicht zutreffend ☐ teilweise / Begründung	
7	7.6	Woher weiß der Mitarbeiter, welches Messmittel er für welche Messaufgabe verwenden muss?	☐ ja ☐ nicht zutreffend ☐ teilweise / Begründung	
8	7.6	Wie werden die Messmittel in festgelegten Abständen oder vor dem Gebrauch kalibriert und/oder verifiziert?	☐ ja ☐ nicht zutreffend ☐ teilweise / Begründung	
9	7.6	Wie werden die Messmittel gekennzeichnet, damit der Kalibrierstatus erkennbar ist?	☐ ja ☐ nicht zutreffend ☐ teilweise / Begründung	
10	7.6	Wie werden die Messmittel vor Beschädigung und Verschlechterung während der Handhabung, Instandhaltung und Lagerung geschützt?	☐ ja ☐ nicht zutreffend ☐ teilweise / Begründung	
11	7.6	Wie ist die Vorgehensweise, wenn ein Messmittel nicht zur Verfügung steht?	☐ ja ☐ nicht zutreffend ☐ teilweise / Begründung	
12	8.3	Wie wird mit Teilen umgegangen, die außerhalb der Toleranz liegen?	☐ ja ☐ nicht zutreffend ☐ teilweise / Begründung	
13	8.3	Werden Aufzeichnungen über die Art von Fehlern und die durchgeführten Folgemaßnahmen geführt?	☐ ja ☐ nicht zutreffend ☐ teilweise / Begründung	
14	8.5	Wie werden Verbesserungsvorschläge eingereicht?	☐ ja ☐ nicht zutreffend ☐ teilweise / Begründung	

Ishikawa-Diagramm/Ursachen-Wirkungs-Diagramm

Ausgangssituation

In der zerspanenden Fertigung von Flanschkupplungen werden auf einer neu beschafften Arbeitsstation Bolzen mit dem ø 16g8 gefertigt. Ein maßgebliches Problem dieser Arbeitsstation ist die Maßhaltigkeit des Bolzendurchmessers. Um die Ursachen und deren Einflussgrößen, die zur Nichteinhaltung der Toleranz führen grafisch darzustellen, wird entschieden hierfür ein Ishikawa-Diagramm zu erstellen.

Aufgaben

1. Bestimmung der Vorgehensweise zur Erstellung eines Ishikawa-Diagramms.
2. Schematische Darstellung eines Ishikawa-Diagramms unter Verwendung der 8 Hauptursachen (8M).
3. Erstellung eines Ishikawa-Diagramms zur oben genannten Ausgangssituation, wobei folgende Hauptursachen verwendet werden sollen: Maschine, Vorrichtung, Werkstück, Werkzeug und Prozess.
4. Ergänzende Aufgaben.
   - Benennung von je zwei Vor- und Nachteilen des Ishikawa-Diagramms.

Lösungen

1. Bestimmung der Vorgehensweise zur Erstellung eines Ishikawa-Diagramms

- Team zusammenstellen und Vorbereiten großflächiger Präsentationsflächen.
- Definition und Formulierung des Kernproblems duch alle Teammitglieder.
- Definition und Formulierung der Hauptursachen. Es sind nicht zwingend die 5M oder 8M notwendig.
- Aufzeigen der Unterursachen oder Nebenursachen zu den Hauptursachen.
- Auswerten der Ursachen und Aufstellen eines Maßnahmenplanes zur Behebung des Problems.

2. Schematische Darstellung eines Ishikawa-Diagramms unter Verwendung der 8 Hauptursachen (8M)

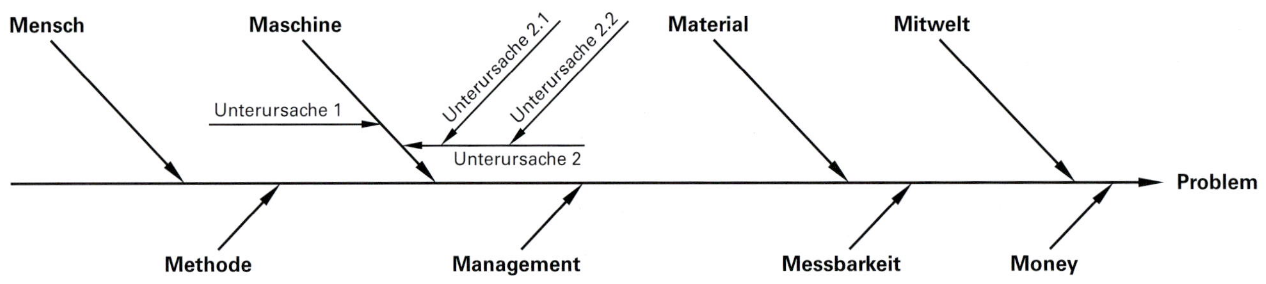

3. Erstellung eines Ishikawa-Diagramms zur oben genannten Ausgangssituation

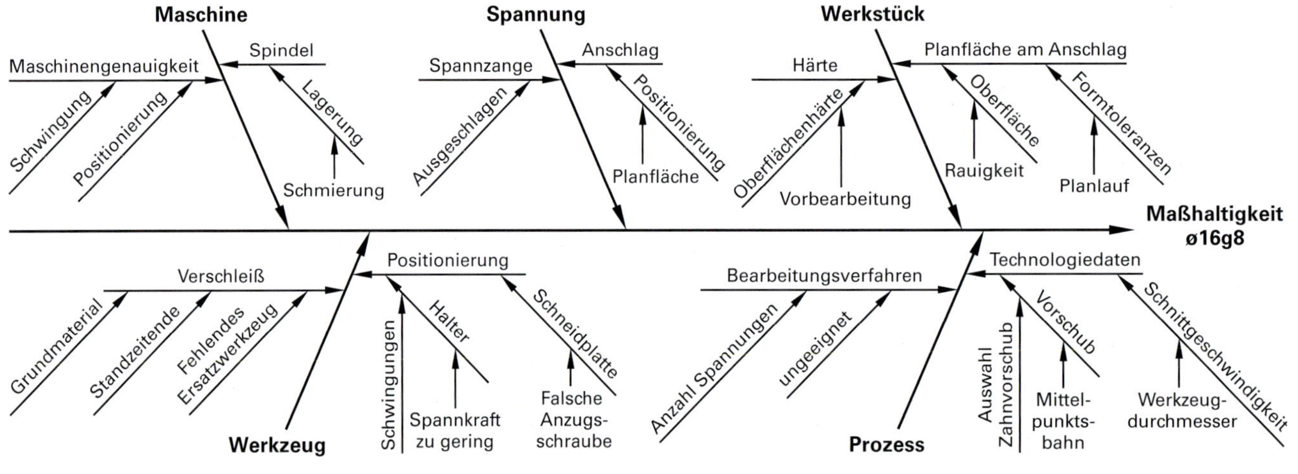

FMEA – Failure Mode and Effects Analysis

Ausgangssituation

In der zerspanenden Fertigung von Flanschkupplungen werden unter anderem Kupplungsflansche hergestellt. Das Drehen dieser Flansche wurde bisher fremd vergeben. Nun ist von Seiten der Geschäftsleitung die Entscheidung gefallen, das Drehen dieser Flansche im Hause durchzuführen. Vorab steht die Forderung zur Erstellung einer FMEA des Prozesses, um einer vorsorglichen Fehlervermeidung Rechnung zu tragen. Grundlage zur Bestimmung der Risikoprioritätszahl soll die im folgenden dargestellte Tabelle sein:

Bewertungskriterien							
Wert	**Bedeutung (B)**	**Auftretenswahrscheinlichkeit (A)**			**Entdeckungswahrscheinlichkeit (E)**		**Wert**
		Beschreibung	p(A)	c_{pk}	Beschreibung	p(E)	
10	Gefährdung, Verstoß gegen Gesetze.	Fehler nahezu sicher.	> 0,316	< 0,33	Keine Entdeckungsmaßnahmen bekannt.	< 90 %	10
9	Gefährdung, Verstoß gegen Gesetze mögl.	Sehr große Zahl von Fehlern wahrscheinlich	0,316	≥ 0,33	Entdeckung möglich aber unsicher.	90 %	9
8	Totaler Funktionsausfall, Kunde sehr verärgert.	Große Zahl von Fehlern wahrscheinlich.	0,134	≥ 0,51	Sehr geringe Wahrscheinlichkeit.		8
7	Funktion eingeschränkt, Kunde verärgert.	Mäßig große Zahl von Fehlern wahrscheinlich.	0,046	≥ 0,67	Geringe Wahrscheinlichkeit einer Entdeckung	98 %	7
6	Ausfall einzelner Funktionen, Kunde verärgert.	Mittlere Zahl von Fehlern wahrscheinlich.	0,012	≥ 0,83	Nahezu mittlere Wahrscheinlichkeit der Entdeckung		6
5	Mäßige Einschränkung, Kunde etwas verärgert.	Gelegentliche Fehler wahrscheinlich.	0,003	≥ 1,00	Mittlere Wahrscheinlichkeit der Entdeckung		5
4	Nutzen eingeschränkt, Kunde verdrossen.	Wenige Fehler wahrscheinlich.	0,0005	≥ 1,17	Mäßig hohe Wahrscheinlichkeit der Entdeckung	99,7 %	4
3	Nutzen eingeschränkt, Kunde leicht verdrossen.	Sehr wenige Fehler wahrscheinlich.	$6{,}3 \cdot 10^{-5}$	≥ 1,33	Hohe Wahrscheinlichkeit der Entdeckung		3
2	Auswirkung sehr gering, Kunde kaum berührt.	Fehler selten.	$6{,}8 \cdot 10^{-6}$	≥ 1,50	Sehr hohe Wahrscheinlichkeit der Entdeckung	99,9 %	2
1	Kunde bemerkt Auswirkungen nicht.	Fehler unwahrscheinlich.	$< 5{,}8 \cdot 10^{-7}$	≥ 1,67	Nahezu sichere Entdeckung	99,99 %	1

Aufgaben

1. Entwurf eines leeren FMEA-Formblattes.
2. Darstellung einer FMEA unter Bezug auf die Ausgangssituation.

Lösungen

1. Entwurf eines leeren FMEA-Formblattes

FMEA		**Fehler –Möglichkeits- u. Einfluss-Analyse**			Prozessname					Prozess-Nr.	
		Produkt-FMEA: ☐			Modell/System/Fertigung					Techn. Änderungsstand	
		Prozess-FMEA: ☐			Erstellt durch (Name/Abt.)				Verantwortlich	Erstellt	
					Derzeitiger Zustand						
System-element/ Funktion	Mögliche Fehlerfolgen	Bedeutung	Möglicher Fehler/ Fehlfunktion	Mögliche Fehlerursachen	Vermeidungs-maßnahmen	Auftreten	Entdeckungs-maßnahmen	Entdeckung	**RPZ** Risikoprioritätszahl	Empfohlene Abstell-maßnahmen	Verantwortlichkeit / Termin
1											
1.1											
Funktion											
									0		
									0		
									0		
									0		
1.2											
Funktion											
									0		
									0		
									0		
									0		

FMEA – Failure Mode and Effects Analysis

Lösungen

2. Darstellung einer FMEA unter Bezug auf die Ausgangssituation

FEMA		Fehler – Möglichkeits- u. Einfluss-Analyse Produkt-FMEA: ☐ Prozess-FMEA: ☑				
					Derzeitiger	
Systemelement/ Funktion	Mögliche Fehlerfolgen	Bedeutung	Möglicher Fehler/ Fehlfunktion	Mögliche Fehlerursachen	**Vermeidungsmaßnahmen**	Auftreten
1						
1.1						
Funktion						
	Keine Montage der Kupplung beim Kunden möglich	7	Kupplungsflansch außerhalb der Toleranz	Rundlauf der Maschinenspindel	Wartungsplan	2
		7		Spannkraft des Drehfutters	Wartungsplan	2
		7		Rundlauf der Werkzeugaufnahme	Liste zugelassener Werkzeugaufnahmen	3
		7		Werkzeugverschleiß	Definierte Wechselzeiten	6
		7		Werkzeugbruch	Definierte Wechselzeiten	3
		7		Fehlerhafte KSS Einstellung	Definierte MMS Druckeinstellungen	2
		7		Programmierfehler	Schulung der Mitarbeiter	2
1.2						
Funktion						
	Keine Lieferung an Kunde möglich	8	Maschinenausfall	Stromausfall	Unterbrechungsfreie Stromversorgung	1
		8		Festsitz (Fressen) der Hauptspindel	Wartungsplan	2
		8		Auflaufen der Spindel auf das Spannfutter	Schulung Mitarbeiter	3
		8		Kühlschmierstoff leer	Definierte Auffüllzyklen	2
1.3						
Funktion						
	Manuelle Zuführung der Teile	4	Ausfall Handlingsystem	Stromausfall	Unterbrechungsfreie Stromversorgung	1
		4		Robterarm defekt	Wartungsplan	2

FMEA – Failure Mode and Effects Analysis

Lösungen

2. Darstellung einer FMEA unter Bezug auf die Ausgangssituation

	Prozessname Drehen Kupplungsflansch		Prozessnummer Dr/Ku/466890
	Modell/System/Fertigung Kupplungsflansch/Drehen/Mechanische Fertigung		Techn. Änderungsstand 15.06.2023
	Erstellt durch (Name/Abt.) Mustermann/Kostenstelle Drehen	Verantwortlich Mustermann	Erstellt 18.06.2023

Zustand					
	Entdeckungsmaßnahmen	Entdeckung	**RPZ Risikoprioritätszahl**	**Empfohlene Abstellmaßnahmen**	**Verantwortlichkeit/ Termin**
	Überprüfung mittels Referenzmessdorn	2	**28**		
	Überprüfung mittels Drehmomentmessung	2	**28**		
	Überprüfung mittels Referenzwerkzeug	2	**42**		
	Schnittkraftüberwachung	5	**210**	Wechselzeiten↘	Müller/25.06.2023
	Bruchüberwachung	2	**42**		
	Drucküberwachung	1	**14**		
	Probelauf	1	**14**		
	Spannungsüberwachung	1	**8**		
	Drehmoment-überwachung	4	**64**	Wartungsintervall↘	Müller/25.06.2023
	Probelauf	1	**24**		
	Pegelüberwachung	2	**32**		
	Spannungsüberwachung	1	**4**		
	Testläufe	1	**8**		

Pareto-Analyse

Ausgangssituation

In der zerspanenden Fertigung von Flanschkupplungen werden unter anderem Kupplungsflansche hergestellt. Um eine treffende Aussage über die Fehlerkosten dieser Flansche treffen zu können, wurden im letzten Monat die Fehler mittels Fehlersammelkarten erfasst. Ebenso wurden die durchschnittlichen Nacharbeitszeiten, sowie die entsprechenden Stundensätze der Nacharbeitsart (beispielsweise Handarbeit) ermittelt. Es wurde nun von Seiten der Geschäftsleitung beschlossen, eine Pareto-Analyse basierend auf folgenden Daten durchzuführen:

Beispiel: Kupplungsflansch

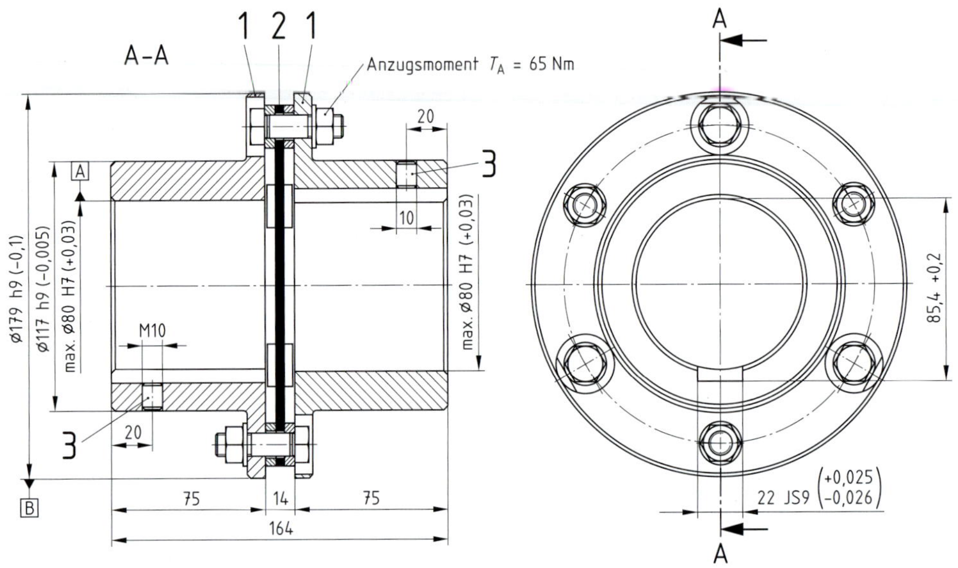

Stundensätze Nacharbeit

Handarbeit	40,00 €/h
Räumvorrichtung	48,00 €/h
Ständerbohrmaschine	49,00 €/h
Drehmaschine	65,00 €/h

Daten aus den Fehlersammelkarten			
Fehlerart	**Dauer Nacharbeit [min]**	**Art der Nacharbeit**	**Anzahl Fehler [St]**
Passfedernut → Maß	4	Handarbeit	55
Passfedernut → Oberfläche	1	Handarbeit	8
Passfedernut → Position	15	Räumvorrichtung	3
Gewinde → Maß	10	Ständerbohrmaschine	2
Gewinde → Position	10	Ständerbohrmaschine	28
Nabendurchmesser innen → Maß	5	Drehmaschine	4
Nabendurchmesser innen → Oberfläche	2	Handarbeit	321
Nabendurchmesser innen → Rundlauf	5	Drehmaschine	4
Nabendurchmesser innen → Rundheit	5	Drehmaschine	7
Nabendurchmesser außen → Maß	3	Drehmaschine	12
Gesamtlänge → Maß	2	Drehmaschine	15
Passbohrung Schraube → Maß	2	Handarbeit	3
Passbohrung Schraube → Position	10	Ständerbohrmaschine	96
Passbohrung Schraube → Oberfläche	2	Handarbeit	30
Bohrung Schraubenkopf → Maß	1	Handarbeit	30
Bohrung Schraubenkopf → Position	5	Ständerbohrmaschine	10
Planfläche Lamellenseite → Oberfläche	3	Handarbeit	9
Planfläche Lamellenseite → Planlauf	5	Drehmaschine	5
Planfläche Lamellenseite → Winkligkeit	8	Drehmaschine	5
Planfläche Wellenseite → Oberfläche	2	Handarbeit	1

Pareto-Analyse

Aufgaben

1. Tabellarische Darstellung der Pareto-Analyse sortiert nach den Fehlerkosten.
2. Grafische Darstellung des Pareto-Diagramms.
3. Ergänzende Aufgaben.
   - Klassifizierung der Fehler in die Kategorien A, B und C.

Lösungen

1. Tabellarische Darstellung der Analyse sortiert nach den Fehlerkosten

Pareto-Analyse					
Fehlerart		**Nacharbeitskosten [€]**	**Nacharbeitskosten kum. [€]**	**Nacharbeitskosten [%]**	**Nacharbeitskosten kum. [%]**
(1) Passbohrung Schraube	→ Position	784,00	784,00	39,35 %	39,35 %
(2) Nabendurchmesser innen	→ Oberfläche	428,00	1.212,00	21,48 %	60,83 %
(3) Gewinde	→ Position	228,67	1.440,67	11,48 %	72,31 %
(4) Passfedernut	→ Maß	146,67	1.587,33	7,36 %	79,67 %
(5) Planfläche Lamellenseite	→ Winkligkeit	43,33	1.630,67	2,18 %	81,85 %
(6) Bohrung Schraubenkopf	→ Position	40,83	1.671,50	2,05 %	83,90 %
(7) Passbohrung Schraube	→ Oberfläche	40,00	1.711,50	2,01 %	85,90 %
(8) Nabendurchmesser außen	→ Maß	39,00	1.750,50	1,96 %	87,86 %
(9) Nabendurchmesser innen	→ Rundheit	37,92	1.788,42	1,90 %	89,76 %
(10) Passfedernut	→ Position	36,00	1.824,42	1,81 %	91,57 %
(11) Gesamtlänge	→ Maß	32,50	1.856,92	1,63 %	93,20 %
(12) Planfläche Lamellenseite	→ Planlauf	27,08	1.884,00	1,36 %	94,56 %
(13) Nabendurchmesser innen	→ Maß	21,67	1.905,67	1,09 %	95,65 %
(14) Nabendurchmesser innen	→ Rundlauf	21,67	1.927,33	1,09 %	96,74 %
(15) Bohrung Schraubenkopf	→ Maß	20,00	1.947,33	1,00 %	97,74 %
(16) Planfläche Lamellenseite	→ Oberfläche	18,00	1.965,33	0,90 %	98,64 %
(17) Gewinde	→ Maß	16,33	1.981,67	0,82 %	99,46 %
(18) Passfedernut	→ Oberfläche	5,33	1.987,00	0,27 %	99,73 %
(19) Passbohrung Schraube	→ Maß	4,00	1.991,00	0,20 %	99,93 %
(20) Planfläche Wellenseite	→ Oberfläche	1,33	1.992,33	0,07 %	100,00 %

2. Grafische Darstellung des Pareto-Diagramms

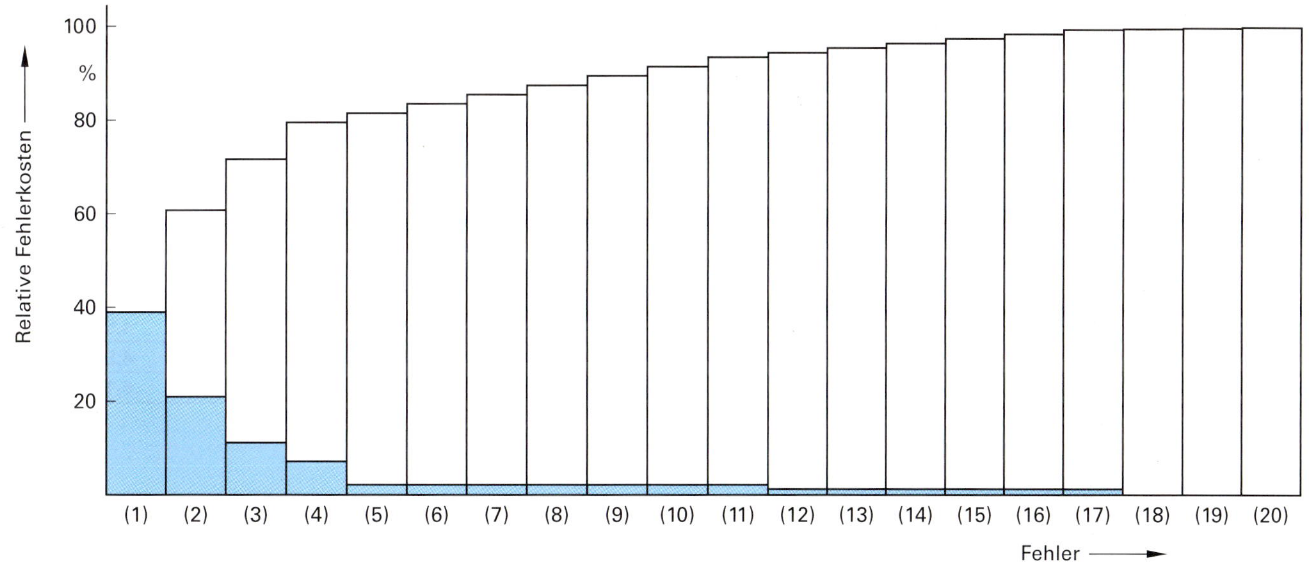

8D-Report

Ausgangssituation

Von der Geschäftsleitung sowie dem Qualitätsmanagement werden für alle Reklamationen sogenannte 8D-Reports gefordert. Der 8D-Report ist Bestandteil des Reklamationsmanagements und wird zwischen Lieferant und Kunde ausgetauscht. Im vorliegenden Fall wurden in der letzten Lieferung der M10 Montageschrauben fehlerhafte Teile beanstandet. Folgende Daten sind Grundlage für die Reklamation:

Daten der Reklamation	
Typ	**Wert**
Lieferscheinnummer	1568974455
Artikelnummer	58896587
Artikelbezeichnung	Montageschraube M10
Liefermenge	1000 St
Beanstandete Menge	12 St
Reklamationsgrund	Passmaß ø 12f7 außerhalb der Toleranz
Reklamationsdatum	10.10.2023

Kupplungsflansch

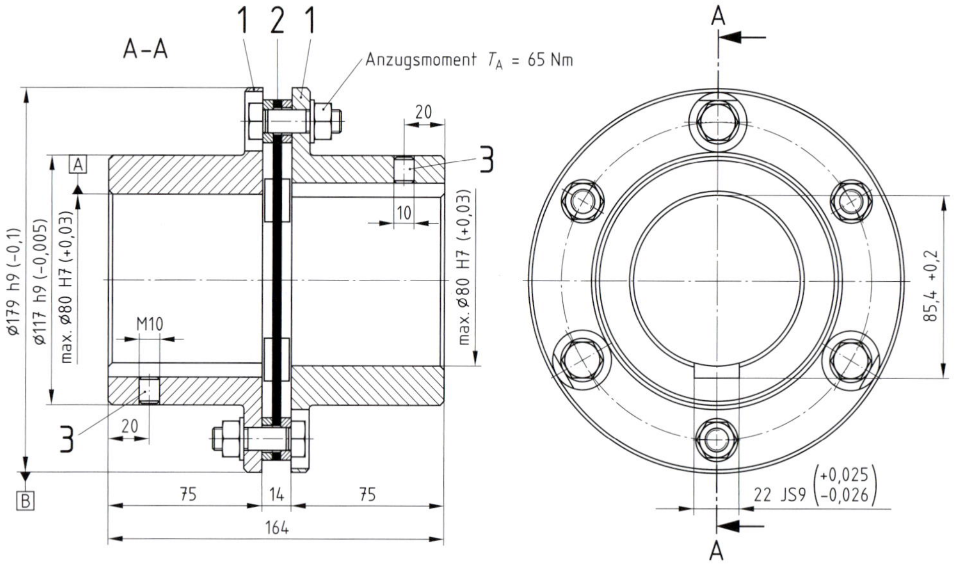

Aufgaben

1. Auflistung der 8 Schritte, die für den 8D-Prozess gelten.
2. Erstellung eines 8D-Musterreports.

Lösungen

1. Auflistung der 8 Schritte die für den 8D-Prozess gelten

- D1 Zusammenstellen eines Teams.
- D2 Problembeschreibung aus Kundensicht.
- D3 Sofortmaßnahmen zur Schadensbegrenzung.
- D4 Fehlerursachen aus Herstellersicht.
- D5 Planen der Abstellmaßnahmen zur Beseitigung der Grundursachen.
- D6 Einführen der Abstellmaßnahmen.
- D7 Fehlerwiederholung verhindern durch Vorbeugemaßnahmen.
- D8 Würdigung der Teamleistung.

8D-Report

Lösungen

2. Erstellen eines 8 D-Musterreports

8 D-Report		
Vorgang: Passmaß 12f7 n. i. O.	**Reklamationsnummer:** Kunde: 5789663524 Lieferant: 544868	**Reklamationsdatum:** 10.10.2023
Name Lieferant: Mustermann GmbH	**Produktionsstandort:** D-12345 Musterhausen	**Revison 8D-Report:** 09 vom 15.01.2021
Zeichnungsnummer: Z-45897556	**Zeichnungsstand:** 12.03.2016	**Teilebezeichnung:** Montageschraube M10
Montagewerk: Werk, Montagehausen	**Liefermenge:** 1000 St	**Beanstandete Menge:** 12 St

1 Team:

Name	Abteilung	Kontakt	DW
Klopfer, M.	Qualität	klopfer@mustermann.de	-158,
Schmidt, S.	Produktion	schmidt@mustermann.de	-254,
Bruck, M.	Konstruktion	bruck@mustermann.de	-456,
Teamleiter Wick, F.	WQS	wick@mustermann.de	-784

2 Problembeschreibung:
Durchmesser 12f7 an der Montageschaube M10 außerhalb der Toleranz.
Soll: 12f7 (-16/-34)
Ist: bis zu -54

3 Sofortmaßnahmen:		**Einführungsdatum:**
a. Lagerbestand überprüfen	Kein Bestand vorhanden	10.10.2023
b. Kundenlagerbestand überprüfen	Bestand i. O.	10.10.2023
c. Ware in Transit zum Kunden prüfen	Keine Ware im Transit	10.10.2023
d. Lagerbestand ähnliche Artikel prüfen	Bestand i. O.	10.10.2023

4 Fehlerursachen: ☒ erstmaliges Auftreten des Fehlers ☐ Wiederholfehler

Als Ursache wurde Verschleiß an der Kugelumlaufspindel der Drehmaschine festgestellt. Hierdurch hat sich Spiel in der Spindelführung ergeben. Mit fortschreitender Abnutzung der Schneidplatten erhöht sich der Schnittdruck, welcher in Zusammenspiel mit dem erhöhten Spiel in der Spindelführung zur Abweichung des Maßes geführt hat. Eine regelmäßige Überprüfung des Spindelspieles war im Wartungsplan nicht vorgesehen. Der Fehler wurde durch die Maßkontrolle der Werkerselbstprüfung nicht erkannt, da der Annahmenstichprobenplan bei einer Losgröße von 1 000 St 50/0 im Moment lautet und somit keines der beanstandeten Teile geprüft wurde. Die geprüften Stichprobenteile wurden separat gekennzeichnet mit der Charge geliefert.

5 Geplante Abstellmaßnahmen:	**Wirksamkeitsprüfung:**
Abstellmaßnahme zur Fehlerentstehung: a. Die Überprüfung des Spindelspiels in den Wartungsplan mit aufnehmen. b. Prüfen, ob ein regelmäßiges Verschieben des Spindelstockes den punktuellen Verschleiß an der Spindel verhindert bzw. minimiert.	Überprüfung des Wartungsplanes direkt an der Maschine / techn. Gespräch Maschinenhersteller. Messreihen durchführen.
Abstellmaßnahmen zur Fehlererkennung: a. Änderung des Prüfplanes	Überprüfung Änderungsstand

6 Eingeführte Abstellmaßnahmen:	**Einführungsdatum:**
Abstellmaßnahme zur Fehlerentstehung:	
a. Überprüfung des Spindelspiels in den Wartungsplan mit aufgenommen.	20.10.2023
b. Regelmäßiges Verschieben des Spindelstockes in den Wartungsplan mit aufgenommen.	20.10.2023
Abstellmaßnahmen zur Fehlererkennung:	
a. Temporäre Änderung des Prüfplanes der Stichprobenprüfung auf 120/0.	20.10.2023

7 Maßnahmen gegen Wiederholfehler (Nachweis beifügen):	**Einführungsdatum:**
☒ Mitarbeiter auf geänderten Wartungsplan unterweisen.	22.10.2023
☒ Mitarbeiter auf geänderten Prüfplan unterweisen.	22.10.2023

8 Teamerfolg Unterschrift (Frank Wick)	**Name Ersteller:** Marcel Bruck	**Abschlussdatum Lieferant:** 20.10.2023
Entscheid Kunde	8D-Report akzeptiert ☒ ja ☐ nein Update erforderlich bis: ________	Abschluss Kunde 21.10.2023 ________ Datum / Unterschrift

Maschinenfähigkeitsuntersuchung

Ausgangssituation

In der zerspanenden Fertigung von Flanschkupplungen wird eine Arbeitsstation neu beschafft. Auf dieser Station wird ein Bolzen mit dem ø 16g8 gefertigt. Zur Freigabe der Fertigung ist eine Maschinenfähigkeitsuntersuchung notwendig, wobei eine 8σ-Produktion nachzuweisen ist. Hierzu wurden 50 Teile gefertigt und gemessen. Die folgende Tabelle zeigt die Abmaße vom Nennmaß der 50 gemessenen Teile.

Urliste										
Stichprobenumfang 50 Teile										
Teile	Gemessenes Abmaß in µm vom Nennmaß									
1 ... 10	-20	-19	-18	-17	-28	-23	-19	-18	-19	-18
10 ... 20	-18	-17	-15	-19	-19	-19	-19	-20	-19	-14
20 ... 30	-22	-19	-20	-23	-22	21	-15	-19	-15	-19
30 ... 40	-19	-21	-19	-18	-15	-16	-19	-14	-14	-19
40 ... 50	-13	-17	-18	-10	-18	-18	-20	-17	-12	-18

Aufgaben

1. Bestimmung der Toleranzgrenzen.
2. Bestimmung der geforderten Kennwerte s und c_{mk}.
3. Erstellung des Histogrammes.
4. Erstellung des Summendiagrammes.
5. Erstellung des Wahrscheinlichkeitsnetzes.
6. Bestimmung des Mittelwertes.
7. Bestimmung der Maschinenfähigkeitskennwerte.
8. Ergänzende Aufgaben
   - Ermittlung des Abmaßes (aus dem Wahrscheinlichkeitsnetz) ab welchem die 10 % größten Teile beginnen.
   - Ermittlung des Abmaßes (aus dem Wahrscheinlichkeitsnetz) bis zu welchem die 25 % kleinsten Teile gehen.

Lösungen

1. Bestimmung der Toleranzgrenzen.

ø 16g8 Passungssystem Einheitsbohrung, IT 8 → $T = 27\ \mu m$, $OTG = -6\ \mu m$, $UTG = -33\ \mu m$, $TM = -19{,}5\ \mu m$

2. Bestimmung der geforderten Kennwerte s und c_{mk}.

8σ-Produktion → $s_{gefordert} = \frac{T}{8} = \frac{27\ \mu m}{8} = 3{,}375\ \mu m \rightarrow c_{mgefordert} = \frac{T}{6 \cdot s_{gefordert}} = \frac{27\ \mu m}{6 \cdot 3{,}375} = 1{,}33$

3. und 4. Erstellung des Histogrammes bzw. Summendiagrammes.

$x_{min} = -28\ \mu m$ $\quad R = x_{max} - x_{min} = -10\ \mu m - (-28\ \mu m) = 18\ \mu m$ $\quad W = \frac{R}{k} = \frac{18\ \mu m}{7} = 2{,}57\ \mu m \rightarrow 3\ \mu m$

$x_{max} = -10\ \mu m$ $\quad k = \sqrt{n} = \sqrt{50} = 7{,}07 \rightarrow 7$

Daten Histogramm / Summendiagramm							
Nr.	Klasse von	Klasse bis	Strichliste	n_i [St]	Σn_i [St]	h_i [%]	Σh_i [%]
1	–28,5	–25,5	I	1	1	2 %	2 %
2	–25,5	–22,5	II	2	3	4 %	6 %
3	–22,5	–19,5	卌 III	8	11	16 %	22 %
4	–19,5	–16,5	卌 卌 卌 卌 卌 III	28	39	56 %	78 %
5	–16,5	–13,5	卌 III	8	47	16 %	94 %
6	–13,5	–10,5	II	2	49	4 %	98 %
7	–10,5	– 7,5	I	1	50	2 %	100 %
		Σ		50		100 %	

Maschinenfähigkeitsuntersuchung

3. und 4. Erstellung des Histogrammes bzw. Summendiagrammes

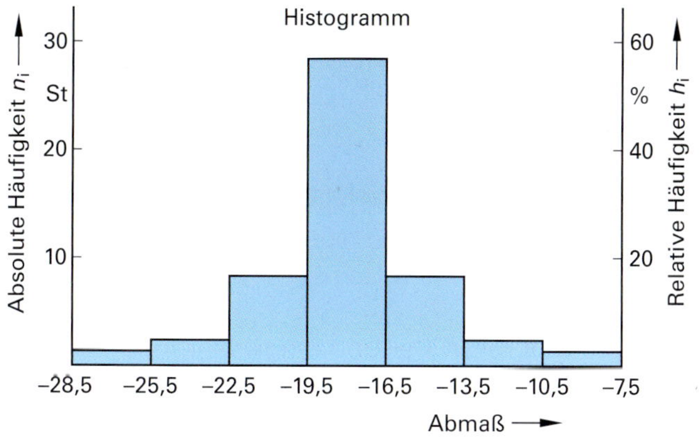

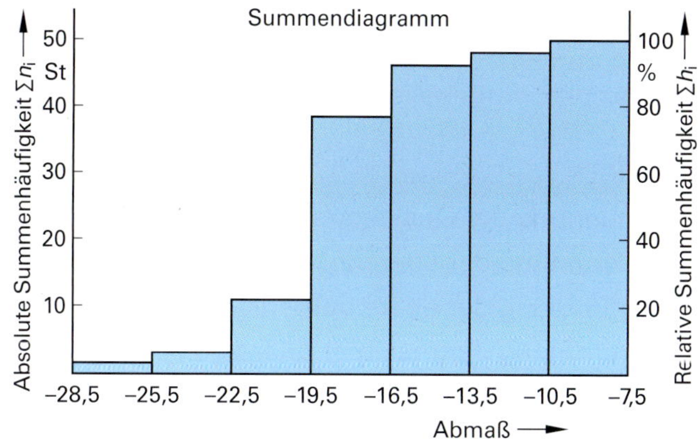

5. Erstellung des Wahrscheinlichkeitsnetzes

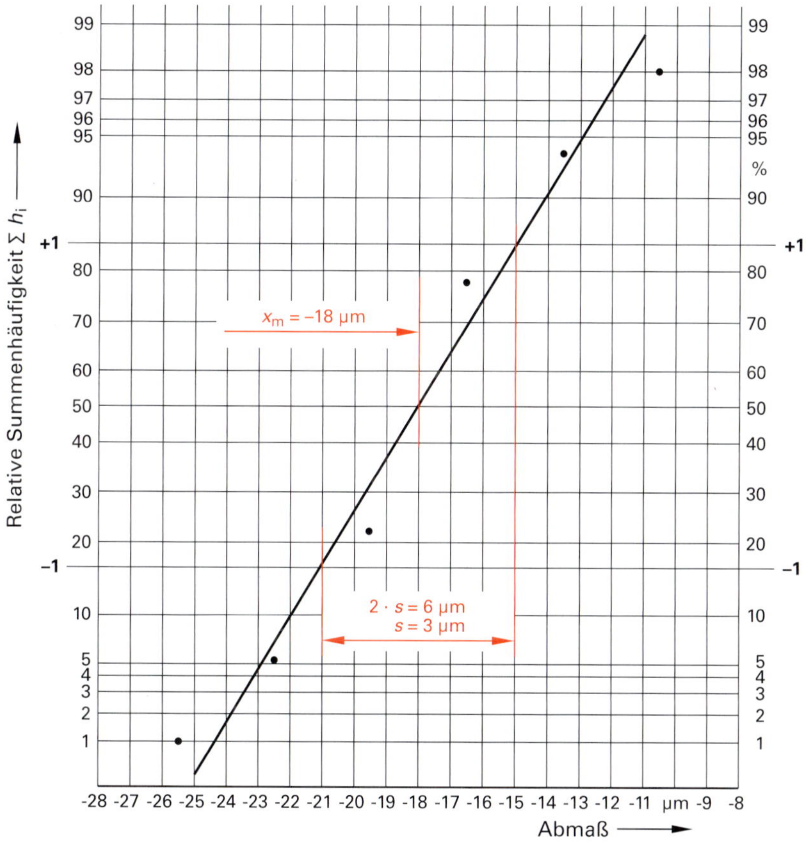

Aus den Daten für das Summendiagramm können folgende Werte entnommen werden:

Beispiel
Klasse Nr.: 3
Klasse bis: – 19,5 µm
Σh_j: 22 %

Diese Daten werden als Punkte im Wahrscheinlichkeitsnetz abgetragen und eine Ausgleichsgerade gebildet.

6. und 7. Bestimmung des Mittelwertes und der Maschinenfähigkeitskennwerte

Grafische Lösung[1]
x_m = – 18 µm
s = 3 µm

Rechnerische Lösung[2]
x_m = – 18,16 µm
s = 3,02 µm

$$c_m = \frac{T}{6 \cdot s} = \frac{27\ \mu m}{6 \cdot 3\ \mu m} = 1{,}5 \qquad c_{mk} = \frac{\Delta krit}{3 \cdot s} = \frac{12\ \mu m}{3 \cdot 3\ \mu m} = 1{,}33$$

[1] Wahrscheinlichkeitsnetz [2] stat. Funktionen Taschenrechner

Qualitätsregelkarte

Ausgangssituation

In der zerspanenden Fertigung von Flanschkupplungen wird eine Arbeitsstation neu beschafft. Auf dieser Station wird ein Bolzen mit dem ∅16g8 gefertigt. Eine statistische Prozesskontrolle mittels Qualitätsregelkarte wird durchgeführt. Dargestellt werden sollen die Mittelwerte sowie Standardabweichungen der einzelnen Stichproben. Vorgabe ist eine 8σ-Produktion.

Aufgaben

1. Benennung der Qualitätsregelkarte.
2. Bestimmung der oberen/unteren Warngrenzen der Mittelwerte.
3. Bestimmung der oberen/unteren Eingriffsgrenzen der Mittelwerte.
4. Bestimmung der maximal zulässigen Standardabweichung und deren Warn- und Eingriffsgrenzen.
5. Erstellung der Qualitätsregelkarte maßstäblich.

Lösungen

1. Benennung der Qualitätsregelkarte $\rightarrow \bar{x}/s$-Karte

2. Bestimmung der oberen/unteren Warngrenze der Mittelwerte

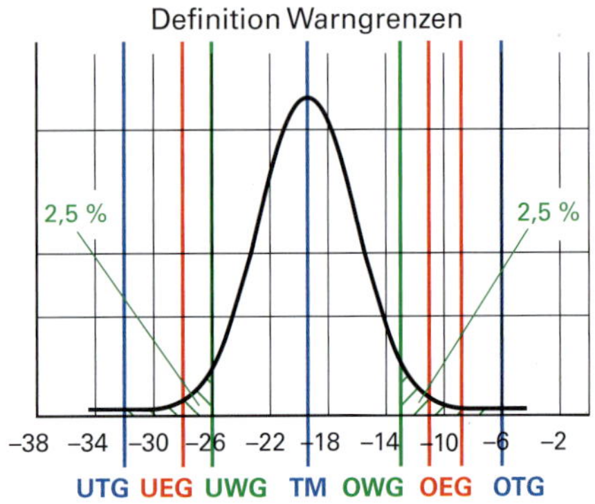

$z = \frac{x_i - TM}{s_{max}}$

$x_i = TM + z \cdot s_{max}$

$z_{(2,5\%)} = 1{,}96$ $\quad s_{max} = 3{,}375\ \mu m$

$x_i = -19{,}5\ \mu m + 1{,}96 \cdot 3{,}375\ \mu m = -12{,}885\ \mu m \rightarrow -13\ \mu m$

$OWG = -13\ \mu m \quad UWG = -26\ \mu m$[1] [1]aufgrund Symmetrie

3. Bestimmung der oberen/unteren Eingriffsgrenze der Mittelwerte

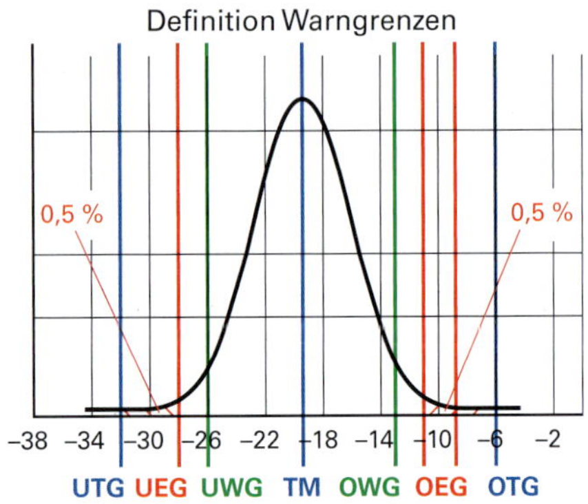

$z = \frac{x_i - TM}{s_{max}}$

$x_i = TM + z \cdot s_{max}$

$z_{(0,5\%)} = 2{,}57$ $\quad s_{max} = 3{,}375\ \mu m$

$x_i = -19{,}5\ \mu m + 2{,}57 \cdot 3{,}375\ \mu m = -10{,}826\ \mu m \rightarrow -11\ \mu m$

$OEG = -11\ \mu m \quad UWG = -28\ \mu m$[1] [1]aufgrund Symmetrie

4. Bestimmung der zulässigen Standardabweichung, der Warn- und Eingriffgrenzen der Standardabweichung

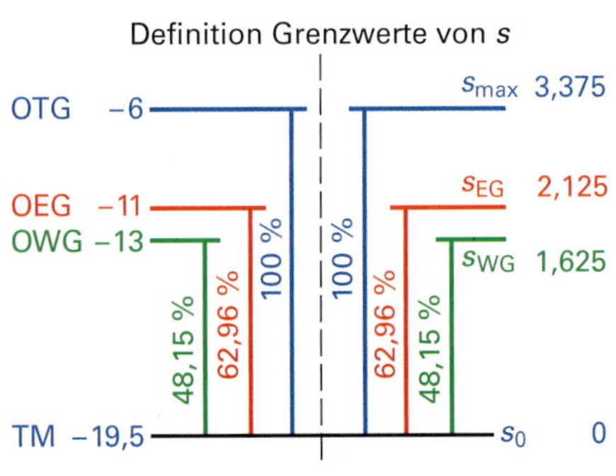

Die Warn- und Eingriffsgrenzen der Standardabweichung verhalten sich in Bezug auf s_{max} prozentual gleich wie die Warn- und Eingriffsgrenzen der Mittelwerte in Bezug auf die Toleranzgrenzen. → Dreisatzrechnung

$\frac{OTG - TM}{s_{max}} = \frac{OEG - TM}{s_{EG}}$ $\qquad \frac{OTG - TM}{s_{max}} = \frac{OWG - TM}{s_{WG}}$

$s_{EG} = 2{,}125\ \mu m$ $\qquad s_{WG} = 1{,}625\ \mu m$

Qualitätsregelkarte

5. Erstellung der Qualitätsregelkarte maßstäblich

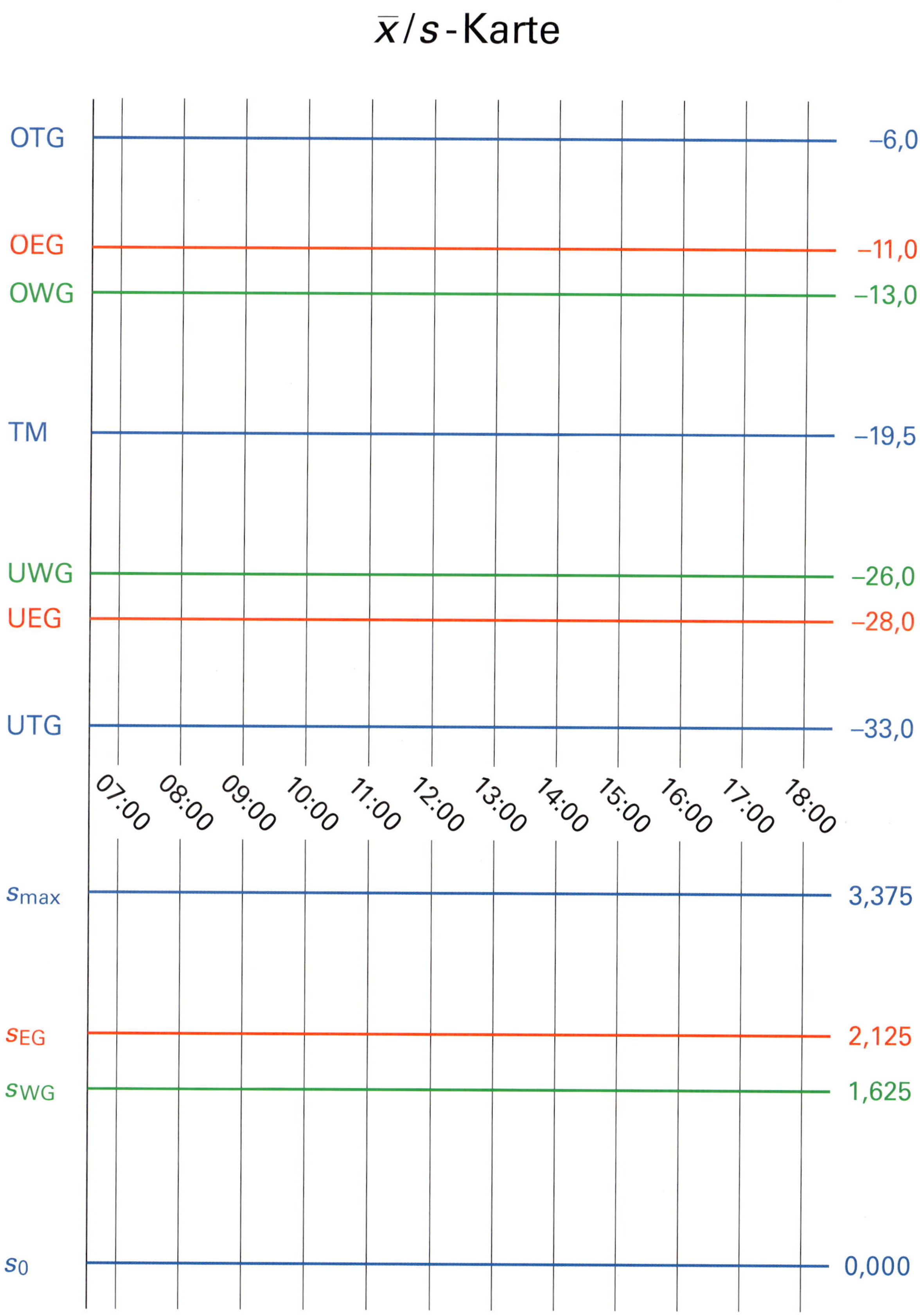

Annahmewahrscheinlichkeit

Ausgangssituation

Bei der zuvor angeschafften Arbeitsstation für den Bolzen ø 16g8 soll nach einem Jahr untersucht werden, ob eine Stichprobenprüfung Sinn macht.

Ausgangsdaten			
Stichprobe	**Losgröße**	**AQL-Wert**	**Ausschussquote**
1)	100	1,0	5 %
2)	100	1,0	0,5 %
3)	100	0,4	5 %
4)	100	0,4	0,5 %
5)	100	0,25	5 %
6)	100	0,25	0,5 %

Aufgaben

1. Bestimmung der Prüfpläne bei oben stehenden Ausgangsdaten.
2. Bestimmung der jeweiligen Annahmewahrscheinlichkeit.
3. Ergänzende Aufgaben.
   - Bestimmung der Annahmewahrscheinlichkeiten bei einer Ausschussquote von 0,1 %.
   - Bestimmung der Annahmewahrscheinlichkeiten bei einer Ausschussquote von 10 %.

Lösungen

1. Bestimmung der Prüfpläne

Prüfpläne				
Stichprobe	**Losgröße**	**AQL-Wert**	**Ausschussquote**	**Prüfplan**
1)	100	1,0	5 %	13/0
2)	100	1,0	0,5 %	13/0
3)	100	0,4	5 %	32/0
4)	100	0,4	0,5 %	32/0
5)	100	0,25	5 %	50/0
6)	100	0,25	0,5 %	50/0

2. Bestimmung der jeweiligen Annahmewahrscheinlichkeit

$$P = \frac{n!}{x! \cdot (n-x)} \cdot p^x \cdot (1-p)^{n-x}$$

$$P_{(1)} = \frac{13!}{0! \cdot (13-0)!} \cdot 0{,}05^0 \cdot (1-0{,}05)^{13-0} = 0{,}5133 = 51{,}33\,\% \quad P_{(2)} = \frac{13!}{0! \cdot (13-0)!} \cdot 0{,}005^0 \cdot (1-0{,}005)^{13-0} = 0{,}9369 = 93{,}69\,\%$$

$$P_{(3)} = \frac{32!}{0! \cdot (32-0)!} \cdot 0{,}05^0 \cdot (1-0{,}05)^{32-0} = 0{,}1937 = 19{,}37\,\% \quad P_{(4)} = \frac{32!}{0! \cdot (32-0)!} \cdot 0{,}005^0 \cdot (1-0{,}005)^{32-0} = 0{,}8518 = 85{,}18\,\%$$

$$P_{(5)} = \frac{50!}{0! \cdot (50-0)!} \cdot 0{,}05^0 \cdot (1-0{,}05)^{50-0} = 0{,}0769 = 7{,}69\,\% \quad P_{(6)} = \frac{50!}{0! \cdot (50-0)!} \cdot 0{,}005^0 \cdot (1-0{,}005)^{50-0} = 0{,}7783 = 77{,}83\,\%$$

Annahmewahrscheinlichkeit				
Stichprobe	**Losgröße**	**AQL-Wert**	**Ausschussquote**	**Annahmewahrscheinlichkeit**
1)	100	1,0	5 %	51,33 %
2)	100	1,0	0,5 %	93,69 %
3)	100	0,4	5 %	19,37 %
4)	100	0,4	0,5 %	85,18 %
5)	100	0,25	5 %	7,69 %
6)	100	0,25	0,5 %	77,83 %

Kostenvergleichsrechnung

Ausgangssituation

Es besteht die Möglichkeit einen Artikel mittels zweier unterschiedlicher Fertigungsverfahren herzustellen. Die Kostensituation der beiden Fertigungsverfahren stellt sich wie folgt dar:

Beim Fertigungsverfahren 1 entstehen fixe Kosten in Höhe von 150.000,00 €. Die variablen Kosten pro Stück betragen 3,75 €/St. Beim Fertigungsverfahren 2 fallen Gesamtkosten von 350.000,00 € bei einer Fertigungsmenge von 40000 St an.

Die Fixkosten betragen hier 100.000,00 €.

Aufgaben

1. Bestimmung der Gesamtkosten bei 40 000 St bei Anwendung des Fertigungsverfahrens 1.
2. Bestimmung der variablen Stückkosten bei Anwendung des Fertigungsverfahrens 2.
3. Bestimmung der Grenzstückzahl.
4. Bestimmung der Gesamtkosten bei 15 000 St bei Anwendung des Fertigungsverfahrens 1 und 2.
5. Ergänzende Aufgaben.
   - Bestimmung der Gesamtkosten bei 30 000 St bei Anwendung des Fertigungsverfahrens 1 und 2.
   - Bestimmung der Grenzstückzahl, wenn die variable Kosten beim Fertigungsverfahren 1 um 10 % steigen.
   - Bestimmung der Grenzstückzahl, wenn die fixen Kosten beim Fertigungsverfahren 1 um 10 % steigen.

Grafische Darstellung

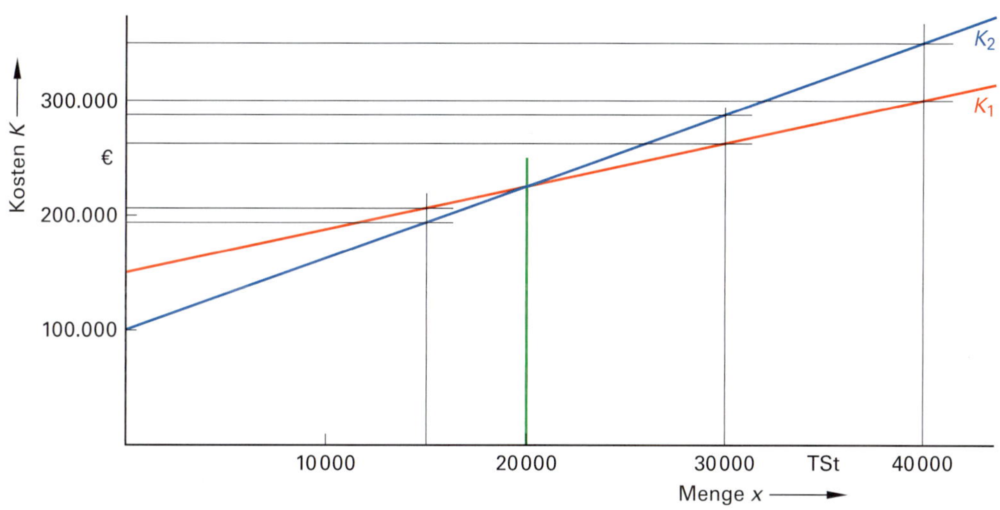

Lösungen

1. Bestimmung der Gesamtkosten bei 40 000 St bei Anwendung des Fertigungsverfahrens 1

$$K_{1ges} = K_{1fix} + k_{1var} \cdot x_{(40000)} = 150.000{,}00\,€ + 3{,}75\,\frac{€}{St} \cdot 40\,000\,St = \mathbf{300.000{,}00\,€}$$

2. Bestimmung der variablen Stückkosten bei Anwendung des Fertigungsverfahrens 2

$$k_{2var} = \frac{K_{2ges\,(40000)} - K_{2fix}}{x_{(40000)}} = \frac{350.000{,}00\,€ - 100.000{,}00\,€}{40\,000\,St} = \mathbf{6{,}25\,\frac{€}{St}}$$

3. Bestimmung der Grenzstückzahl

$$x_{grenz} = \frac{K_{1fix} - K_{2fix}}{k_{2var} - k_{1var}} = \frac{150.000{,}00\,€ - 100.000{,}00\,€}{6{,}25\,\frac{€}{St} - 3{,}75\,\frac{€}{St}} = \mathbf{20\,000\,St}$$

4. Bestimmung der Gesamtkosten bei 15 000 St bei Anwendung des Fertigungsverfahrens 1 und 2

$$K_{1ges} = K_{1fix} + k_{1var} \cdot x_{(30000)} = 150.000{,}00\,€ + 3{,}75\,\frac{€}{St} \cdot 15\,000\,St = \mathbf{206.250{,}00\,€}$$

$$K_{2ges} = K_{2fix} + k_{2var} \cdot x_{(30000)} = 100.000{,}00\,€ + 6{,}25\,\frac{€}{St} \cdot 15\,000\,St = \mathbf{193.750{,}00\,€}$$

Materialkosten

Ausgangssituation

In der zerspanenden Fertigung werden unter anderem Vollhartmetall-Bohrwerkzeuge, die selbst produziert werden, eingesetzt. Zur Herstellung dieser Werkzeuge werden Vollhartmetall-Stäbe mit einem Durchmesser von 16,2 mm und einer Länge von 330 mm zugekauft. Da diese Stäbe einer hohen Preisschwankungen unterliegen, ist die Bewertung des Materialverbrauches und der Bestandswert am Ende des Jahres zu untersuchen.

Ausgangsdaten							
Datum [-]	**Menge** [St]	**Preis** [€/St]	**Beschreibung** [-]		**Datum** [-]	**Menge** [St]	**Beschreibung** [-]
31.12.2021	25	47,54	Inventur		16.01.2022	55	Abgang FA4711
10.01.2022	50	49,50	Zugang EK3589		31.01.2022	10	Abgang FA4729
07.02.2022	100	49,70	Zugang EK3602		16.02.2022	80	Abgang FA4738
08.03.2022	120	52,14	Zugang EK3624		15.04.2022	110	Abgang FA4745
16.05.2022	130	54,15	Zugang EK3647		20.06.2022	140	Abgang FA4799
19.07.2022	50	58,14	Zugang EK3662		18.09.2022	60	Abgang FA4852
23.09.2022	200	56,20	Zugang EK3671		28.09.2022	100	Abgang FA4925
25.10.2022	100	60,85	Zugang EK3688		15.10.2022	90	Abgang FA4986
02.11.2022	120	58,50	Zugang EK3701		12.11.2022	130	Abgang FA5001
22.11.2022	60	63,23	Zugang EK3712		18.11.2022	100	Abgang FA5120
					16.12.2022	40	Abgang FA5189
31.12.2022	32		Inventur				

EK... → Bestellung durch den Einkauf → (Materialzugang)
FA... → Ausfassen durch Fertigung → (Materialabgang)

Aufgaben

1. Bestimmung des Materialverbrauches mittels einfachem Durchschnittsverfahren.
2. Bestimmung des Materialwertes am 31.12.2022 mittels einfachem Durchschnittsverfahren.
3. Bestimmung des Materialwertes am 31.12.2022 mittels gleitendem Durchschnittsverfahren.
4. Bestimmung des Materialverbrauches mittels gleitendem Durchschnittsverfahren.
5. Ergänzende Aufgaben.
   - Bestimmung des Materialwertes zum 18.05.2022 im gleitenden Durchschnittsverfahren.
   - Bestimmung des Materialwertes zum 14.11.2022 im gleitenden Durchschnittsverfahren.

Lösungen

1. und 2. Einfaches Durchschnittsverfahren

Einfaches Durchschnittsverfahren				
Datum [-]	**Menge** [St]	**Preis** [€/St]	**Gesamtpreis** [€]	**Beschreibung** [-]
31.12.2021	25	47,54	1.188,50	Inventur
10.01.2022	50	49,50	2.475,00	Zugang EK3589
07.02.2022	100	49,70	4.970,00	Zugang EK3602
08.03.2022	120	52,14	6.256,80	Zugang EK3624
16.05.2022	130	54,15	7.039,50	Zugang EK3647
19.07.2022	50	58,14	2.907,00	Zugang EK3662
23.09.2022	200	56,20	11.240,00	Zugang EK3671
25.10.2022	100	60,85	6.085,00	Zugang EK3688
02.11.2022	120	58,50	7.020,00	Zugang EK3701
22.11.2022	60	63,23	3.793,80	Zugang EK3712
Summe	955	55,47	52.975,60	
31.12.2022	32	55,47	1.775,04	Inventur
Verbrauch	923	55,47	51.198,81	Verbrauch

Materialkosten

Lösungen

3. und 4. Gleitendes Durchschnittsverfahren

Gleitendes Durchschnittsverfahren				
Datum [-]	**Menge** [St]	**Preis** [€/St]	**Gesamtpreis** [€]	**Beschreibung** [-]
31.12.2021	25	47,54	1.188,50	Inventur 31.12.2021
10.01.2022	50	49,50	2.475,00	Zugang EK3589
	75	48,85	3.663,50	Bestand
16.01.2022	55 (–)	48,85	2.686,57 (–)	Abgang FA4711
31.01.2022	10 (–)	48,85	488,47 (–)	Abgang FA4729
	10	48,85	488,47	Bestand
07.02.2022	100	49,70	4.970,00	Zugang EK3602
	110	49,62	5.458,47	Bestand
16.02.2022	80 (–)	49,62	3.969,79 (–)	Abgang FA4738
	30	49,62	1.488,67	Bestand
08.03.2022	120	52,14	6.256,80	Zugang EK3624
	150	51,64	7.745,47	Bestand
15.04.2022	110 (–)	51,64	5.680,01 (–)	Abgang FA4745
	40	51,64	2.065,46	Bestand
16.05.2022	130	54,15	7.039,50	Zugang EK3647
	170	53,56	9.104,96	Bestand
20.06.2022	140 (–)	53,56	7.498,20 (–)	Abgang FA4799
	30	53,56	1.606,76	Bestand
19.07.2022	50	58,14	2.907,00	Zugang EK3662
	80	56,42	4.513,76	Bestand
18.09.2022	60 (–)	56,42	3.385,32 (–)	Abgang FA4852
	20	56,42	1.128,44	Bestand
23.09.2022	200	56,20	11.240,00	Zugang EK3671
	220	56,22	12.368,44	Bestand
28.09.2022	100 (–)	56,22	5.622,02 (–)	Abgang FA4925
15.10.2022	90 (–)	56,22	5.059,82 (–)	Abgang FA4986
	30	56,22	1.686,61	Bestand
25.10.2022	100	60,85	6.085,00	Zugang EK3688
02.11.2022	120	58,50	7.020,00	Zugang EK3701
	250	59,17	14.791,61	Bestand
12.11.2022	130 (–)	59,17	7.691,63 (–)	Abgang FA5001
18.11.2022	100 (–)	59,17	5.916,64 (–)	Abgang FA5120
	20	59,17	1.183,33	Bestand
22.11.2022	60	63,23	3.793,80	Zugang Bestellung EK3712
	80	62,21	4.977,13	Bestand
16.12.2022	40 (–)	62,21	2.488,56 (–)	Abgang FA5189
	40	62,21	2.488,56	Bestand
31.12.2022	8	62,21	497,71 (–)	Inventurdifferenz 31.12.2022
31.12.2022	32	62,21	1.990,85	Inventur 31.12.2022
Verbrauch	923		50.984,75	Verbrauch

= Anfangsbestand laut Inventur
+ Summe aller Zugänge
– Endbestand laut Inventur

Abschreibung

Ausgangssituation

Grundsätzlich gibt es neben der Leistungsabschreibung drei weitere Abschreibungsvarianten. Es soll der jeweilige Abschreibungsplan anhand von folgenden Daten ausgearbeitet werden:

Anschaffungswert (AW) 250.000,00 €; Restwert (RW) 40.000,00 €; Inflationsrate (IR) 1 %; Nutzungsdauer 10 Jahre.

Aufgaben

1. Ermittlung des Wiederbeschaffungswertes (WBW).
2. Erstellung des Abschreibungsplanes bei linearer Abschreibung.
3. Erstellung des Abschreibungsplanes bei geometrisch degressiver Abschreibung.
4. Erstellung des Abschreibungsplanes bei arithmetisch degressiver Abschreibung.
5. Ergänzende Aufgaben.
   - Bestimmung der Restwerte im 4. Jahr, wenn von einer Nutzungsdauer von 8 Jahren ausgegangen wird.

Lösungen

1. Ermittlung des Wiederbeschaffungswertes (WBW)

$WBW = AW \cdot (1 + IR)^n = 250.000{,}00\ € \cdot (1 + 0{,}01)^{10} = \mathbf{276.155{,}00\ €}$

2. Erstellung des Abschreibungsplanes bei linearer Abschreibung

$$\text{Abschreibung} = \frac{WBW - RW}{n} = \frac{276.155{,}55\ € - 40.000{,}00\ €}{10\ \text{Jahre}} = \mathbf{23.615{,}55\ \frac{€}{Jahr}}$$

3. Erstellung des Abschreibungsplanes bei geometrisch degressiver Abschreibung

$$p = 1 - \sqrt[n]{\frac{R}{WBW}} = 1 - \sqrt[10]{\frac{40.000{,}00\ €}{276.155{,}53\ €}}$$

$p = 0{,}1757 \rightarrow 17{,}57\%$

$\text{Abschreibung}_i = RW_{i-1} \cdot p$

$\text{Abschreibung}_1 = RW_0 \cdot 0{,}1757 = 276.155{,}53\ € \cdot 0{,}1757 = 48.517{,}74\ €$

....

$\text{Abschreibung}_5 = RW_4 \cdot 0{,}1757 = 127.501{,}78\ € \cdot 0{,}1757 = 18.465{,}18\ €$

....

$\text{Abschreibung}_{10} = RW_9 \cdot 0{,}1757 = 48.525{,}43\ € \cdot 0{,}1757 = 8.525{,}43\ €$

4. Erstellung des Abschreibungsplanes bei arithmetisch degressiver Abschreibung

$$d = \frac{WBW - RW}{1 + 2 + \ldots + n} = \frac{276.155{,}53€ - 40.000{,}00\ €}{1+2+3+4+5+6+7+8+9+10}$$

$d = 4.293{,}73\ €$

$\text{Abschreibung}_i = d \cdot (1 + n - j)$

$\text{Abschreibung}_1 = d \cdot (1 + n - 1) = 4.293{,}73\ € \cdot (1+10-1) = 42.937{,}37\ €$

....

$\text{Abschreibung}_5 = d \cdot (1 + n - 5) = 4.293{,}73\ € \cdot (1+10-5) = 25.762{,}42\ €$

....

$\text{Abschreibung}_{10} = d \cdot (1 + n - 10) = 4.293{,}73\ € \cdot (1+10-10) = 4.293{,}73\ €$

2. bis 4. Erstellung des Abschreibungsplanes bei arithmetisch degressiver Abschreibung

Abschreibungsplan						
Jahr	linear		geometrisch degressiv		arithmetisch degressiv	
	Abschreibung	Restwert	Abschreibung	Restwert	Abschreibung	Restwert
0		276.155,53 €		276.155,53 €		276.155,53 €
1	23.615,55 €	252.539,98 €	48.517,74 €	227.637,80 €	42.937,37 €	233.218,16 €
2	23.615,55 €	228.924,43 €	39.993,66 €	187.644,14 €	38.643,63 €	194.574,53 €
3	23.615,55 €	205.308,87 €	32.967,18 €	154.676,96 €	34.349,90 €	160.224,63 €
4	23.615,55 €	181.693,32 €	27.175,18 €	127.501,78 €	30.056,16 €	130.168,48 €
5	23.615,55 €	158.077,77 €	22.400,77 €	105.101,01 €	25.762,42 €	104.406,05 €
6	23.615,55 €	134.462,21 €	18.465,18 €	86.635,82 €	21.468,68 €	82.937,37 €
7	23.615,55 €	110.846,66 €	15.221,04 €	71.414,78 €	17.174,95 €	65.762,42 €
8	23.615,55 €	87.231,11 €	12.546,86 €	58.867,93 €	12.881,21 €	52.881,21 €
9	23.615,55 €	63.615,55 €	10.342,50 €	48.525,43 €	8.587,47 €	44.293,74 €
10	23.615,55 €	40.000,00 €	8.525,43 €	40.000,00 €	4.293,74 €	40.000,00 €

Personalkosten

Ausgangssituation

An der Maschinengruppe „Bearbeitungszentren" in der Kostenstelle „mechanische Bearbeitung" fallen unter anderem Lohnkosten für die einzelnen Mitarbeiter an. Grundlage für die Lohnkostenberechnung sind folgende Daten:

Grundlagen für die Lohnkostenberechnung			
Beschreibung	**Wert**	**Beschreibung**	**Wert**
Anzahl Tage pro Jahr	365	Bruttolohn	2.700,00 €/Mon.
Sonntage	52	Arbeitszeit	35 h/Woche
Samstage	52	Durchschnittliche Leistungszulage	15 %
Urlaubstage	30	Durchschnittliches Weihnachtsgeld (65%)	5,42 %
Feiertage	10	Durchschnittliches Urlaubsgeld (65%)	5,42 %
Krankheitstage	11		
Sonstige Fehltage	2	Arbeitgeber-Anteil Rentenversicherung	9,75 %
		Arbeitgeber-Anteil Krankenversicherung	7,45 %
Durchschn. Schichtzulage bei 2 Schichten	14 %	Arbeitgeber-Anteil Pflegeversicherung	0,85 %
Durchschn. Schichtzulage bei 3 Schichten	20 %	Arbeitgeber-Anteil Arbeitslosenversicherung	3,25 %
		Berufsgenossenschaft inklusive Insolvenzabg.	5,5 %
		Personalzusatzkosten	10 %

Aufgaben

1. Bestimmung der zu bezahlenden Gesamtstunden.
2. Bestimmung der produktiven Stunden.
3. Bestimmung des Jahresbruttolohnes bei 1, 2 und 3-schichtiger Arbeitszeit.
4. Bestimmung der Sozialversicherungskosten bei 1, 2 und 3-schichtiger Arbeitszeit.
5. Bestimmung der Gesamtkosten des Mitarbeiters bei 1, 2 und 3-schichtiger Arbeitszeit.
6. Bestimmung der durchschnittlichen Lohnkosten pro Stunde bei 1, 2 und 3-schichtiger Arbeitszeit.
7. Ergänzende Aufgaben.
   - Bestimmung der durchschnittlichen Lohnkosten pro Stunde bei einem Grundlohn von 34.000,00 € einschichtig.

Lösungen

1. Bestimmung der zu bezahlenden Gesamtstunden

$x = 35 \frac{\text{h}}{\text{Woche}} \cdot 52 \text{ Wochen} = \mathbf{1\,820\ h}$

2. Bestimmung der produktiven Stunden

$x = (365 \text{ T} - 52 \text{ Sonntage} - 52 \text{ Samstage} - 30 \text{ Urlaub} - 10 \text{ Feiertage} - 11 \text{ Krankheitstage} - 2 \text{ Sonstige}) \cdot 7 \frac{\text{h}}{\text{Tag}} = \mathbf{1\,456\ h}$

3. bis 6. Kalkulation der Personalkosten

Kalkulation Personalkosten			
Beschreibung	**1. Schicht**	**2. Schicht**	**3. Schicht**
Grundlohn	32.400,00 €	32.400,00 €	32.400,00 €
Leistungszulage[2] (15 %)	4.860,00 €	4.860,00 €	4.860,00 €
Schichtzulage[3] (0 %; 14 %; 20 %)	0,00 €	5.216,40 €	7.452,00 €
Weihnachtsgeld[4] (5,42 %)	2.019,49 €	2.302,22 €	2.423,39 €
Urlaubsgeld[4] (5,42 %)	2.019,49 €	2.302,22 €	2.423,39 €
Jahresbruttolohn	41.298,98 €	47.080,84 €	49.558,78 €
AG-Anteil RV (9,75 %)	4.026,65 €	4.590,38 €	4.831,98 €
AG-Anteil KV (7,45 %)	3.076,77 €	3.507,52 €	3.692,13 €
AG-Anteil PV (0,85 %)	351,04 €	400,19 €	421,25 €
AG-Anteil AV (3,25 %)	1.342,22 €	1.530,13 €	1.610,66 €
BG inkl. Insolvenzabgabe (5,5 %)	2.271,44 €	2.589,45 €	2.725,73 €
Sozialversicherungen	11.068,13 €	12.617,67 €	13.281,75 €
Personalzusatzkosten (10 %)	4.129,90 €	4.708,08 €	4.955,88 €
Gesamtkosten pro Jahr	56.497,01 €	64.406,59 €	67.796,41 €
Durchschnittliche Lohnkosten pro Stunde	38,80 €/h	44,24 €/h	46,56 €/h

[2] Basis Grundlohn
[3] Basis Grundlohn + Leistungszulage
[4] Basis Grundlohn + Leistungszulage + Schichtzulage

Mehrstufige Divisionskalkulation

Ausgangssituation

Zum Neubau einer Fertigungshalle wird unter anderem Zement verwendet. Folgende Daten sind Grundlage für die mehrstufige Divisionskalkulation, welche der Zementhersteller einsetzt und die im vergangenen Jahr angefallen sind.

Ausgangsdaten der Divisionskalkulation			
Stufe	**Typ**	**Beschreibung**	**Kosten**
1. Stufe	Rohmaterialgewinnung	Fördern von 312 000 t Kalkstein	3.550.260,00 €
2. Stufe	Rohmaterialaufbereitung	Aufbereitung von 262 014 t Kalkstein zu 248 000 t Rohmehl	882.120,00 €
3. Stufe	Klinkerproduktion	232 000 t Rohmehl werden zu 212 000 t Klinker gebrannt	3.580.560,00 €
4. Stufe	Zementproduktion	205 000 t Klinker + 12 000 t Gips[1)] werden zu 217 000 t Zement gemischt	1.952.470,00 €
5. Stufe	Zementabpackung	75 000 t werden eingelagert und 142 000 t werden zu 50 kg-Säcken verpackt	1.006.080,00 €
6. Stufe	Verwaltung und Vertrieb	Alle Säcke die verpackt wurden, wurden auch verkauft	242.580,00 €

1) Die Kosten für die 12 000 t Gips sind in 1.952.470 € enthalten

Aufgaben

1. Bestimmung der Herstellkosten für 1 t Zement.
2. Bestimmung der Herstellkosten für einen 50 kg-Sack Zement.
3. Bestimmung der Selbstkosten für einen 50 kg-Sack Zement.
4. Ergänzende Aufgaben.
   - Bestimmung der Herstellkosten für 1 t Zement bei steigenden Kosten der Rohmaterialgewinnung um 15 %.
   - Bestimmung der Herstellkosten eines 50 kg-Sackes Zement bei Kostensteigerung der Rohmaterialgewinnung um 15 %.
   - Bestimmung der Selbstkosten für einen 50 kg-Sack Zement bei steigenden Kosten der Rohmaterialgewinnung um 15 %.

Lösungen

1. Bestimmung der Herstellkosten für 1 t Zement

$$k_{Stufe1} = \frac{K_{Stufe1}}{x_{Stufe1}} = \frac{3.550.260{,}00\,€}{312\,000\,t} = \mathbf{11{,}38\,\frac{€}{t}}$$

$$k_{Stufe2} = \frac{k_{Stufe1} \cdot x_{Stufe1'} + K_{Stufe2}}{x_{Stufe2}} = \frac{11{,}38\,\frac{€}{t} \cdot 262\,014\,t + 882.120{,}00\,€}{248\,000\,t} = \mathbf{15{,}58\,\frac{€}{t}}$$

$$k_{Stufe3} = \frac{k_{Stufe2} \cdot x_{Stufe2'} + K_{Stufe3}}{x_{Stufe3}} = \frac{15{,}58\,\frac{€}{t} \cdot 232\,000\,t + 3.580.560{,}00\,€}{212\,000\,t} = \mathbf{33{,}94\,\frac{€}{t}}$$

$$k_{Stufe4} = \frac{k_{Stufe3} \cdot x_{Stufe3'} + K_{Stufe4}}{x_{Stufe4}} = \frac{33{,}94\,\frac{€}{t} \cdot 205\,000\,t + 1.952.470{,}00\,€}{217\,000\,t} = \mathbf{41{,}06\,\frac{€}{t}}$$

2. Bestimmung der Herstellkosten für einen 50 kg-Sack Zement

$$k_{Stufe5} = \frac{k_{Stufe4} \cdot x_{Stufe4'} + K_{Stufe5}}{x_{Stufe5}} = \frac{41{,}06\,\frac{€}{t} \cdot 142\,000\,t + 1.006.080{,}00\,€}{142\,000\,t} = \mathbf{48{,}15\,\frac{€}{t}}$$

$$k_{HK50\,kg-Sack} = 48{,}15\,\frac{€}{t} \cdot \frac{1\,t}{20_{50\,kg-Sack}} = \mathbf{2{,}41\,\frac{€}{50\,kg-Sack}}$$

3. Bestimmung der Selbstkosten für einen 50 kg-Sack Zement

$$k_{Stufe5} = \frac{k_{Stufe4} \cdot x_{Stufe4'} + K_{Stufe5}}{x_{Stufe5}} = \frac{41{,}06\,\frac{€}{t} \cdot 142\,000\,t + 1.006.080{,}00\,€}{142\,000\,t} = \mathbf{48{,}15\,\frac{€}{t}}$$

$$k_{Stufe6} = \frac{k_{Stufe5} \cdot x_{Stufe5'} + K_{Stufe6}}{x_{Stufe6}} = \frac{48{,}15\,\frac{€}{t} \cdot 142\,000\,t + 242.580{,}00\,€}{142\,000\,t} = \mathbf{49{,}85\,\frac{€}{t}}$$

$$k_{SK50\,kg-Sack} = 49{,}85\,\frac{€}{t} \cdot \frac{1\,t}{20_{50\,kg-Sack}} = \mathbf{2{,}49\,\frac{€}{50\,kg-Sack}}$$

Äquivalenzziffernkalkulation

Ausgangssituation

In einem Zulieferbetrieb werden Hartmetallrohlinge in unterschiedlichen Durchmessern und Mengen gefertigt. Für das kommende Jahr wird mit Herstellkosten von 5.000.000,00 € geplant. Die folgende Tabelle stellt das geplante Produktionsprogramm dar. Außerdem ist bekannt, dass der Haupteinflussfaktor der Herstellkosten das Volumen der einzelnen Stäbe ist.

Zusätzlich wurden folgende Daten zur Bestimmung des Listenverkaufspreises durch die Geschäftsleitung vorgegeben:

Verwaltungsgemeinkostenzuschlagsatz	8 %;	Gewinn	17 %;	Provision	6 %
Vertriebsgemeinkostenzuschlagsatz	12 %;	Skonto	3 %;	Rabatt	55 %

Ausgangsdaten					
∅ [mm]	Länge [mm]	Menge [St]	∅ [mm]	Länge [mm]	Menge [St]
6,2	330	48 000	16,2	330	32 000
8,2	330	48 000	18,2	330	12 000
10,2	330	48 000	20,2	330	24 000
12,2	330	40 000	25,2	330	8 000
14,2	330	12 000	32,2	330	4 000

Aufgaben

1. Bestimmung der Herstellkosten pro Rohlingsdurchmesser mithilfe der Äquivalenzziffernkalkulation.
2. Bestimmung der Listenverkaufspreise für die Rohlingsdurchmesser 16,2 und 20,2 mithilfe der Zuschlagskalkulation.
3. Ergänzende Aufgaben.
   - Bestimmung der Listenverkaufspreise für die Rohlingsdurchmesser 6,2 und 10,2 unter der Voraussetzung von steigenden Herstellkosten um 10 % auf 5.500.000,00 € und Verdopplung der Mengen dieser beiden Durchmesser auf 96 000 St.

Lösungen

1. Bestimmung der Herstellkosten pro Rohlingsdurchmesser mithilfe der Äquivalenzziffernkalkulation

Äquivalenzzifferkalkulation							
∅ [mm]	Länge [mm]	Menge [St]	Volumen [mm³]	Äquivalenzz. [-]	RE [-]	HK [€/St]	HK_{ges} [€]
6,2	330	48 000	9 963	0,369	17 734,72	3,86	185.129,00
8,2	330	48 000	17 427	0,646	31 021,91	6,75	323.831,00
10,2	330	48 000	26 965	1,000	48 000,00	10,44	501.061,00
12,2	330	40 000	38 577	1,431	57 224,14	14,93	597.350,00
14,2	330	12 000	52 261	1,938	23 257,21	20,23	242.777,00
16,2	330	32 000	68 020	2,522	80 719,72	26,33	842.615,00
18,2	330	12 000	85 851	3,184	38 205,31	33,23	398.817,00
20,2	330	24 000	105 756	3,922	94 126,87	40,94	982.569,00
25,2	330	8 000	164 591	6,104	48 830,45	63,72	509.730,00
32,2	330	4 000	268 730	9,966	39 863,13	104,03	416.122,00
				Summe	478 983,00	Summe	5.000.000,00

$$HK_{RE} = \frac{HK}{\sum RE} = \frac{5.000.000,00\ €}{478\,983,00\ RE} = 10,44\ \frac{€}{RE}$$

2. Bestimmung der Listenverkaufspreise für die Rohlingsdrm. 16,2 und 20,2 mithilfe der Zuschlagskalkulation

Zuschlagskalkulation													
∅ [mm]	Länge [mm]	Menge [St]	HK [€/St]	VwGk [€/St]	VtGk [€/St]	Sk [€/St]	G [€/St]	BarVk [€/St]	Skonto [€/St]	Prov. [€/St]	ZielVk [€/St]	Rabatt [€/St]	ListVk [€/St]
16,2	330	32 000	26,33	2,11	3,16	31,60	5,37	36,97	1,22	2,44	40,63	49,65	90,28
20,2	330	24 000	40,94	3,28	4,91	49,13	8,35	57,48	1,89	3,79	63,17	77,20	140,37
				8 %	12 %		17 %		2 %	6 %		55 %	

Zuschlagskalkulation

Ausgangssituation

Mithilfe einer Zuschlagskalkulation soll eine Vor- bzw. Angebots- und eine Nachkalkulation durchgeführt werden. Der Lohnkostensatz in der mechanischen Bearbeitung sowie in der Montage beträgt 38,80 €/h. In der mechanischen Bearbeitung ist von einer 2-Maschinenbedienung pro Mann auszugehen. Zusätzlich sind folgende Daten Grundlage für die Kalkulationen:

Daten des Rechnungswesens		
Kostenarten	**Vorkalkulation**	**Nachkalkulation**
Materialeinzelkosten	5,60 €/St	5,55 €/St
Materialgemeinkostenzuschlagsatz	28 %	26,18 %
Mechanische Bearbeitung	12 min/Teil	10 min/Teil
Mechanische Bearbeitung Gemeinkostenzuschlagsatz	55 %	53,71 %
Montage Bearbeitung	3 min/Teil	3,5 min/Teil
Montage Gemeinkostenzuschlagsatz	40 %	41,46 %
Verwaltungsgemeinkostenzuschlagsatz	8 %	8,16 %
Vertriebsgemeinkostenzuschlagsatz	6 %	6,16 %
Gewinn	10 %	
Skonto / Vertreterprovision	2 % / 6 %	2 % / 6 %
Rabatt	10 %	14 %

Aufgaben

1. Bestimmung des Angebotspreises.
2. Bestimmung der tatsächlichen Herstellkosten.
3. Bestimmung des tatsächlichen Gewinns.
4. Ergänzende Aufgaben.
   - Bestimmung des tatsächlichen Gewinns in Prozent.
   - Bestimmung des Listenverkaufspreises bei einem Materialpreis von 5,50 €/St in der Angebotskalkulation.
   - Bestimmung des Gewinns bei einem tatsächlichen Rabatt von 16 % in der Nachkalkulation, einem Materialpreis von 5,50 €/St in der Angebotskalkulation und sonst unveränderten Daten.

Lösungen

1. bis 3. Kalkulation

Kalkulation			
Kostenrechnung		**Vorkalkulation [€/St]**	**Nachkalkulation [€/St]**
Materialeinzelkosten	**MEK**	5,60	5,55
Materialgemeinkosten	**MGK**	1,57	1,45
Materialkosten	**MK**	7,17	7,00
Mechanische Bearbeitung Fertigungslohn	**FEK_{MB}**	3,88	3,23
Mechanische Bearbeitung Fertigungsgemeinkosten	**FGK_{MB}**	2,13	1,74
Montage Fertigungslohn	**FEK_{Mo}**	1,94	2,26
Montage Fertigungsgemeinkosten	**FGK_{Mo}**	0,78	0,94
Fertigungskosten	**FK**	8,73	8,17
Herstellkosten	**HK**	15,90	**15,17**
Verwaltungsgemeinkosten	**VwGK**	1,27	1,24
Vertriebsgemeinkosten	**VtGK**	0,95	0,93
Selbstkosten	**SK**	18,12	17,34
Gewinn	**G**	1,81	**1,71**
Barverkaufspreis	**BVP**	19,93	19,05
Skonto	**SKTO**	0,43	0,41
Vertreterprovision	**VP**	1,30	1,24
Zielverkaufspreis	**ZVK**	21,66	20,70
Rabatt	**RAB**	2,41	3,37
Listenverkaufspreis	**LVP**	**24,07** →	**24,07**

Maschinenstundensatz

Ausgangssituation

In der Kostenstelle „mechanische Bearbeitung" werden die Kosten in Zukunft maschinenbezogen erfasst. Dazu ist es notwendig, für die einzelnen Bearbeitungsmaschinen die Stundensätze festzulegen. Grundlage für ein Bearbeitungszentrum aus dem Maschinenpark sind folgende Daten:

Daten des Rechnungswesens			
Beschreibung	**Wert**	**Beschreibung**	**Wert**
Anschaffungswert (AW)	250.000,00 €	Mietfaktor	4 €/m²/Monat
Restwert (RW)	0 €	Platzbedarf	20 m²
Jährliche Inflationsrate (IR)	1 %	Instandhaltung[1)]	4 % des AW
Nutzungsdauer (n)	10 Jahre	Werkzeuge[1)]	20 % des AW
Kalkulatorischer Zinssatz (z)	1,5 %	Hilfs- und Betriebsstoffe[1)]	1 % des AW
Stromkosten Grundgebühr Zähler	200 €/Jahr	Maschinenstunden pro Tag	8 h/Tag
Stromkosten	0,14 €/kWh	Arbeitstage pro Woche	5 Tage/Woche
Nennleistung	18 kW	Wochenzahl pro Jahr	52 Wochen/Jahr
Durchschnittlicher Belastungsfaktor	0,6 (60 %)	Auslastung	0,85 (85 %)

[1)] Bezogen auf 1 Schichtbetrieb

Aufgaben

1. Bestimmung des Maschinenstundensatzes im 1-, 2- und 3-Schichtbetrieb.
2. Ergänzende Aufgaben.
   - Bestimmung der fixen Maschinenkosten in € und der variablen Maschinenkosten in €/h.

Lösungen

Maschinenstundensatzrechnung			
Beschreibung	**1. Schicht**	**2. Schicht**	**3. Schicht**
Kalkulatorische Abschreibung	27.615,55 €/Jahr	27.615,55 €/Jahr	27.615,55 €/Jahr
Kalkulatorische Zinsen	1.875,00 €/Jahr	1.875,00 €/Jahr	1.875,00 €/Jahr
Kalkulatorische Miete	960,00 €/Jahr	960,00 €/Jahr	960,00 €/Jahr
Grundgebühr Strom	200,00 €/Jahr	200,00 €/Jahr	200,00 €/Jahr
Fixe Maschinenkosten	30.650,55 €/Jahr	30.650,55 €/Jahr	30.650,55 €/Jahr
Stromkosten	2.673,22 €/Jahr	5.346,43 €/Jahr	8.019,65 €/Jahr
Instandhaltungskosten	10.000,00 €/Jahr	20.000,00 €/Jahr	30.000,00 €/Jahr
Werkzeugkosten	50.000,00 €/Jahr	100.000,00 €/Jahr	150.000,00 €/Jahr
Hilfs- und Betriebsstoffkosten	2.500,00 €/Jahr	5.000,00 €/Jahr	7.500,00 €/Jahr
Variable Maschinenkosten	65.173,22 €/Jahr	130.346,43 €/Jahr	195.519,65 €/Jahr
Gesamte Maschinenkosten	95.823,77 €/Jahr	160.996,98 €/Jahr	226.170,20 €/Jahr
Maschinenlaufzeit	1 768 h/Jahr	3 536 h/Jahr	5 304 h/Jahr
Maschinenstundensatz	**54,20 €/h**	**45,53 €/h**	**42,64 €/h**

Wiederbeschaffungswert (WBW) $= AW \cdot (1 + IR)^n = 250.000{,}00\,€ \cdot (1 + 0{,}01)^{10} = 276.155{,}53\,€$

$$\text{Abschreibung}_{\text{kalk}} = \frac{WBW - RW}{n} = \frac{276.155{,}53\,€ - 0{,}00\,€}{10\ \text{Jahre}} = 27.615{,}55\,\frac{€}{\text{Jahr}}$$

$$\text{Zinsen}_{\text{kalkulatorisch}} = \frac{AW + RW}{2} \cdot z = \frac{250.000{,}00\,€ + 0{,}00\,€}{2} \cdot 0{,}015\,\frac{1}{\text{Jahr}} = 1.875{,}00\,\frac{€}{\text{Jahr}}$$

$$\text{Miete}_{\text{kalkulatorisch}} = \text{Mietfaktor} \cdot \text{Platzbedarf} = \frac{4{,}00\,\frac{€}{m^2}}{\text{Monat}} \cdot 12\,\frac{\text{Monate}}{\text{Jahr}} \cdot 20\ m^2 = 960{,}00\,\frac{€}{\text{Jahr}}$$

$$\text{Maschinenlaufzeit}^{1)} = 8\,\frac{h}{\text{Tag}} \cdot 1\,\frac{\text{Schicht}}{\text{Tag}} \cdot 5\,\frac{\text{Tage}}{\text{Woche}} \cdot 52\,\frac{\text{Wochen}}{\text{Jahr}} \cdot 0{,}85 = 1\,768\,\frac{h}{\text{Jahr}}$$

$$\text{Stromkosten}^{1)} = 18\ kW \cdot 0{,}6 \cdot 0{,}14\,\frac{€}{kWh} \cdot 1\,768\,\frac{h}{\text{Jahr}} = 2.673{,}22\,\frac{€}{\text{Jahr}}$$

$$\text{Maschinenstundensatz}^{1)} = \frac{\text{Maschinenkosten}_{\text{Gesamt}}}{\text{Maschinenlaufzeit}} = \frac{95.823{,}77\,\frac{€}{\text{Jahr}}}{1\,768\,\frac{h}{\text{Jahr}}} = 54{,}20\,\frac{€}{h}$$

Maschinenstundensatzkalkulation

Ausgangssituation

Mithilfe einer Zuschlagskalkulation soll eine Vor- bzw. Angebots- und eine Nachkalkulation durchgeführt werden. Der Lohnkostensatz in der mechanischen Bearbeitung sowie in der Montage beträgt 38,80 €/h. In der mechanischen Bearbeitung ist von einer 2-Maschinenbedienung pro Mann auszugehen. Der Maschinenstundensatz in der mechanischen Bearbeitung beträgt 46,29 €/h. Für den Montagearbeitsplatz sind 5,62 €/h anzusetzen. Zusätzlich sind folgende Daten Grundlage für die Kalkulationen:

Kalkulationsdaten		
Typ	**Vorkalkulation**	**Nachkalkulation**
Materialeinzelkosten	7,20 €/St	7,40 €/St
Materialgemeinkostenzuschlagsatz	28 %	26,18 %
Mechanische Bearbeitung	16 min/Teil	14 min/Teil
Mechanische Bearbeitung Restgemeinkostenzuschlagsatz	7 %	7,2 %
Montage Bearbeitung	4 min/Teil	4,5 min/Teil
Montage Restgemeinkostenzuschlagsatz	10 %	10,4 %
Verwaltungsgemeinkostenzuschlagsatz	8 %	8,16 %
Vertriebsgemeinkostenzuschlagsatz	6 %	6,16 %
Gewinn	10 %	
Skonto/Vertreterprovision	2 % / 6 %	2 % / 6 %
Rabatt	15 %	10 %

Aufgaben

1. Bestimmung des Angebotspreises, der tatsächlichen Herstellkosten und des tatsächlichen Gewinns.
2. Ergänzende Aufgaben.
   - Bestimmung des tatsächlichen Gewinns in %.
   - Bestimmung des tatsächlichen Gewinns bei einer 3-Maschinenbedienung pro Mann in der mechanischen Bearbeitung.

Lösungen

1. Bestimmung des Angebotspreises, der tatsächlichen Herstellkosten und des tatsächlichen Gewinns

Kalkulation			
Typ		**Vorkalkulation**	**Nachkalkulation**
Materialeinzelkosten	MEK	7,20 €/St	7,40 €/St
Materialgemeinkosten	MGK	2,02 €/St	1,94 €/St
Materialkosten	MK	9,22 €/St	9,34 €/St
Mechanische Bearbeitung Maschinenkosten	FGK_{MBMa}	12,34 €/St	10,80 €/St
Mechanische Bearbeitung Fertigungslohn	FEK_{MB}	5,17 €/St	4,53 €/St
Mechanische Bearbeitung Restgemeinkosten	FGK_{MBRest}	0,36 €/St	0,33 €/St
Montage Montageplatzkosten	FGK_{MoPl}	0,37 €/St	0,42 €/St
Montage Fertigungslohn	FEK_{Mo}	2,59 €/St	2,91 €/St
Montage Restgemeinkosten	FGK_{MoRest}	0,26 €/St	0,30 €/St
Fertigungskosten	FK	21,10 €/St	19,29 €/St
Herstellkosten	HK	30,32 €/St	**28,63 €/St**
Verwaltungsgemeinkosten	VwGK	2,42 €/St	2,34 €/St
Vertriebsgemeinkosten	VtGK	1,82 €/St	1,76 €/St
Selbstkosten	SK	34,56 €/St	32,72 €/St
Gewinn	G	3,46 €/St	**7,53 €/St**
Barverkaufspreis	BVP	38,02 €/St	40,25 €/St
Skonto	SKTO	0,83 €/St	0,88 €/St
Vertreterprovision	VP	2,48 €/St	2,63 €/St
Zielverkaufspreis	ZVP	41,32 €/St	43,75 €/St
Rabatt	RAB	7,29 €/St	4,86 €/St
Listenverkaufspreis	LVP	**48,61 €/St**	**48,61 €/St**

Kostenträgerzeitrechnung – Gesamtkostenverfahren

Ausgangssituation

Da in den letzten Monaten erhebliche Differenzen bezüglich der produzierten und der verkauften Stückzahl an Kupplungsflanschen auftraten, sollen die Auswirkungen auf den Gewinn visualisiert werden. Hierzu werden Beispielrechnungen herangezogen. Basis für die Auswertung ist die Kalkulation von 2 unterschiedlichen Kupplungsflanschen mit den jeweilig produzierten Mengen und den durchschnittlichen Verkaufspreisen.

Kalkulation					
Typ		**Flansch ∅ 65**		**Flansch ∅ 85**	
Materialeinzelkosten	**MEK**	7,20	€/St	8,60	€/St
Materialgemeinkosten	**MGK**	2,02	€/St	2,41	€/St
Materialkosten	**MK**	9,22	€/St	11,01	€/St
Mechanische Bearbeitung Maschinenkosten	FGK_{MBMa}	12,34	€/St	13,20	€/St
Mechanische Bearbeitung Fertigungslohn	FEK_{MB}	5,17	€/St	5,62	€/St
Mechanische Bearbeitung Restgemeinkosten	FGK_{MBRest}	0,36	€/St	0,39	€/St
Montage Montageplatzkosten	FGK_{MoPl}	0,37	€/St	0,40	€/St
Montage Fertigungslohn	FEK_{Mo}	2,59	€/St	2,68	€/St
Montage Restgemeinkosten	FGK_{MoRest}	0,26	€/St	0,27	€/St
Fertigungskosten	**FK**	21,10	€/St	22,56	€/St
Herstellkosten	**HK**	30,32	€/St	33,57	€/St
Verwaltungsgemeinkosten	**VwGK**	2,42	€/St	2,69	€/St
Vertriebsgemeinkosten	**VtGK**	1,82	€/St	2,01	€/St
Selbstkosten	**SK**	34,56	€/St	38,27	€/St
Produzierte Menge pro Monat	x_{prod}	35 000	St	25 000	St
Durchschnittlicher Verkaufspreis	p	38,70	€/St	46,30	€/St
Verkaufte Menge pro Monat Variante 1	x_{verk1}	35 000	St	25 000	St
Verkaufte Menge pro Monat Variante 2	x_{verk2}	38 000	St	26 000	St
Verkaufte Menge pro Monat Variante 3	x_{verk3}	32 000	St	20 000	St
Verkaufte Menge pro Monat Variante 4	x_{verk4}	37 000	St	24 000	St

Aufgaben

1. Bestimmung des Betriebsergebnisses aller 4 Varianten anhand des Gesamtkostenverfahrens.
2. Ergänzende Aufgaben.
   - Bestimmung des Betriebsergebnisses, wenn zusätzlich zu den produzierten Kupplungsflanschen eine Montagevorrichtung gebaut wurde, wobei die Kosten für diese Vorrichtung in den Selbstkosten der Produkte enthalten sind und ein Wert von 185.256,00 € angesetzt wird.

Lösungen

1. Bestimmung des Betriebsergebnisses aller 4 Varianten anhand des Gesamtkostenverfahrens

Berechnung					
Typ		**Variante 1**	**Variante 2**	**Variante 3**	**Variante 4**
Nettoerlöse	**U**	2.512.000,00 €	2.674.400,00 €	2.164.400,00 €	2.543.100,00 €
+ Bestandserhöhung	$Best_{Erh}$	0,00 €	0,00 €	258.810,00 €	33.570,00 €
– Bestandsminderung	$Best_{Min}$	0,00 €	124.530,00 €	0,00 €	60.640,00 €
+ aktivierte Eigenleistung	Akt_{Lei}	0,00 €	0,00 €	0,00 €	0,00 €
= Gesamtleistung	**GL**	2.512.000,00 €	2.549.870,00 €	2.423.210,00 €	2.516.030,00 €
– Gesamte Kosten	K_{ges}	2.166.350,00 €	2.166.350,00 €	2.166.350,00 €	2.166.350,00 €
= Betriebsergebnis	**BE**	345.650,00 €	383.520,00 €	256.860,00 €	349.680,00 €

$$U_{Var4} = 37\,000 \text{ St} \cdot 38{,}70 \frac{€}{\text{St}} + 24\,000 \text{ St} \cdot 46{,}30 \frac{€}{\text{St}} = 2.543.100{,}00 \text{ €}$$

$$K_{gesVar4} = 35\,000 \text{ St} \cdot 34{,}56 \frac{€}{\text{St}} + 25\,000 \text{ St} \cdot 38{,}27 \frac{€}{\text{St}} = 2.166.350{,}00 \text{ €}$$

$$Best_{ErhVar4} = 1\,000 \text{ St} \cdot 33{,}57 \frac{€}{\text{St}} = 33.570{,}00 \text{ €}$$

$$Best_{MinVar4} = 2\,000 \text{ St} \cdot 30{,}32 \frac{€}{\text{St}} = 60.640{,}00 \text{ €}$$

Gewinnschwelle bei Einproduktbetrachtung

Ausgangssituation

In einem Zulieferunternehmen werden 1 Mio. Kupplungsbolzen gefertigt und abgesetzt. Die Kapazitätsgrenze liegt bei 1,2 Mio. Stück. Die Kupplungsbolzen werden zu einem Preis von 1,50 €/St verkauft. Die variablen Stückkosten betragen 1,10 €/St. Die fixen Kosten betragen 250.000,00 €.

Aufgaben

1. Bestimmung der Gewinnschwelle (Break-Even-Point).
2. Bestimmung der Menge bei einem Gewinn von 200.000,00 € bzw. einem Verlust von 80.000,00 €.
3. Bestimmung des derzeitigen Gewinns und des Sicherheitskoeffizienten.
4. Bestimmung des Preises um bei 1 100 000 Stück einen Gewinn von 250.000,00 € zu erhalten.
5. Bestimmung der variablen Kosten um bei 800 000 Stück einen Gewinn von 150.000,00 € zu erhalten.
6. Ergänzende Aufgaben.
   - Bestimmung der Gewinnschwelle (Break-Even-Point) bei einem Preis von 1,56 €/St und variablen Kosten von 1,00 €/St.

Grafische Darstellung

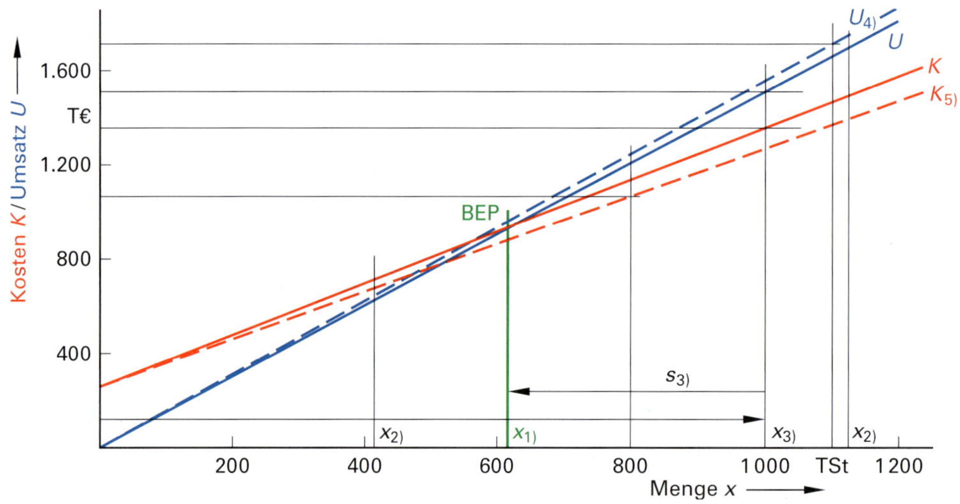

Lösungen

1. Bestimmung der Gewinnschwelle (Break-Even-Points)

$$x_{BEP} = \frac{K_{fix}}{p - k_{var}} = \frac{250.000{,}00\ €}{1{,}50\ \frac{€}{St} - 1{,}10\ \frac{€}{St}} = 625\,000{,}00\ St$$

2. Bestimmung der Menge bei einem Gewinn von 200.000,00 € bzw. einem Verlust von 80.000,00 €

$$x_{200\,000} = \frac{K_{fix} + G}{p - k_{var}} = \frac{250.000{,}00\ € + 200.000{,}00\ €}{1{,}50\ \frac{€}{St} - 1{,}10\ \frac{€}{St}} = 1\,125\,000\ St \qquad x_{80\,000} = \frac{K_{fix} - V}{p - k_{var}} = \frac{250.000{,}00\ € - 80.000{,}00\ €}{1{,}50\ \frac{€}{St} - 1{,}10\ \frac{€}{St}} = 425\,000\ St$$

3. Bestimmung des derzeitigen Gewinns und des Sicherheitskoeffizienten

$$G = p \cdot x_{ist} - (K_{fix} + k_{var} \cdot x_{ist}) = 1{,}50\ \frac{€}{St} \cdot 1\,000\,000\ St - (250.000{,}00\ € + 1{,}10\ \frac{€}{St} \cdot 1\,000\,000\ St)$$

$$G = p \cdot x_{ist} - (K_{fix} + k_{var} \cdot x_{ist}) = 150.000{,}00\ € \qquad S = \frac{x_{ist} - x_{BEP}}{x_{ist}} = \frac{1\,000\,000\ St - 625\,000\ St}{1\,000\,000\ St} = 0{,}375$$

4. Bestimmung des Preises um bei 1 100 000 Stück einen Gewinn von 250.000,00 € zu erhalten

$$U = 1\,100\,000\ St \cdot 1{,}10\ \frac{€}{St} + 250.000{,}00\ € + 250.000{,}00\ € = 1.710.000{,}00\ € \qquad p = \frac{1.710.000{,}00\ €}{1\,100\,000\ St} = 1{,}56\ \frac{€}{St}$$

5. Bestimmung der variablen Kosten um bei 800 000 Stück einen Gewinn von 150.000,00 € zu erhalten

$$K = 800\,000\ St \cdot 1{,}50\ \frac{€}{St} - 150.000{,}00\ € = 1.050.000{,}00\ € \qquad k_{var} = \frac{800.000{,}00\ €}{800\,000\ St} = 1{,}00\ \frac{€}{St}$$

$$K_{var} = 1.050.000{,}00\ € - 250.000{,}00\ € = 800.000{,}00\ €$$

Gewinnschwelle bei Mehrproduktbetrachtung

Ausgangssituation

In einem Zulieferunternehmen werden Grenzlehrdorne in unterschiedlichen Durchmessern und Mengen gefertigt. Die fixen Kosten im Unternehmen betragen 305.000,00 € im Jahr. Die folgende Tabelle stellt die Kosten- und Nettoerlössituation im vergangenen Jahr dar.

Kosten- und Nettoerlössituation							
Produkt	**Menge [St]**	**Preis [€/St]**	**k_{var} [€/St]**	**Produkt [-]**	**Menge [St]**	**Preis [€/St]**	**k_{var} [€/St]**
∅ 6	20 000	8,90	6,23	**∅ 16**	30 000	12,20	9,52
∅ 8	24 000	9,20	6,62	**∅ 18**	12 000	13,20	8,98
∅ 10	32 000	9,90	7,33	**∅ 20**	22 000	14,20	11,36
∅ 12	36 000	10,60	8,16	**∅ 25**	18 000	17,20	13,93
∅ 14	16 000	11,40	7,52				

Aufgaben

1. Bestimmung des Sicherheitskoeffizienten. Dieser gibt an, um wieviel Prozent der Umsatz fallen darf, ohne dass die Gewinnschwelle (Break-Even-Point) unterschritten wird.
2. Ergänzende Aufgaben
   - Bestimmung der Gewinnschwelle bei Fixkostenerhöhung um 15 %.

Lösungen

1. Bestimmung des Sicherheitskoeffizienten

Berechnungstabelle							
Produkt	**Menge [St]**	**Preis [€/St]**	**Umsatz [€]**	**k_{var} [€/St]**	**K_{var} [€]**	**db [€/St]**	**DB [€]**
∅ 6	20 000	8,90	178.000,00	6,23	124.600,00	2,67	53.400,00
∅ 8	24 000	9,20	220.800,00	6,62	158.880,00	2,58	61.920,00
∅ 10	32 000	9,90	316.800,00	7,33	234.560,00	2,57	82.240,00
∅ 12	36 000	10,60	381.600,00	8,16	293.760,00	2,44	87.840,00
∅ 14	16 000	11,40	182.400,00	7,52	120.320,00	3,88	62.080,00
∅ 16	30 000	12,20	366.000,00	9,52	285.600,00	2,68	80.400,00
∅ 18	12 000	13,20	158.400,00	8,98	107.760,00	4,22	50.640,00
∅ 20	22 000	14,20	312.400,00	11,36	249.920,00	2,84	62.480,00
∅ 25	18 000	17,20	309.600,00	13,93	250.740,00	3,27	58.860,00
	210 000	11,55	2.426.000,00	8,70	1.826.140,00	2,86	599.860,00
						$-K_{fix}$	–305.000,00
						Gewinn	**294.860,00**

$$\varnothing p = \frac{\sum \text{Umsatz}}{\sum \text{Menge}} = \frac{2.426.000{,}00\ €}{210\,000\ \text{St}} = 11{,}55\ \frac{€}{\text{St}}$$

$$\varnothing db = \frac{\sum DB}{\sum \text{Menge}} = \frac{599.860{,}00\ €}{210\,000\ \text{St}} = 2{,}86\ \frac{€}{\text{St}}$$

$$U_{BEP} = \frac{K_{fix}}{\frac{\varnothing db}{\varnothing p}} = \frac{305.000{,}00\ €}{\frac{2{,}86\ \frac{€}{\text{St}}}{11{,}55\ \frac{€}{\text{St}}}} = 1.231.731{,}00\ €$$

$$S = \frac{U_{ist} - U_{BEP}}{U_{ist}} = \frac{2.426.000{,}00\ € - 1.231.731{,}00\ €}{2.426.000{,}00\ €}$$

$S = \mathbf{0{,}49 \mathrel{\hat{=}} 49\%}$

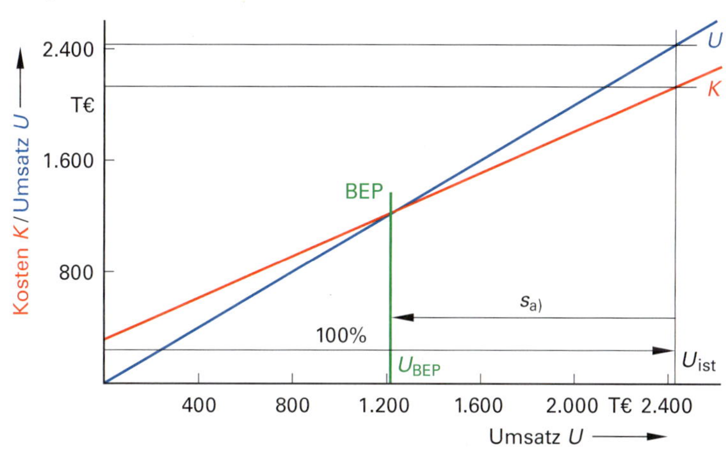

Optimales Produktionsprogramm

Ausgangssituation

Es besteht die Möglichkeit im kommenden Monat 6 Aufträge mit unterschiedlichen Flanschkupplungen zu fertigen und zu liefern. Alle 6 Produkte müssen über eine Engpassmaschine, auf der eine Restkapazität von 640 h/Monat vorliegt. Die Fixkosten für den kommenden Monat belaufen sich auf 125.456,00 €. Die folgende Tabelle zeigt die Rahmendaten sowie die maximal möglichen Stückzahlen.

Rahmendaten				
Flanschkupplung [-]	Maximale Menge [St]	Verkaufspreis [€/St]	Variable Kosten [€/St]	Maschinenbelegzeit [min]
FK4738	1500	68,50	33,60	8,00
FK4745	900	69,30	37,20	9,50
FK4832	1200	72,80	36,40	7,00
FK4912	800	74,20	35,10	7,50
FK4954	700	75,10	42,50	10,00
FK4962	600	75,60	33,80	9,00

Aufgaben

1. Bestimmung des Deckungsbeitrages pro Stück.
2. Bestimmung des relativen Deckungsbeitrages pro min (Verdrängungsgrad).
3. Festlegung der Priorisierungsreihenfolge.
4. Bestimmung des optimalen Produktionsprogrammes.
5. Bestimmung des Betriebsergebnisses unter Berücksichtigung des optimalen Produktionsprogrammes.
6. Ergänzende Aufgaben.
   - Bestimmung des optimalen Produktionsprogrammes, wenn auf das Produkt FK4832 ein Preisnachlass von 20 % gegeben werden müsste.
   - Bestimmung des Betriebsergebnisses unter diesen Gesichtspunkten.

Lösungen

1. bis 3. Bestimmung der Deckungsbeiträge und Priorisierung der Rangfolge

Deckungsbeitrag und Rangfolge						
Flanschkupplung [-]	Verkaufspreis [€/St]	Variable Kosten [€/St]	Maschinenbelegzeit [min]	db [€/St]	rel. db [€/min]	Rangfolge
FK4738	68,50	33,60	8,00	34,90	4,36	4
FK4745	69,30	37,20	9,50	32,10	3,38	5
FK4832	72,80	36,40	7,00	36,40	5,20	2
FK4912	74,20	35,10	7,50	39,10	5,21	1
FK4954	75,10	42,50	10,00	32,60	3,26	6
FK4962	75,60	33,80	9,00	41,80	4,64	3

4. und 5. Bestimmung des optimalen Produktionsprogrammes und des Betriebsergebnisses

optimales Produktionsprogramm							
Flanschkupplung [-]	Verkaufspreis [€/St]	Variable Kosten [€/St]	Maschinenbelegzeit [min]	db [€/St]	Menge [St]	Gesamtzeit [min]	DB [€]
FK4912	74,20	35,10	7,50	39,10	800	6000	31.280,00
FK4832	72,80	36,40	7,00	36,40	1200	8400	43.680,00
FK4962	75,60	33,80	9,00	41,80	600	5400	25.080,00
FK4738	68,50	33,60	8,00	34,90	1500	12000	52.350,00
FK4745	69,30	37,20	9,50	32,10	694	6593	22.277,40
FK4954	75,10	42,50	10,00	32,60	0	0	0,00
						38393	174.667,40
						$-K_{fix}$	–125.456,00
						BE	**49.211,40**

Zeitwirtschaft – Zeitgrad

Ausgangssituation

In der Abteilung „Mechanische Fertigung für Sonderteile" wird ein neues Entlohnunssystem geplant. Dieses soll auf einem garantierten Mindestlohn, einem Akkordzuschlag und einem Zeitgrad basieren.
Im Moment erhält der Mitarbeiter einen Stundelohn von 17,53 €/h und eine Leistungszulage von 20 %.
Beim neuen Entlohnungssystem ist von einem Mindestlohn von 15,20 €/h und einem Akkordzuschlag von 20 % auszugehen.

Die folgende Tabelle enthält die Aufträge mit den jeweiligen Vorgabe- und Istzeiten für den zu untersuchenden Monat.

Auftragsdaten					
Datum [-]	**Auftragsnummer [-]**	**Bezeichnung [-]**	**Menge [St]**	**Vorgabezeit [h]**	**Istzeit [h]**
01.06.2015	152365896	Kupplungsflansch 425/26	100	16,9	14,0
03.06.2015	152375586	Kupplungsflansch 496/30	80	11,9	9,5
04.06.2015	152412254	Kupplungsflansch 396/24	200	13,2	12,0
08.06.2015	152426598	Kupplungsflansch 524/26	220	18,2	18,0
10.06.2015	152452369	Kupplungsflansch 132/28	60	8,6	7,0
11.06.2015	152489655	Kupplungsflansch 758/20	180	14,0	12,0
15.06.2015	152501478	Kupplungsflansch 456/16	300	25,0	20,5
18.06.2015	152503265	Kupplungsflansch 369/36	100	9,3	10,0
19.06.2015	152514877	Kupplungsflansch 958/25	190	19,8	19,5
24.06.2015	152523699	Kupplungsflansch 458/24	110	12,8	10,3
25.06.2015	152532478	Kupplungsflansch 226/14	60	6,8	5,5
26.06.2015	152548999	Kupplungsflansch 745/32	130	13,4	11,6
30.06.2015	152561254	Kupplungsflansch 136/25	40	5,1	4,1

Aufgaben

1. Bestimmung des Zeitgrades für den zu untersuchenden Monat.
2. Vergleich der monatlichen Löhne bei beiden Entlohnungssystemen.
3. Ergänzende Aufgabe.
   - Bestimmung des Akkordlohnes wenn der Zeitgrad 120 % beträgt.

Lösungen

1. Bestimmung des Zeitgrades für den zu untersuchenden Monat

Auftragsdaten						
Datum [-]	**Auftragsnummer [-]**	**Bezeichnung [-]**	**Menge [St]**	**Vorgabezeit [h]**	**Istzeit [h]**	**Zeitgrad [%]**
01.06.2015	152365896	Kupplungsflansch 425/26	100	16,9	14,0	120,7
03.06.2015	152375586	Kupplungsflansch 496/30	80	11,9	9,5	125,3
04.06.2015	152412254	Kupplungsflansch 396/24	200	13,2	12,0	110,0
08.06.2015	152426598	Kupplungsflansch 524/26	220	18,2	18,0	101,1
10.06.2015	152452369	Kupplungsflansch 132/28	60	8,6	7,0	122,9
11.06.2015	152489655	Kupplungsflansch 758/20	180	14,0	12,0	116,7
15.06.2015	152501478	Kupplungsflansch 456/16	300	25,0	20,5	122,0
18.06.2015	152503265	Kupplungsflansch 369/36	100	9,3	10,0	93,0
19.06.2015	152514877	Kupplungsflansch 958/25	190	19,8	19,5	101,5
24.06.2015	152523699	Kupplungsflansch 458/24	110	12,8	10,3	124,3
25.06.2015	152532478	Kupplungsflansch 226/14	60	6,8	5,5	123,6
26.06.2015	152548999	Kupplungsflansch 745/32	130	13,4	11,6	115,5
30.06.2015	152561254	Kupplungsflansch 136/25	40	5,1	4,1	124,4
			Summe	**175,0**	**154,0**	**113,6**

2. Vergleich der monatlichen Löhne bei beiden Entlohnungssystemen

$$\text{Lohn}_{\text{Stundenlohn}} = 17{,}53\,\frac{€}{h} \cdot \left(1 + \frac{20\,\%}{100}\right) \cdot 154\,\frac{h}{\text{Monat}} = 3.239{,}54\,\frac{€}{\text{Monat}}$$

$$\text{Lohn}_{\text{Akkord}} = 15{,}20\,\frac{€}{h} \cdot \left(1 + \frac{20\,\%}{100}\right) \cdot \frac{113{,}6\,\%}{100} \cdot 154\,\frac{h}{\text{Monat}} = 3.190{,}98\,\frac{€}{\text{Monat}}$$

Zeitwirtschaft – Auftragszeit

Ausgangssituation

In der Montageabteilung soll mit Losgröße 100 Stück ein System zur Bestimmung der Auftragszeit eines jeden einzelnen Auftrages eingeführt werden. Für den Montageauftrag (Fügen von zwei Kugellagern auf eine Welle) mit der Nummer 145676899 sind folgende Daten bekannt:

Rahmendaten			
Ausführung	**Zeit**	**Rüsten**	**Zeit**
Entgraten der Welle	15 s	Montageplatz einrichten	25 min
Fügen der Kugellager auf die Welle	96 s	Hilfswerkzeuge einrichten	12 min
Wartezeit bei der Zuführung der Teile	5 s	Verteilzeitzuschlag	4 %
Verteilzeitzuschlag Ausführung	2 %	Erholzeitzuschlag	7 %
Erholzeitzuschlag Ausführung	3 %		
		Auftragsmenge	100 St

Aufgaben

1. Bestimmung der Rüstzeit.
2. Bestimmung der Zeit je Einheit.
3. Bestimmung der Ausführungszeit.
4. Bestimmung der Auftragszeit.
5. Bestimmung des Anteils der Rüstzeit in % bezogen auf die Auftragszeit als Kennzahl.
6. Bestimmung des Anteils der Erhol- und Verteilzeit der Ausführung in % bezogen auf die Zeit je Einheit als Kennzahl.
7. Ergänzende Aufgaben.
   - Bestimmung des Anteils der Nebenzeiten in % bezogen auf die Auftragszeit als Kennzahl.

Lösungen

1. bis 4. Bestimmung der Auftragszeit

Montageplatz rüsten		= 25,00 min
Hilfswerkzeuge rüsten		= 12,00 min
Rüstgrundzeit	t_{rg}	= 37,00 min
Rüsterholzeit	t_{rer} = 4% von t_{rg}	= 1,48 min
Rüstverteilzeit	t_{rv} = 7% von t_{rg}	= 2,59 min
Rüstzeit	$t_r = t_{rg} + t_{rer} + t_{rv}$	= 41,07 min

Entgraten Welle		= 15,00 s
Fügen Kugellager		= 96,00 s
Tätigkeitszeit	t_t	= 111,00 s
Wartezeit	t_w	= 5,00 s
Grundzeit	$t_g = t_t + t_w$	= 116,00 s
Erholzeit	t_{er} = 3% von t_g	= 3,48 s
Verteilzeit	t_v = 2% von t_g	= 2,32 s
Zeit je Einheit	$t_e = t_g + t_{er} + t_v$	= 121,80 s
Ausführungszeit	$t_a = m \cdot t_e$	= 203,00 min

Auftragszeit $T = t_r + t_a$ **= 244,07 min (= 4,07 h)**

5. Bestimmung des Anteils der Rüstzeit in % bezogen auf die Auftragszeit als Kennzahl

Anteilige Rüstzeit $= \frac{t_r}{T} = \frac{41{,}07\ \text{min}}{244{,}07\ \text{min}} = 0{,}1683 =$ **16,83 %**

6. Bestimmung des Anteils der Erhol- und Verteilzeit der Ausführung in % bezogen auf die Zeit je Einheit als Kennzahl

Anteilige Verteilzeit $= \frac{t_v}{t_e} = \frac{2{,}32\ \text{s}}{121{,}80\ \text{s}} = 0{,}019 =$ **1,90 %**

Anteilige Erholzeit $= \frac{t_{er}}{t_e} = \frac{3{,}48\ \text{s}}{121{,}80\ \text{s}} = 0{,}0286 =$ **2,86 %**

Anteilige Verteil- und Erholzeit $= \frac{t_v + t_{er}}{t_e} = \frac{2{,}32\ \text{s} + 3{,}48\ \text{s}}{121{,}80\ \text{s}} = 0{,}0476 =$ **4,76 %**

Zeitwirtschaft – Belegungszeit

Ausgangssituation

In der Abteilung „mechanischen Fertigung“ soll mit Losgröße 100 Stück eine neue Kennzahl eingeführt werden. Grundlage dieser Kennzahl ist unter anderem die Belegungszeit, welche im Gegensatz zur Auftragszeit, sich hier ausschließlich auf das Betriebsmittel beziehen soll. Es wird ein System zur Bestimmung der Belegungszeit eines jeden einzelnen Auftrages eingeführt. Für einen Fertigungsauftrag mit der Nummer 150887123 sind folgende Daten bekannt:

Rahmendaten			
Ausführung	**Zeit**	**Rüsten**	**Zeit**
Hauptnutzungszeit Bohren, Fräsen, ...	62 s	**CNC-Programm einlesen**	10 min
Werkzeugwechsel Span zu Span 6x4 s	24 s	**Werkzeuge einrichten**	52 min
Werkstück spannen	2 s	**Vorrichtung einrichten**	17 min
Werkstück be- und entladen	4 s	**Maschine einstellen**	8 min
Verteilzeitzuschlag	3 %	**Verteilzeitzuschlag**	8 %
		Auftragsmenge	150 St

Aufgaben

1. Bestimmung der Betriebsmittel-Rüstzeit.
2. Bestimmung der Betriebsmittelzeit je Einheit.
3. Bestimmung der Betriebsmittel-Ausführungszeit.
4. Bestimmung der Belegungszeit.
5. Bestimmung des Anteils der Betriebsmittel-Rüstzeit in % bezogen auf die Belegungszeit als Kennzahl.
6. Bestimmung des Anteils der Betriebsmittel-Rüstzeit in % bezogen auf die Betriebsmittel-Ausführungszeit als Kennzahl.
7. Bestimmung des Anteils der Hauptnutzungszeit in % bezogen auf die Belegungszeit als Kennzahl.
8. Ergänzende Aufgaben.
   - Bestimmung des Anteils der Nebenzeiten in % bezogen auf die Belegungszeit als Kennzahl.

Lösungen

1. bis 4. Bestimmung der Auftragszeit

CNC-Progamm einlesen		= 10,00 min
Werkzeuge rüsten		= 52,00 min
Vorrichtung rüsten		= 17,00 min
Rüstgrundzeit	t_{rgB}	= 79,00 min
Rüstverteilzeit	t_{rvB} = 8% von t_{rgB}	= 6,32 min
Rüstzeit	$t_{rB} = t_{rgB} + t_{rvB}$	= 85,32 min

Hauptnutzungszeit	t_h	= 62,00 s
Werkzeugwechsel	t_{n1}	= 24,00 s
Werkstück spannen	t_{n2}	= 2,00 s
Werkstück be- und entl.	t_{n3}	= 4,00 s
Grundzeit	$t_{gB} = t_h + t_{n1} + t_{n2} + t_{n3}$	= 92,00 s
Verteilzeit	t_{vB} = 3% von t_{gB}	= 2,76 s
Zeit je Einheit	$t_{eB} = t_{gB} + t_{vB}$	= 94,76 s
Ausführungszeit	$t_{aB} = m \cdot t_{eB}$	= 236,90 min

Auftragszeit $T_{bB} = t_{rB} + t_{aB}$ **= 322,22 min (= 5,37 h)**

5. Bestimmung des Anteils der Betriebsmittel-Rüstzeit in % bezogen auf die Belegungszeit als Kennzahl

$$\text{Anteilige Betriebsmittel-Rüstzeit}^{TbB} = \frac{t_{rB}}{T_{bB}} = \frac{85{,}32\text{ min}}{322{,}22\text{ min}} = 0{,}2648 = \mathbf{26{,}48\,\%}$$

6. Best. des Anteils der Betriebsmittel-Rüstzeit in % bezogen auf die Betriebsmittel-Ausführungszeit als Kennzahl

$$\text{Anteilige Betriebsmittel-Rüstzeit}^{tab} = \frac{t_{rB}}{t_{aB}} = \frac{85{,}32\text{ min}}{236{,}90\text{ min}} = 0{,}3602 = \mathbf{36{,}02\,\%}$$

7. Best. des Anteils der Hauptnutzungszeit in % bezogen auf die Betriebsmittel-Ausführungszeit als Kennzahl

$$\text{Anteilige Hauptnutzungszeit} = \frac{t_h}{t_{eB}} = \frac{62{,}00\text{ s}}{94{,}76\text{ s}} = 0{,}6543 = \mathbf{65{,}43\,\%}$$

Arbeitsschutz als Unternehmensziel/Sicherheitsbeauftragte

Ausgangssituation

Ein Managementsystem zur Gewährleistung der Arbeitssicherheit liegt nicht nur im Interesse der Mitarbeiter. Es liegt ebenso im Interesse des Unternehmens ein funktionierendes Arbeitsschutzmanagementsystem zu haben. Hierzu gehören organisatorische Aufgaben wie auch Richtlinien zur sicheren und gesundheitsgerechten Gestaltung von Abläufen.

Aufgaben

1. Nennung von 4 Gründen, weshalb der Arbeitsschutz als Unternehmensziel erklärt werden soll.
2. Nennung von 4 Aufgaben bzw. Pflichten der Unternehmensleitung bezüglich des Arbeitsschutzes.
3. Nennung von 10 Aufgaben des Sicherheitsbeauftragten.
4. Nennung von 5 Rechten des Sicherheitsbeauftragten.
5. Ergänzende Aufgaben.
   - Stichwortartige Beschreibung der Pflichten des Sicherheitsbeauftragten.

Lösungen

1. Nennung von 4 Gründen, weshalb der Arbeitsschutz als Unternehmensziel erklärt werden soll

- Jeder Arbeitsunfall und jede berufsbedingte Erkrankung bedeuten persönliches Leid – oft mit schwerwiegenden und lebenslangen Folgen für die Betroffenen.
- Arbeitsunfälle und Erkrankungen stören den Betriebsablauf: Die fällige Arbeit muss mit weniger oder anderen Mitarbeitern erledigt werden. Oft leidet die Qualität der Arbeit, Liefertermine können nicht eingehalten oder Aufträge nicht durchgeführt werden.
- Guter Arbeitsschutz ist ein Wettbewerbsvorteil: Für viele Kunden ist ein hoher Arbeitsschutzstandard ein Auswahlkriterium bei der Auftragsvergabe.
- Arbeitsunfälle verursachen hohe Kosten.

2. Nennung von 4 Aufgaben bzw. Pflichten der Unternehmensleitung bezüglich des Arbeitsschutzes

- Sicherstellen, dass die erforderlichen persönlichen Voraussetzungen und personellen sowie sachlichen Mittel gegeben sind.
- Fachkräfte für Arbeitssicherheit bestellen, als Ansprechpartner für diese Fachkräfte zur Verfügung stehen.
- Mindestens einmal jährlich die sicherheitsrelevanten Anlagen bzw. Betriebsteile besichtigen, wobei der hierbei erforderliche Aufwand sich an den Gefährdungspotenzialen der Anlagen, Arbeitsplätze und Tätigkeiten orientiert.
- Regelmäßig sich von der Fachkraft für Arbeitssicherheit berichten zu lassen und einen Arbeitsschutzausschuss organisieren und durchführen.

3. Nennung von 10 Aufgaben des Sicherheitsbeauftragten

- Auf die ordnungsgemäße Nutzung der Schutzeinrichtungen und des technischen Gerätes durch die Kollegen achten.
- An Betriebsbegehungen und Unfallermittlungen im Zuständigkeitsbereich teilnehmen.
- Kollegen bei Bedarf den Umgang mit Maschinen vermitteln und sie praktisch zu unterstützen.
- Besonders auf „Neue", „Jugendliche" und „fremdsprachige" Kollegen zuzugehen.
- Auf Arbeits- und Gesundheitsgefahren aufmerksam machen.
- Sich vom Vorhandensein und der technischen Funktionsfähigkeit von Schutzeinrichtungen zu überzeugen.
- Mit dem Betriebsarzt und der Fachkraft für Arbeitssicherheit zusammenzuarbeiten.
- Bei Unfallermittlungen mitzuhelfen und Mängel zu melden
- Auf die Nutzung der PSA in vorgesehener Art und Weise zu achten.
- An den Sitzungen des Arbeitsschutzausschusses (ASA-Sitzung) teilnehmen.

4. Nennung von 5 Rechten des Sicherheitsbeauftragten

- Keine Benachteiligung in der Ausübung seiner Tätigkeit.
- Verbesserungsvorschläge zum Arbeits- und Gesundheitsschutz anzuregen.
- Die für seine Tätigkeit notwendigen Informationen abzufordern (z. B. Statistiken zum Unfallgeschehen).
- Allgemeine Informationen über Arbeitsunfälle zu erhalten.
- Teilnahme an Begehungen und an Sitzungen des Arbeitsschutzausschusses.
- Niederlegung seines Ehrenamtes.

Persönliche Schutzausrüstung (PSA)

Ausgangssituation

Die ausgewählte persönliche Schutzausrüstung ist so zu wählen, dass sie vor der zu verhütenden Gefahr schützt, ohne selbst eine größere Gefährdung mit sich zu bringen. Es dürfen zum Beispiel bei Arbeiten an Maschinen mit rotierenden Werkstücken oder Werkzeugen mit Einzugsgefahr keine Schutzhandschuhe verwendet werden. Außerdem sollte die persönliche Schutzausrüstung den ergonomischen Anforderungen der Mitarbeiter entsprechen und ihnen individuell passen.
Dadurch wird nicht nur die Tragebereitschaft, sondern auch die schützende Wirkung erhöht.

Aufgaben

1. Nennung und Beschreibung von 7 Gegenständen, die zur persönlichen Schutzausrüstung gehören können.
2. Ergänzende Aufgaben.
   - Nennung von Kriterien zur Auswahl der persönlichen Schutzausrüstung.

Lösungen

1. Nennung und Beschreibung von 7 Gegenständen, die zur persönlichen Schutzausrüstung gehören können

a) Kopfschutz

Ein Kopfschutz ist erforderlich, wenn mit Kopfverletzungen durch Anstoßen, durch pendelnde, herabfallende, umfallende oder wegfliegende Gegenstände oder durch lose hängende Haare zu rechnen ist.

b) Augen- und Gesichtsschutz

Augen- oder Gesichtsverletzungen können durch wegfliegende Teile, Verspritzen von Flüssigkeiten oder durch gefährliche Strahlung verursacht werden. Schutzartikel für Gesicht und Augen sollten das Gesichtsfeld und die Sicht des Benutzers so wenig wie möglich einschränken.

c) Atemschutzgeräte

Atemschutz wird benötigt, wenn Mitarbeiter gesundheitsschädlichen, insbesondere giftigen, ätzenden oder reizenden Gasen, Dämpfen, Nebeln oder Stäuben ausgesetzt sein können oder wenn Sauerstoffmangel auftreten kann. Bei Filtergeräten wie z. B. Gasmasken werden die in der Umgebungsluft enthaltenen Gefahrstoffe durch einen Filter zurückgehalten.

d) Gehörschutz

Ab einem Lärmpegel von 80 dB sollte den Mitarbeitern Gehörschutz in Form von Gehörschutzstöpseln oder Kapselgehörschützern zur Verfügung stehen. Trotz des Gehörschutzes muss die Wahrnehmbarkeit von Warn- und Evakuierungssignalen, z. B. durch den zusätzlichen Einsatz optischer Signale, jederzeit gewährleistet sein.

e) Schutzkleidung

Unter Schutzkleidung versteht man z. B. Schutzanzüge, -jacken, -hosen, und -schürzen. Sie sollen den Rumpf vor thermischen, mechanischen oder elektrischen Einwirkungen, sowie vor Strahlung und chemischen Stoffen schützen.

f) Fußschutz

Geeignete Arbeitsschuhe können Unfälle durch Ausrutschen, Umknicken, beim Herabstürzen schwerer oder spitzer Gegenstände und durch Eintreten spitzer Gegenstände verhindern. Je nach Einsatzzweck sind unterschiedliche Anforderungen an Durchtrittsicherheit, Antistatik, Leitfähigkeit, Wärmeisolierung, Hitzebeständigkeit, Energieaufnahmevermögen und Wasserdurchtritt zu stellen.

g) Schutzhandschuhe

Je nach Arbeitssituation ergeben sich durch äußere Einwirkungen (thermisch, mechanisch, elektrisch oder chemisch) verschiedene Risiken für die Hände. Hierzu müssen die geeigneten Schutzhandschuhe ausgewählt werden.

Mitarbeiterqualifikation

Ausgangssituation

Mit der Einführung einer neuen Technologie an Bearbeitungszentren ist es erforderlich eine qualitative Personalplanung zu betreiben. Es ist geeignetes Personal auszuwählen und gezielt auf die neuen Anlagen zu schulen. Außerdem fordert auch die ISO 9001, dass die erforderlichen Qualifikationen der Mitarbeiter ermittelt und der erkannte Qualifikationsbedarf gedeckt werden. Der Nachweis darüber, dass Ihre Mitarbeiter ausreichend qualifiziert sind, ist zudem auch im Rahmen der Produzenten- und Produkthaftung von großer Bedeutung.

Aufgaben

Erstellung einer Qualifikationsmatrix für das Bedienpersonal eines 5-Achs-Bearbeitungszentrums.

Lösungen

1. Erstellung einer Qualifikationsmatrix für das Bedienpersonal eines 5-Achs-Bearbeitungszentrums

Qualifizierungsmatrix 5-Achs-Bearbeitungszentrum						
Aufgabenbereich	**Tätigkeit**	**Mitarb. 1**	**Mitarb. 2**	**Mitarb. 3**	**Mitarb. ...**	**Memo**
Basiswissen	Berufsausbildung Zerspaner					
	CNC-Kenntnisse					
	Zerspanungskenntnisse - Bohren					
	- Drehen					
	- Fräsen					
	- Reiben					
	Zeichnung lesen und verstehen					
	Mathematische Kenntnisse					
Maschinengrundfunktionen	Diagnosesysteme					
	Fehlerbehebung					
	Maschinenpflege					
	Maschinenwartung					
Steuerungsgrundfunktionen	Verständnis Siemens-Steuerung					
	Nullpunkte setzen und kontrollieren					
	Kenntnisse G-Funktionen					
	Kenntnisse M-Funktionen					
	Kenntnisse der Zyklen					
Programmierkenntnisse	Werkzeugkorrektur					
	Programmoptimierungen					
	Einfache Programmänderungen					
	Komplexe Programmänderungen					
	Programmerstellung					
Qualitätskontrolle/-sicherung	Qualitätsbewusstsein					
	Fachgerechte Auswahl und Benutzung von Prüfmitteln					
	Fachgerechte Benutzung von Messwerkzeugen					
	Pflege und Überprüfung der Messwerkzeuge					
	Einstellung der Messwerkzeuge					
	Fähigkeit handwerklicher Nacharbeit					
	Verbesserungsvorschläge zur Qualitätssteigerung					
Werkzeuge	Montieren und Einstellen eines neuen Werkzeuges					
	Einwechseln eines neuen Werkzeuges					
	Kenntnisse der Bearbeitungsparameter					
Sicherheit	Kenntnisse allgemeine Sicherheitsvorschriften					
	Kenntnisse der Maschinensicherheitsvorschriften					
	1 – Kann komplexe Tätigkeiten an der Maschine ausführen 2 – Kann einen Großteil der Tätigkeiten an der Maschine ausführen 3 – Kann einfache Tätigkeiten an der Maschine ausführen 4 – Kann Tätigkeiten an der Maschine nur unter Anleitung ausführen 5 – Kann keine Tätigkeit an der Maschine ausführen					

Recruitingprozess

Ausgangssituation

Von Seiten der Personalabteilung wird immer wieder kritisiert, dass bei der Einstellung von neuen Mitarbeitern nicht immer systematisch vorgegangen wird. Um hier eine Verbesserung zu erzielen, wurde beschlossen, den Prozess „Einstellung eines neuen Mitarbeiters" als sogenanntes Flussdiagramm darzustellen.

Aufgaben

1. Erstellung eines Flussdiagramms zur Einstellung eines neuen Mitarbeiters.
2. Ergänzende Aufgaben.
   - Nennung von unterschiedlichen Anwerbemethoden.

Lösungen

1. Erstellung eines Flussdiagramms zur Einstellung eines neuen Mitarbeiters

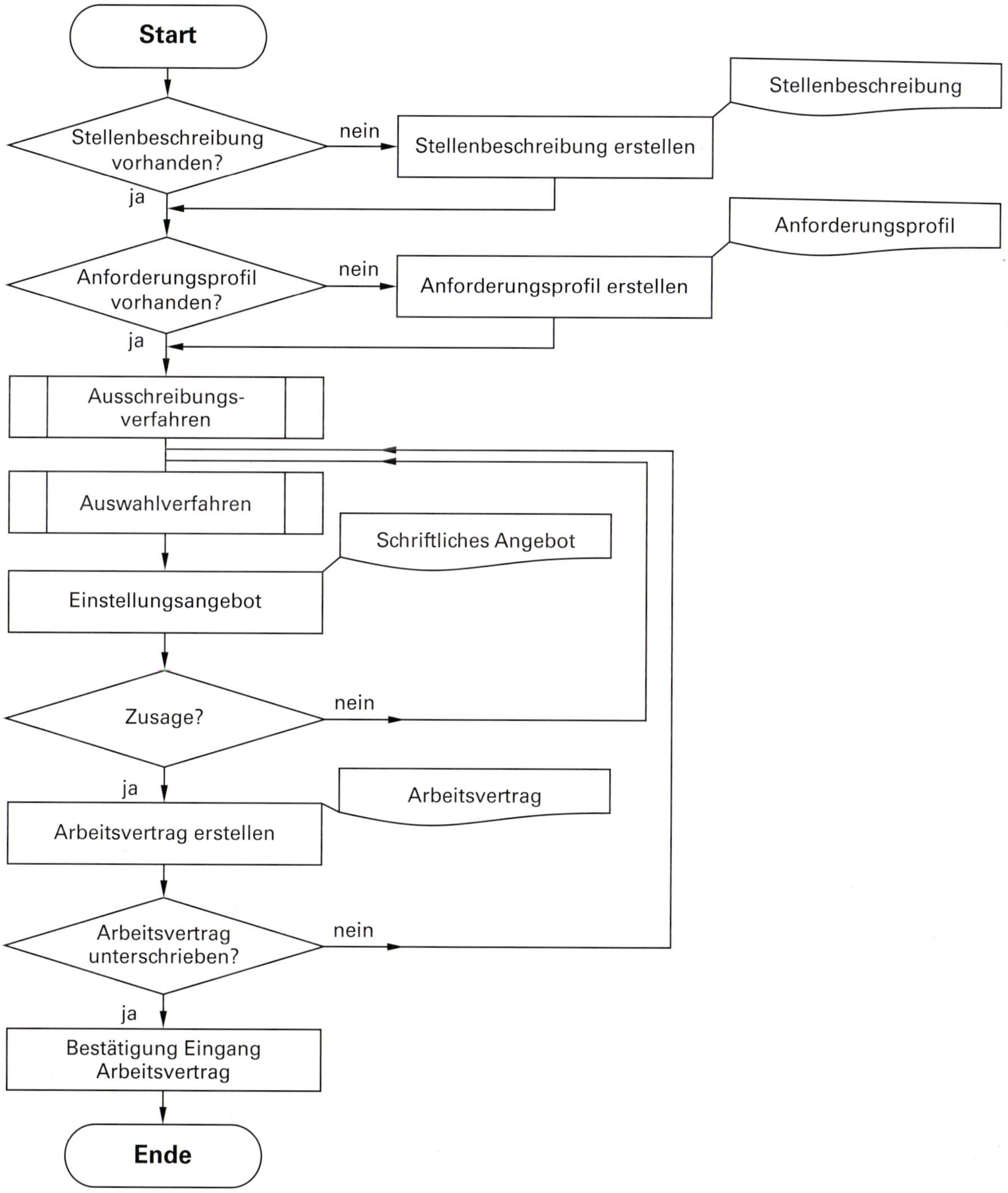

Recruitingprozess

Prozess Ausschreibungsverfahren

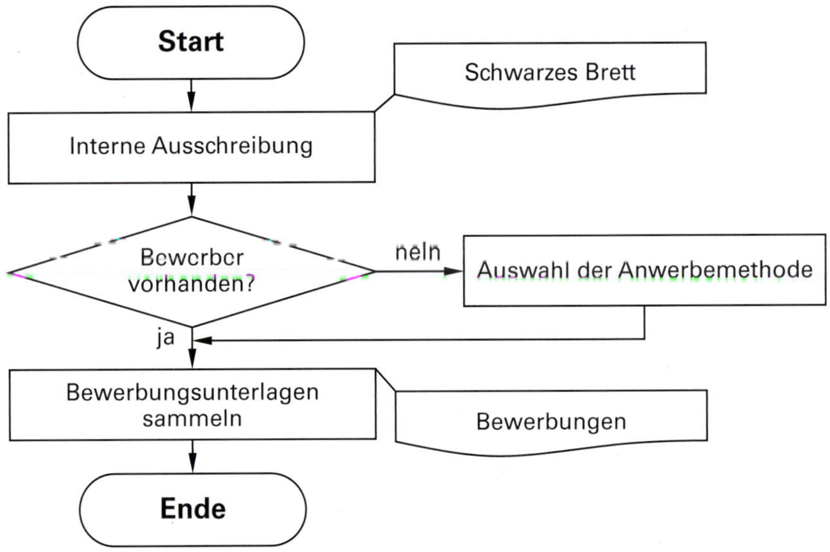

Prozess Auswahlverfahren

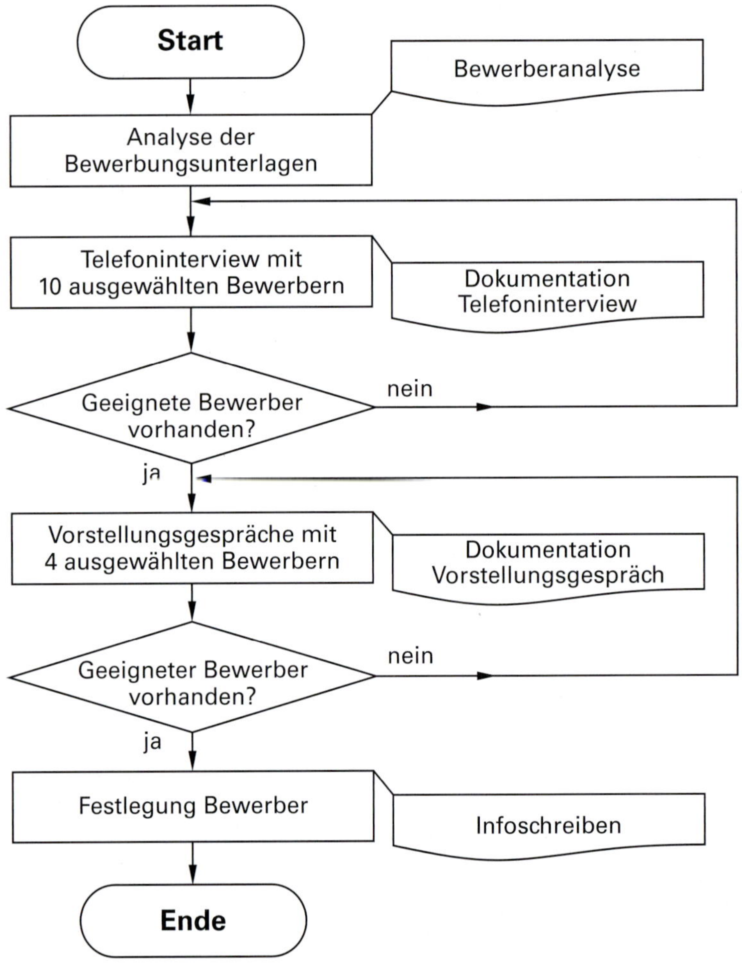

Führungsstile

Ausgangssituation

Im Unternehmen wenden die unterschiedlichen Führungskräfte verschiedene Führungsstile an. Von der Geschäftsleitung wurde beschlossen, die einzelnen Führungsstile zu untersuchen.

Aufgaben

1. Nennung der Führungsstile und stichwortartige Erklärung nach Tannenbaum.
2. Nennung der Führungsstile nach Kurt Lewin mit jeweils 2 Vor- und Nachteilen.
3. Beschreibung des situativen Führungsstiles.
4. Ergänzende Aufgaben.
   - Nennung der 4 Reifegrade mit dem entsprechenden Führungsstil.

Lösungen

1. Nennung der Führungsstile und stichwortartige Erklärung nach Tannenbaum

a) autoritär → Vorgesetzter entscheidet und setzt notfalls mit Zwang durch.
b) patriarchisch → Vorgesetzter entscheidet und setzt meist mit Manipulation durch.
c) informierend → Vorgesetzter entscheidet und setzt mit Information durch.
d) beratend → Vorgesetzter informiert und lässt Meinungsäußerungen der Betroffenen zu.
e) kooperativ → Gruppe entwickelt Vorschläge und der Vorgesetzte wählt aus.
f) partizipativ → Gruppe entscheidet im vereinbarten Rahmen.
g) demokratisch → Gruppe entscheidet autonom.

2. Nennung der Führungsstile nach Kurt Lewin mit jeweils 2 Vor- und Nachteilen

a) Laissez faire-Stil

Vorteile:
- Eigenständiges Arbeiten wird gefördert.
- Individualität der Mitarbeiter wird gefördert.

Nachteile:
- Mitarbeiter sind sich selbst überlassen, Kompetenzstreitigkeiten möglich.
- Gefahr durch mangelnde Disziplin, es wird nur das Nötigste gemacht.

b) Kooperativer Stil

Vorteile:
- Führungskraft und Mitarbeiter arbeiten eng zusammen und ergänzen sich in ihren Kompetenzen.
- Entlastung des Vorgesetzten, hohe Motivation der Mitarbeiter durch Entfaltung der Kreativität.

Nachteile:
- Entscheidungen werden langwieriger, evtl. endlose Diskussionen.
- Konkurrenz der Mitarbeiter kann zu Problemen führen.

c) Autoritärer Stil

Vorteile:
- Hohe Entscheidungsgeschwindigkeit, dadurch meist termingerechte Ergebnisse.
- Klare Kompetenzen, starke Kontrolle.

Nachteile:
- Hohes Risiko zu Fehlentscheidungen, da eine Person die Entscheidungsgewalt hat.
- Kompetenz der Mitarbeiter ungenutzt, Motivationsverlust.

3. Beschreibung des situativen Führungsstiles

Der situative Führungsstil beruht auf der Annahme, dass jeder Mitarbeiter nach seinem Reifegrad geführt werden muss, um die besten Arbeitsergebnisse zu erhalten. Je geringer der Reifegrad eines Mitarbeiters, desto stärker muss das aufgabenorientierte Führungsverhalten sein. Dieser Führungsstil bedient sich der Vorteile der einzelnen Führungsstile und vereint diese.

Mitarbeiterbeurteilung/Leistungsentgelt

Ausgangssituation

Im Unternehmen soll die Motivation der Mitarbeiter gefördert werden. Bei der Geschäftsführersitzung wurde über die unterschiedlichen Möglichkeiten diskutiert und beschlossen das System des Leistungsentgeldes besser auszubauen.

Aufgaben

1. Nennung möglicher Methoden zur Festsetzung des Leistungsentgeldes und stichwortartige Erklärung.
2. Erstellung eines Beurteilungsbogens zur Leistungsentgeltermittlung.

Lösungen

1. Nennung möglicher Methoden zur Festsetzung des Leistungsentgeldes und stichwortartige Erklärung

a) Kenzahlenvergleich → Es wird ein Vergleich von Vorgaben und erbrachter Leistung ermittelt. Kennzahlen können beispielsweise nach Zeit, Menge, Nutzung aber auch Projektlaufzeiten eingeteilt sein.

b) Zielvereinbarungen → Es wird ein Vergleich von vereinbarten Zielen und erbrachter Leistung ermittelt. Zielvereinbarungen können beispielsweise auf Qualifizierung, Projekten oder Qualität basieren.

c) Beurteilungen → Die Beurteilung wird in der Regel vom Vorgesetzten vorgenommen und basiert meist auf Kriterien wie Effizienz, Flexibilität, Zusammenarbeit, Qualitäts- und Führungsverhalten.

2. Erstellung eines Beurteilungsbogens zur Leistungsentgeltermittlung

Beurteilungsbogen zur Leistungsentgeltermittlung						
	Beurteilung von: Beschäftigte(r), Abteilung			Beurteilung durch: Vorgesetzte(r), Abteilung		
	Merkmal	**Beurteilungsstufe**				
		A	B	C	D	E
		Das Leistungsergebnis entspricht dem Ausgangsniveau der Arbeitsaufgabe.	Das Leistungsergebnis entspricht im allgemeinen den Erwartungen.	Das Leistungsergebnis entspricht in vollem Umfang den Erwartungen.	Das Leistungsergebnis liegt über den Erwartungen.	Das Leistungsergebnis liegt weit über den Erwartungen.
1	**Effizienz** z. B. wirksame Arbeitsausführung; termingerechte Arbeitsergebnisse; rationelle Durchführung	0	2	4	6	8
2	**Qualität** z. B. sorgfältige Durchführung von Aufgaben; Häufigkeit von Fehlern, Mängeln; Einhaltung von Zusagen, Absprachen; Ideenvielfalt	0	2	4	6	8
3	**Flexibilität** z. B. Erledigung wechselnder Aufgaben; Bewältigung veränderter Arbeitsbedingungen	0	1	2	3	4
4	**Verantwortliches Handeln** z. B. Zielorientierung; Umgang mit Ressourcen; Selbstständigkeit; Übernahme von Verantwortung; Sauberkeit in der Arbeitsumgebung; Förderung von Arbeits- und Gesundheitsschutz	0	1	2	3	4
5	**Kooperation** z. B. Zusammenarbeit bei gemeinsamer Erledigung von Arbeitsaufgaben; Zusammenarbeit mit anderen Stellen/ Bereichen innerhalb der Arbeitsaufgabe; Weitergabe von Erfahrungen und Informationen zur Aufgabenerfüllung	0	1	2	3	4
6	**Führungsverhalten (optional)** z. B. Delegation; Integration; Motivation; Personalentwicklung; Informationsverhalten	0	1	2	3	4
	Gesamtpunktzahl					
	Leistungsentgelt [%] = (Gesamtpunktzahl / maximal erreichbare Punktzahl) x 30					
	Datum, Unterschrift Beschäftigte(r)			Datum, Unterschrift Vorgesetzte(r)		

Getriebemotor

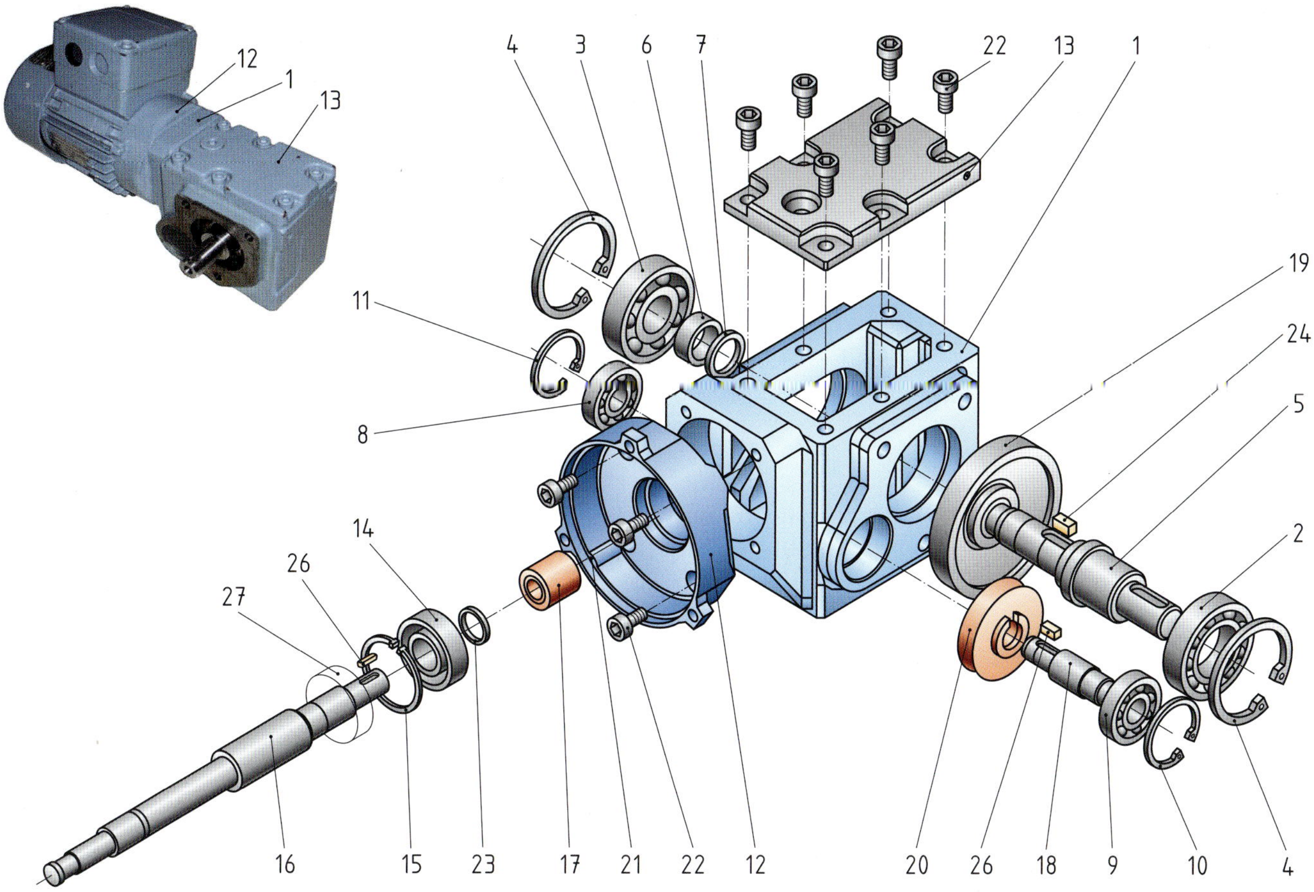

POS.	BENENNUNG	BESCHREIBUNG	MENGE
1	Gehäuse	EN-GJL-150	1
2	Rillenkugellager	DIN 625-6005	1
3	Rillenkugellager	DIN 625-6303	1
4	Sicherungsring	DIN 472-47 x 1,75	2
5	Antriebswelle	44SMn28	1
6	Distanzring-lang	S 355 JR	1
7	Distanzring-kurz	S 355 JR	1
8	Rillenkugellager	DIN 625-6200	1
9	Rillenkugellager	DIN 625-6201	1
10	Sicherungsring	DIN 472-32 x 1,2	1
11	Sicherungsring	DIN 472-30 x 1,2	1
12	Lagerschild	EN-GJL-150	1
13	Getriebedeckel	EN-GJL-150	1
14	Rillenkugellager	DIN 625-6202	1
15	Sicherungsring	DIN 472-35 x 1,5	1
16	Motorwelle	44SMn28	1
17	Schnecke	31CrMo12; $z = 1$	1
18	Ritzelwelle	16MnCr5 + A; $z = 33$	1
19	Stirnrad	41Cr4 + QT; $z = 68$	1
20	Schneckenrad	CuAl11Fe6Ni6; $z = 44$	1
21	Sicherungsring	DIN 471-11 x 1	1
22	Zylinderschraube	DIN EN ISO 4762-M6 x 12-8,8	10
23	Sicherungsring	DIN 471-15 x 1	1
24	Passfeder	DIN 6885-B-5 x 5 x 12	1
25	Passfeder	DIN 6885-A-2 x 2 x 12	1
26	Passfeder	DIN 6885-B-4 x 4 x 8	1
27	Radial-Wellendichtring	DIN 3760-A 15 x 35 x 7 - NBR	1

Getriebemotor – Aufgaben

Aufgaben

1. Der letzte Schritt der Gesamtmontage ist die Vormontage und Montage der Motorwelle (Pos. 16) mit der Schnecke (Pos. 17). Erstellung eines Montageplanes in tabellarischer Form (Pos., Beschreibung, Hilfsmittel) für folgende Teile: 1, 12, 13, 14, 15, 16, 17, 21, 22, 26, 27.

2. Erstellung einer Skizze für den Bereich der Motorwelle und den Bereich des Lagerschildes mit allen zur Herstellung erforderlichen Maßen und Angaben nach nebenstehendem Muster:

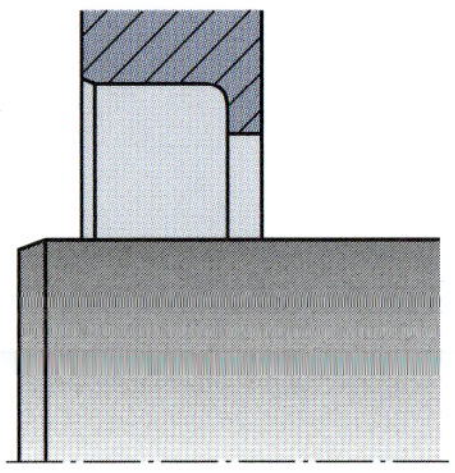

3. Motorwelle (16), Schnecke (17), Ritzelwelle (18) und Stirnrad (19) sollen an der Oberfläche gehärtet werden, der Kern soll zäh bleiben. Beschreibung und Erläuterung des jeweiligen Vorgehens.

4. Motorwelle (16), Schnecke (17), Ritzelwelle (18) und Stirnrad (19) müssen durch Drehen bearbeitet werden.

   Erstellung einer Tabelle mit den Schnittdaten (Schnittgeschwindigkeit und Vorschub) vor der Wärmebehandlung zum Längsdrehen (schruppen und schlichten) und zum Plandrehen.

5. Jeweils 20 Motorwellen, Schnecken, Ritzelwellen und Antriebswellen werden zur Endkontrolle an drei Messstationen überprüft. Dabei sind die folgenden Belegungszeiten bekannt:

   Motorwelle: 5 Stunden Messstation 1, 2 Stunden Messstation 2 und 1 Stunde Messstation 3
   Schnecke: 2 Stunden Messstation 1, 4 Stunden Messstation 2, 5 Stunden Messstation 3
   Ritzelwelle: 3 Stunden Messstation 1, 2 Stunden Messstation 2, 4 Stunden Messstation 3
   Antriebswelle: 6 Stunden Messstation 1; 2 Stunden Messstation 2

   Erstellung eines grafischen Zeitplanes für die Messstationen, um alle Aufträge in möglichst kurzer Durchlaufzeit zu erledigen. Ermittlung der Durchlaufzeit ohne Zwischenzeiten.

6. Der Wellenabsatz der Antriebswelle hat das Maß: 20+0,2. Bei den halbstündlichen Messungen wurden folgende Messwerte festgestellt:

Kontrollmaß: 20+0,2

1 – 09:00 Uhr	2 – 09:30 Uhr	3 – 10:00 Uhr	4 – 10:30 Uhr	5 – 11:00 Uhr	6 – 11:30 Uhr	7 – 12:00 Uhr
20,12	20,11	20,11	20,10	20,12	20,11	20,13
20,12	20,11	20,11	20,10	20,12	20,11	20,12
20,13	20,09	20,13	20,09	20,11	20,09	20,11
20,13	20,08	20,13	20,09	20,11	20,08	20,12
$\bar{x}$ =	$\bar{x}$ =	$\bar{x}$ =	$\bar{x}$ =	$\bar{x}$ =	$\bar{x}$ =	$\bar{x}$ =

Getriebemotor – Aufgaben

Berechnung der fehlenden Mittelwerte $\bar{x}$ auf 4 Stellen hinter dem Komma. Die geschätzte Prozessstandardabweichung beträgt $\hat{\sigma} = 0{,}0222$. Darstellung des Prozesses mit den Toleranzgrenzen, der Toleranzmitte und den Eingriffsgrenzen OEG und UEG in einer Mittelwert-Qualitätsregelkarte.

Erläuterung des Prozessverlaufes und Nennung der Maßnahmen, die zu ergreifen sind.

7. Eine Zählung der Kundenbeanstandungen des letzten Jahres wurde durchgeführt, um Fehler in Zukunft zu vermeiden und damit die Produktqualität zu steigern. Neben den Beanstandungen wurden die durchschnittlichen Kosten pro Fall aufgenommen, die entstanden sind um den Fehler zu beseitigen.

Kundenbeanstandungen		
Fehlerart	**Anzahl der Fälle**	**Kosten pro Fall in €**
Lagerschaden	9	400,00
Risse im Schneckenrad	10	1.100,00
Dichtheit	12	150,00
Geräusche	83	700,00
Lackschäden	108	50,00

Erstellung eines Pareto-Diagrammes aus dem hervorgeht, welche Fehler aus Kostengründen zuerst beseitigt werden müssen.

8. Eine Firma ist „ISO 9000 zertifiziert". Einem neuen Mitarbeiter soll erläutert werden, was das bedeutet. Erstellung eines Handzettels mit Stichworten für die Erläuterung.

9. Der Getriebemotor hat nebenstehendes Typenschild. Bestimmung der Drehzahl der Antriebswelle, wenn der Motor mit Nenndrehzahl läuft.

1	Motorenwerke ACME	**EFF2**	7
2	ASM **100L-2**	**0123456**	8
3	Δ **400** V	**5,9** A	9
4	**3** kW	$\cos\varphi$ **0,86**	10
5	**2890** U/min	**50** Hz	11
6	Isol. Kl. **F**	IP **44**	12

10. Ein Kunde möchte Schüttgut von 1,5 Tonnen pro Minute auf eine Höhe von 10 Meter befördern.

Berechnung, ob dies mit dem Getriebemotor mit dem Typenschild nach Aufgabe 9 möglich ist.

Beratung des Kunden unter Berücksichtigung des Einflusses der Wirkungsgrade von Getriebe und Förderband.

Getriebemotor – Lösungen

Lösung 1

Montageplan		
Pos.	**Beschreibung**	**Hilfsmittel**
1	Radial-Wellendichtring (27) und Sicherungsring (15) über die Motorwelle (16) legen. Ihre Montage erfolgt später (Schritt 8 und 9), dann bekäme man sie aber nicht mehr über das Rillenkugellager (14) an die richtige Einbauposition.	von Hand
2	Rillenkugellager (14) auf die Motorwelle (16) pressen.	Presse und Einpresshülse
4	Sicherungsring (23) einbauen.	Sicherungsringzange
5	Passfeder (26) einbauen.	von Hand mit Schonhammer
6	Schnecke (17) auf die Motorwelle (16) schieben.	von Hand
7	Sicherungsring (21) einbauen.	Sicherungsringzange
8	Motorwelle (16) mit allen angebauten Teilen durch das Lagerschild (12) stecken, sodass das Rillenkugellager (14) in der Bohrung des Lagerschildes anliegt.	von Hand
9	Sicherungsring (26) in das Lagerschild (12) einbauen.	Sicherungsringzange (abgekröpft)
10	Radial-Wellendichtring (27) in das Lagerschild (12) einpressen.	Presse und Einpresshülse
11	Lagerschild (12) mit allen angebauten Teilen auf das Gehäuse (1) aufsetzen, dabei die Durchgangsbohrungen nach den Gewinden im Gehäuse (1) und die Schnecke (17) nach dem Schneckenrad (20) ausrichten.	
12	Das Lagerschild (12) mit Hilfe von 4 Zylinderschrauben (22) mit dem Gehäuse (1) verschrauben.	Innensechskantschlüssel
13	Getriebedeckel (13) mit Hilfe von 6 Zylinderschrauben (22) mit dem Gehäuse (1) verschrauben.	Innensechskantschlüssel

Lösung 2

Maßbereiche nach Norm	Beispiel für gewählte Maße

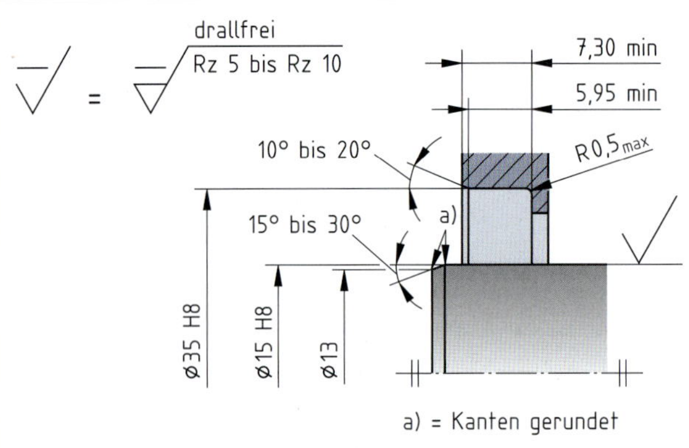

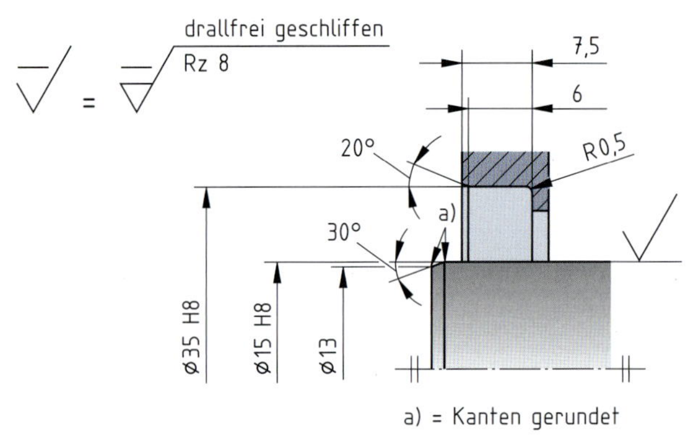

Lösung 3

Pos. 16: Motorwelle; 44SMn28:

Vergütungsstahl und Automatenstahl

Dieser Stahl ist für das Vergüten (Härten und Anlassen) des gesamten Bauteiles vorgesehen. Ob und wie eine Oberflächenhärtung durch Flamm- oder Induktionshärten möglich ist, muss beim Hersteller erfragt oder durch eigene Versuche ermittelt werden.

Vergüten: Austenitisieren bei 840 °C bis 870 °C, abschrecken in Öl (oder Wasser), hohes Anlassen mindestens 1 Stunde bei 540 °C bis 680 °C.

Getriebemotor – Lösungen

Pos. 17: Schnecke; 31CrMo12:

Nitrierstahl

Vor dem Nitrieren muss der Stahl zuerst vergütet werden.

Vergüten:
Mindestens 0,5 Stunden in der Austenitisierungstemperatur von 870 °C bis 930 °C halten und in Öl oder Wasser abschrecken. Dann mindestens 1 Stunde bei 580 °C bis 700 °C anlassen, die Anlasstemperatur sollte mindestens 50 °C über der späteren Nitriertemperatur liegen (z. B. 600 °C).

Nitrieren:
Werkstücke bei 500 °C bis 600 °C (z. B. 550 °C) einer Nitriergasatmosphäre (stickstoffhaltige Gase) aussetzen. Die Härte der nitrierten Oberfläche erreicht eine Vickershärte von HV1800.

Pos. 18: Ritzelwelle; 16MnCr5 +A:

Einsatzstahl, weichgeglüht

Aufkohlungstemperatur 880 °C bis 980 °C.
Härten bei Randhärtetemperatur von 780 °C bis 820 °C.
Abschreckmittel Öl. Anlassen bei 150 °C bis 200 °C.

Pos. 19: Stirnrad; 41Cr4 +QT:

Legierter Vergütungsstahl, Stahl für Flamm- und Induktionshärtung, vergütet

+QT heißt, dass der Stahl bereits vergütet ist, sodass direkt zum Randschichthärten übergegangen werden kann.

Härten bei 820 °C bis 860 °C, die Randschicht wird durch eine Flamme oder durch Induktion auf die Austenitisierungstemperatur gebracht.
Abschrecken je nach Härtetemperatur. 820 °C Härtetemperatur. Abschrecken in Wasser; 860 °C Härtetemperatur: Abschrecken in Öl. Anlassen bei 150 °C bis 200 °C.

Lösung 4

Schnittdaten zum Drehen						
Bauteil/ Werkstoff	**Längsdrehen Schruppen**		**Längsdrehen Schlichten**		**Plandrehen**	
	v_c m/min	f mm	v_c m/min	f mm	v_c m/min	f mm
Motorwelle 44SMn28 R_m = 630 N/mm² bis 800 N/mm²	160	0,6 ... 0,25	250	0,25 ... 0,1	200	0,2 ... 0,1
Schnecke 31CrMo12 R_m = 980 N/mm² bis 1180 N/mm²	110	0,6 ... 0,25	150	0,25 ... 0,1	130	0,2 ... 0,1
Ritzelwelle 16MnCr5+A *HB* 207→ R_m ca. 650 N/mm² bis 700 N/mm²	160	0,6 ... 0,25	270	0,25 ... 0,1	220	0,2 ... 0,1
Stirnrad 41Cr4 + QT R_m = 900 N/mm² bis 1100 N/mm²	130	0,6 ... 0,25	185	0,25 ... 0,1	160	0,2 ... 0,1

Getriebemotor – Lösungen

Lösung 5

Messstation	1	2	3	4	5	6	7	8	9	10	11	12	13	14	15	16	
1																	16
2																	
3																	

Durchlaufzeit 16 Stunden

Lösung 6

Kontrollmaß: 20+0,2 mm

OTG = 20,2 mm; TM = 20,1 mm; UTG = 20,0 mm

	09:00 Uhr	09:30 Uhr	10:00 Uhr	10:30 Uhr	11:00 Uhr	11:30 Uhr	12:00 Uhr
$\bar{x}$ [mm]	20,1250	20,0975	20,1200	20,0950	20,1150	20,0975	20,1200
s [mm] zur Info	0,0057	0,0150	0,0115	0,0058	0,0058	0,0150	0,0082

$OEG = \hat{\mu} + A_E \cdot \hat{\sigma}$; $UEG = \hat{\mu} - A_E \cdot \hat{\sigma}$

$\hat{\sigma} = 0{,}02$ mm; $\hat{\mu} = \bar{\bar{x}} = 20{,}11$ mm; $A_E = 1{,}288$ nach *DGQ*

$OEG = 20{,}11 \text{ mm} + 1{,}288 \cdot 0{,}02 \text{ mm} = 20{,}1358 \text{ mm}$

$UEG = 20{,}11 \text{ mm} - 1{,}288 \cdot 0{,}02 \text{ mm} = 20{,}0842 \text{ mm}$

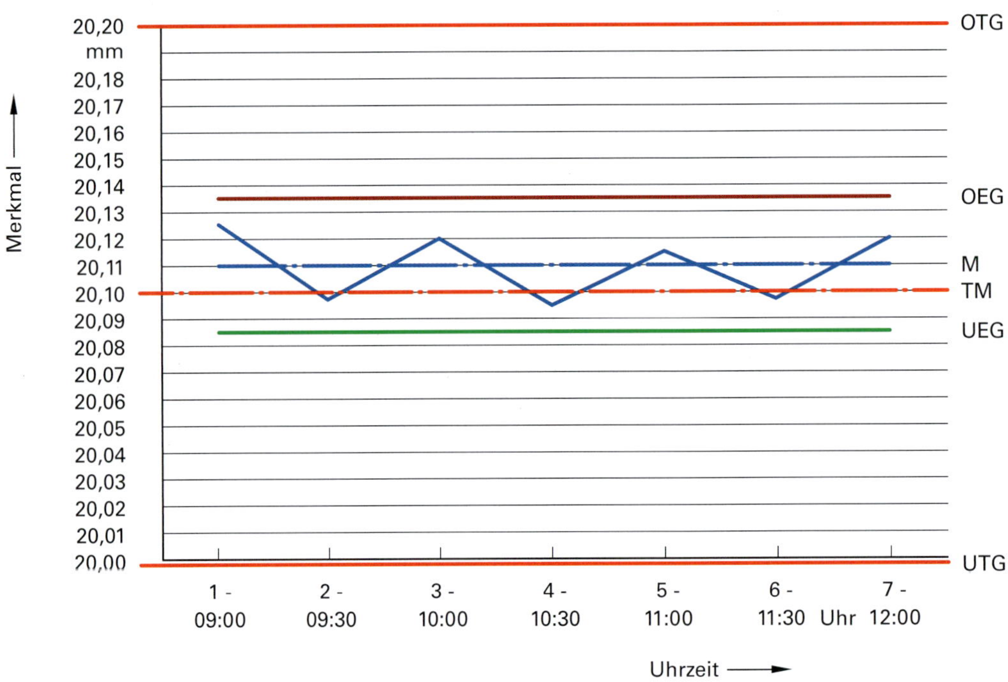

Prozessverlauf:

Perioden, die Werte wechseln periodisch um die Mittellinie M. Alle Werte liegen innerhalb der Eingriffsgrenzen. Der Prozess ist gegenüber der Toleranzmitte nach oben verschoben.

Maßnahmen:

Den Prozess nach Einflüssen untersuchen, z. B. Temperaturschwankungen, unterschiedliche Messgeräte. Prozess nachstellen bzw. zentrieren.

Getriebemotor – Lösungen

Lösung 7

Beanstandungen am Getriebe					
Fehlerart: Probleme mit ...	**Anzahl der Fälle**	**Kosten pro Fall in €**	**Gesamtkosten in €**	**%-Wert**	**%-Summe**
Geräuschen	83	700,00	58.100,00	72,7 %	72,7 %
Rissen im Schneckenrad	10	1.100,00	11.000,00	13,8 %	86,5 %
Lackschäden	108	50,00	5.400,00	6,8 %	93,2 %
Lagerschäden	9	400,00	3.600,00	4,5 %	97,7 %
Dichtheit	12	150,00	1.800,00	2,3 %	100,0 %

Summe aller Kosten 79.900,00 = 100 %

Pareto-Diagramm

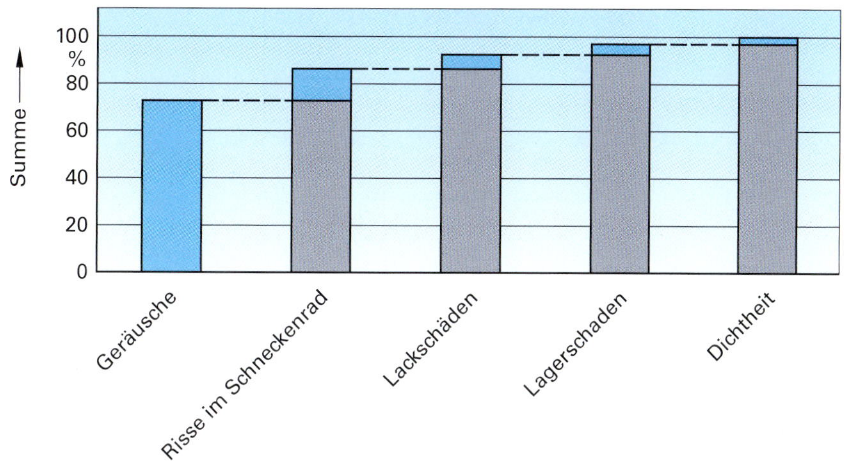

Wenn die Fehlerquellen „Geräusche" und „Risse im Schneckenrad" (40 % der Fehlerquellen) beseitigt werden, werden 86 % der Kosten vermieden. Diese sind zuerst zu beseitigen.

Lösung 8

- Qualität heißt: Kunde bekommt das geliefert, was er erwartet und was seinen Wünschen entspricht.
- Kunde soll Vertrauen in unsere Firma haben → Zertifikat.
- Zertifikat besagt, dass wir systematisches Qualitätsmanagement betreiben und dies durch unabhängige Firmen überprüfen lassen (Audits).
- Kernpunkt ist ein Qualitätshandbuch, in dem wichtige Vorgänge in unserer Firma beschrieben werden und an das sich die Mitarbeiter halten müssen.
- Nicht jeder Mitarbeiter muss das ganze Handbuch kennen, sondern nur die für seinen Arbeitsplatz wichtigen Details, z. B. Prüfanweisungen.
- Die Mitarbeiter haben sich an der Erstellung des Handbuches beteiligt und sind aufgefordert, sich in einem KVP (kontinuierlicher Verbesserungsprozess) weiterhin zu beteiligen.

Getriebemotor – Lösungen

Lösung 9

Die Nenndrehzahl (Nr. 5 auf dem Typenschild) beträgt $2\,890\ \frac{\text{U}}{\text{min}}$.

$$i_{\text{ges}} = \frac{n_{\text{Nenn}}}{n_{\text{Antriebswelle}}} \Rightarrow n_{\text{Antriebswelle}} = \frac{n_{\text{Nenn}}}{i_{\text{ges}}}$$

Bestimmung des Gesamtübersetzungsverhältnisses:

$$i_{\text{ges}} = i_{\text{Schneckengetriebe}} \cdot i_{\text{Zahnradgetriebe}} = \frac{z_{\text{Schneckenrad}}}{z_{\text{Schnecke}}} \cdot \frac{z_{\text{Stirnrad}}}{z_{\text{Ritzwelle}}}$$

$$i_{\text{ges}} = \frac{44}{1} \cdot \frac{68}{33} = 90{,}667 \Rightarrow n_{\text{Antriebswelle}} = \frac{n_{\text{Nenn}}}{i_{\text{ges}}} = \frac{2\,890\ \frac{1}{\text{min}}}{90{,}667}$$

$$\Rightarrow \boldsymbol{n_{\text{Antriebswelle}} = 31{,}9\ \frac{1}{\text{min}}}$$

Lösung 10

1	Motorenwerke ACME	EFF2	7
2	ASM 100L-2	0123456	8
3	Δ 400 V	5,9 A	9
4	3 kW	$\cos\varphi$ 0,86	10
5	2890 U/min	50 Hz	11
6	Isol. Kl. F	IP 44	12

Die zur Verfügung stehende Nennleistung (Nr. 4 auf dem Typenschild) beträgt 3 kW = 3 000 Watt.

Berechnung der erforderlichen Leistung.

$$P = \frac{W}{t} = \frac{m \cdot g \cdot h}{t};\ \text{mit}\ \dot{m} = \frac{m}{t} \Rightarrow P = \dot{m} \cdot g \cdot h$$

$$P_{\text{erforderlich}} = \dot{m} \cdot g \cdot h$$

$$\dot{m} = 1{,}5\ \frac{\text{Tonnen}}{\text{min}} \rightarrow \dot{m} = 1{,}5 \cdot 1\,000\ \frac{\text{kg}}{\text{min}} \rightarrow \dot{m} = 1{,}5 \cdot 1\,000 : 60\ \frac{\text{kg}}{\text{s}} = 25\ \frac{\text{kg}}{\text{s}}$$

$g = 9{,}81\ \frac{\text{m}}{\text{s}^2}$ $\qquad$ $\boldsymbol{h} = 10\ \text{m}$

$$\Rightarrow P_{\text{erforderlich}} = 25\ \frac{\text{kg}}{\text{s}} \cdot 9{,}81\ \frac{\text{m}}{\text{s}^2} \cdot 10\ \text{m} = \mathbf{2\,452{,}5\ W}$$

2 452,5 W < 3 000 W, damit würde die Antriebsleistung ausreichen. Dabei unberücksichtigt sind jedoch die Wirkungsgrade des Getriebes und des Förderbandes. Mit der erforderlichen Leistung als P_2 und der Nennleistung des Motors als P_1 ergibt sich ein erforderlicher Gesamtwirkungsgrad:

$$\eta_{\text{erforderlich}} = \frac{P_2}{P_1} = \frac{2\,452{,}5\ \text{W}}{3\,000\ \text{W}} = \mathbf{0{,}82}$$

Es ist nicht zu erwarten, dass Getriebe und Förderband einen so hohen Gesamtwirkungsgrad haben. Außerdem hätte man keine Reserve. Dem Kunden ist ein Getriebemotor mit einem stärkeren Motor zu empfehlen.

Stirnradgetriebe

Ausgangssituation

In einem mittelständischen Maschinenbaubetrieb mit 300 Mitarbeitern ist das Kerngeschäft die Entwicklung und Fertigung von Standardgetrieben in den unterschiedlichsten Leistungsbereichen, welche beispielsweise in Rundschalttischen, Pumpen und Lüftern oder in Förderbändern zum Einsatz kommen.

Der Verantwortungsbereich eines Industriemeisters umfasst in dieser Firma die Prototypen- und die Serienfertigung von Stirnradgetrieben. In ihrem Bereich arbeiten 72 Mitarbeiter, 5 Auszubildende als Zerspanungsmechaniker und 2 Auszubildende als Mechatroniker.

In der Serienfertigung wird im Zweischichtbetrieb, in der Prototypen-Fertigung im Einschichtbetrieb gearbeitet. Die wöchentliche Arbeitszeit beträgt 37,5 Stunden (aufgrund einer innerbetrieblicher Vereinbarung). Ein Betriebsrat ist vorhanden.

Die Serienfertigung verfügt über hochmoderne Bearbeitungszentren zur Dreh-, Fräs- und Schleifbearbeitung. Die Prototypen-Fertigung (Sonderwerkstatt) ist überwiegend mit konventionellen Werkzeugmaschinen ausgestattet.

Die Wärmebehandlung wie z. B. Härten wird an Fremdfirmen vergeben.

Prinzipieller Aufbau eines Stirnradgetriebes

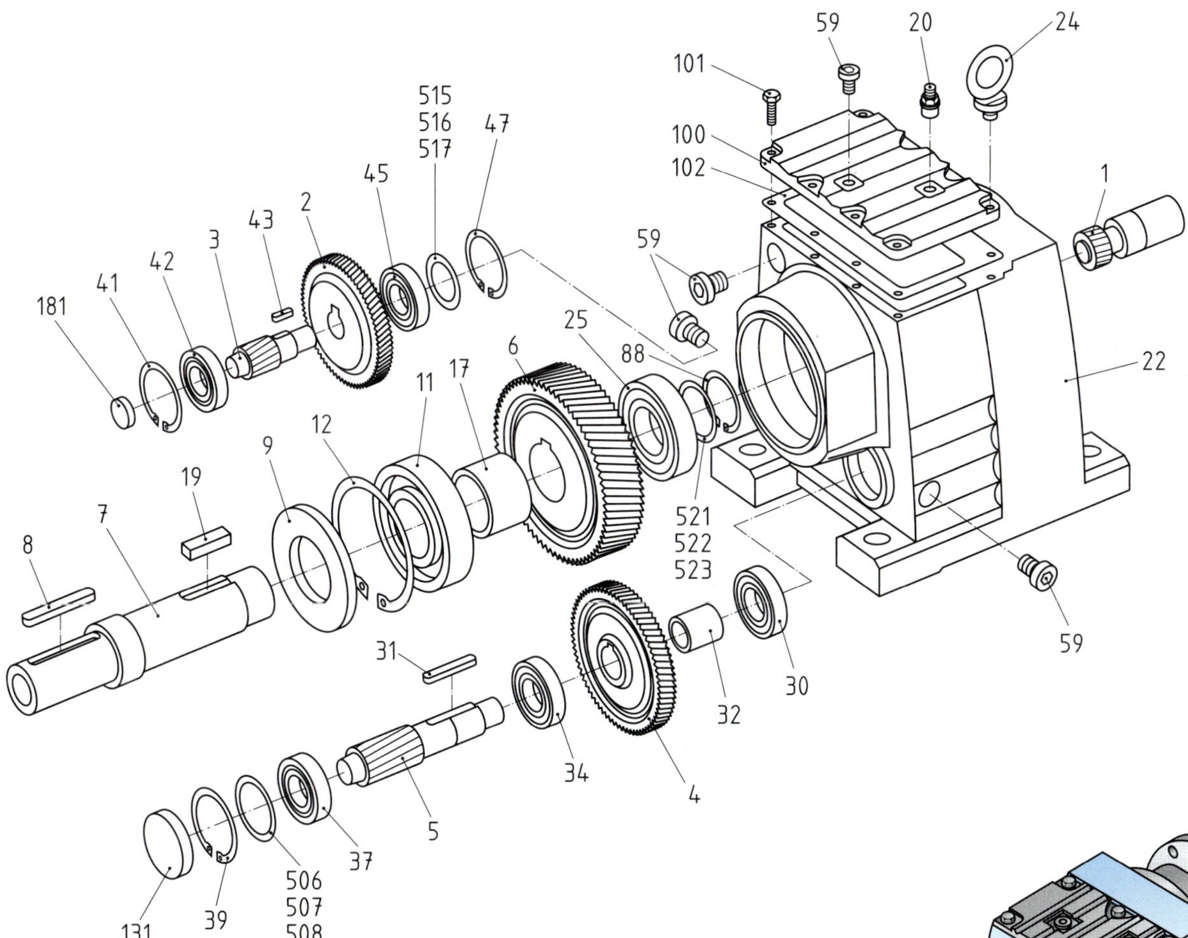

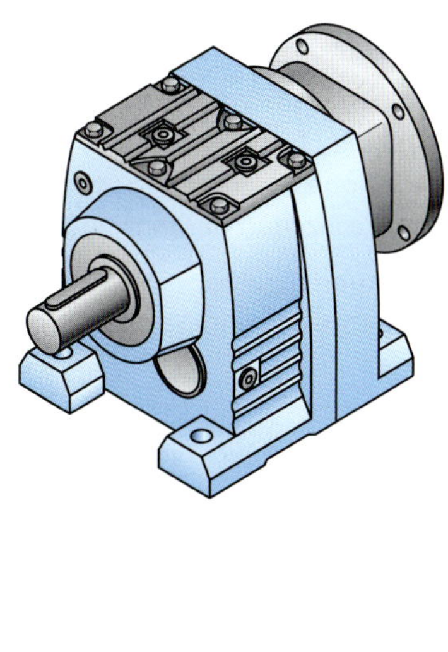

Stirnradgetriebe

Aufgaben

1. Für die Kostenstelle „Montage" soll der Einsatz von Pneumatikgeräten an den unterschiedlichen Arbeitsplätzen untersucht werden. Die folgende Tabelle zeigt die geplanten Druckluftverbraucher:

Druckluftverbraucher				
Nr.	**Bezeichnung**	**Anzahl**	**Luftverbrauchswert**	**Einsatzzeit**
0	Druckluftpistole / Düsen ∅ 1 mm / Arbeitsdruck 5 bar	10	55 l/min	5 min
1	Druckluftpistole / Düsen ∅ 2 mm / Arbeitsdruck 3 bar	3	145 l/min	5 min
2	Einfach wirkender Zylinder / Kolben ∅ 80 mm / Betriebsdruck 7 bar_{abs} / Arbeitshub 100 mm / 30 Hübe pro Stunde	12		-
3	Einfach wirkender Zylinder / Kolben ∅ 120 mm / Betriebsdruck 7 bar_{abs} / Arbeitshub 100 mm / 20 Hübe pro Stunde	6		-
4	Druckluftschrauber klein / Arbeitsdruck 6 bar	[illegible]	150 l/min	[illegible]
5	Druckluftschrauber mittel / Arbeitsdruck 6 bar	2	230 l/min	25 min
6	Druckluftschrauber groß / Arbeitsdruck 6 bar	4	400 l/min	15 min

a. Nennung von 5 Vorteilen der Druckluft mit stichwortartiger Erklärung.

b. Berechnung der Luftverbrauchswerte *q* [l/min] der beiden einfachwirkenden Zylinder (Pos. 2 und 3).

c. Ermittlung der Einschaltdauer *ED* [%] der Druckluftpistolen und Druckluftschrauber bei einer Bezugszeit T_B von 60 min.

d. Berechnung des Luftverbrauches Q_A [l/min] der automatischen Verbraucher (einfach wirkende Zylinder).

e. Berechnung des Luftverbrauches Q_f [l/min] der allg. Verbraucher bei einem Gleichzeitigkeitsfaktor von $f = 0{,}71$.

f. Berechnung des Gesamtdruckluftverbrauches Q_{ges} [m^3/min].

g. Berechnung der Liefermenge L_B [m^3/min] bei einem Verlustzuschlag $v = 12\,\%$, einer Reserve $r = 35\,\%$ und einem Zuschlag für Fehleinschätzungen von $f = 8\,\%$.

Lösung 1

a. Nennung von 5 Vorteilen der Druckluft mit stichwortartiger Erklärung

Leicht transportabel
Luft steht überall zur Verfügung. Abluft entweicht ins Freie. Rückleitungen sind nicht notwendig.

Gut speicherbar
Speicherung der Druckluft ist problemlos möglich. Ist ein Speicherbehälter vorhanden, arbeitet der Kompressor nur, wenn der Druck unter einen kritischen Wert sinkt.

Betriebssicher
Betrieb ist bei extremen Temperaturschwankungen und hohen sowie tiefen Temperaturen einwandfrei möglich. Austretendes Medium (Luft) beeinträchtigt die Umwelt nicht.

Unfallsicher
Druckluftelemente sind sehr sicher. Es sind keine teuren Schutzeinrichtungen notwendig. Der Einsatz ist im Freien problemlos möglich.

Einfach
Aufbau und Funktion sind sehr einfach, robust und nicht störanfällig.

Überlastsicher
Es treten keine Schäden im Netz bei starkem Druckabfall durch eine Überlastentnahme auf.

Schnelles Arbeitsmedium
Sehr hohe Strömungsgeschwindigkeiten ermöglichen sehr schnelle Arbeitsvorgänge gepaart mit sehr schnellen Ansprechzeiten der einzelnen Bauteilen.

Stufenlos regelbar
Verfahrgeschwindigkeiten und ausgeübte Kräfte sind stufenlos regelbar.

Stirnradgetriebe

Lösung 1

b. Berechnung der Luftverbrauchswerte *q* [l/min] der beiden einfachwirkenden Zylinder (Pos. 2 und 3)

$$q_2 = \frac{\pi \cdot d_2^2}{4} \cdot H_2 \cdot p_2 \cdot a_2 \cdot 1 = \frac{\pi \cdot (0{,}8\ \text{dm})^2}{4} \cdot 1\ \text{dm} \cdot 7\ \text{bar} \cdot 30\ \frac{\text{Hübe}}{\text{min}} \cdot 1 = 105{,}56\ \frac{\text{l}}{\text{min}}$$

$$q_3 = \frac{\pi \cdot d_3^2}{4} \cdot H_3 \cdot p_3 \cdot a_3 \cdot 1 = \frac{\pi \cdot (1{,}2\ \text{dm})^2}{4} \cdot 1\ \text{dm} \cdot 7\ \text{bar} \cdot 20\ \frac{\text{Hübe}}{\text{min}} \cdot 1 = 158{,}34\ \frac{\text{l}}{\text{min}}$$

c. Ermittlung der Einschaltdauer *ED* [%] der Druckluftpistolen und -schrauber bei einer Bezugszeit T_B von 60 min

$$ED_0 = \frac{T_{E0}}{T_B} = \frac{5\ \text{min}}{60\ \text{min}} = 0{,}0833 \rightarrow 8{,}33\ \% \qquad ED_1 = \frac{T_{E1}}{T_B} = \frac{5\ \text{min}}{60\ \text{min}} = 0{,}0833 \rightarrow 8{,}33\ \% \qquad ED_4 = \frac{T_{E4}}{T_B} = \frac{23\ \text{min}}{60\ \text{min}} = 0{,}3833 \rightarrow 38{,}33\ \%$$

$$ED_5 = \frac{T_{E5}}{T_B} = \frac{25\ \text{min}}{60\ \text{min}} = 0{,}4167 \rightarrow 41{,}67\ \% \qquad ED_6 = \frac{T_{E6}}{T_B} = \frac{15\ \text{min}}{60\ \text{min}} = 0{,}25 \rightarrow 25{,}00\ \%$$

d. Berechnung des Luftverbrauches Q_A [l/min] der automatischen Verbraucher (einfach wirkende Zylinder)

$$Q_{A2} = x_2 \cdot q_2 = 12\ \text{St} \cdot 105{,}56\ \frac{\text{l}}{\text{min}} = 1\,266{,}72\ \frac{\text{l}}{\text{min}}$$

$$Q_{A3} = x_3 \cdot q_3 = 6\ \text{St} \cdot 158{,}34\ \frac{\text{l}}{\text{min}} = 950{,}04\ \frac{\text{l}}{\text{min}}$$

$$Q_A = 2\,216{,}76\ \frac{\text{l}}{\text{min}}$$

e. Berechnung des Luftverbrauches Q_f [l/min] der allg. Verbraucher bei einem Gleichzeitigkeitsfaktor von *f* = 0,71

$$Q_0 = x_0 \cdot q_0 \cdot ED_0 = 10\ \text{St} \cdot 55\ \frac{\text{l}}{\text{min}} \cdot 0{,}0833 = 45{,}82\ \frac{\text{l}}{\text{min}}$$

$$Q_1 = x_1 \cdot q_1 \cdot ED_1 = 3\ \text{St} \cdot 145\ \frac{\text{l}}{\text{min}} \cdot 0{,}0833 = 36{,}12\ \frac{\text{l}}{\text{min}}$$

$$Q_4 = x_4 \cdot q_4 \cdot ED_4 = 3\ \text{St} \cdot 150\ \frac{\text{l}}{\text{min}} \cdot 0{,}3835 = 172{,}58\ \frac{\text{l}}{\text{min}}$$

$$Q_5 = x_5 \cdot q_5 \cdot ED_5 = 2\ \text{St} \cdot 230\ \frac{\text{l}}{\text{min}} \cdot 0{,}4167 = 191{,}68\ \frac{\text{l}}{\text{min}}$$

$$Q_6 = x_6 \cdot q_6 \cdot ED_6 = 4\ \text{St} \cdot 400\ \frac{\text{l}}{\text{min}} \cdot 0{,}25 = 400{,}00\ \frac{\text{l}}{\text{min}}$$

$$Q = 846\ \frac{\text{l}}{\text{min}}$$

$$Q_f = Q \cdot f = 846{,}20\ \frac{\text{l}}{\text{min}} \cdot 0{,}71 = 600{,}80\ \frac{\text{l}}{\text{min}}$$

f. Berechnung des Gesamtdruckluftverbrauches Q_{ges} [m³/min]

$$Q_{ges} = Q_A + Q_f = 2\,216{,}76\ \frac{\text{l}}{\text{min}} + 600{,}80\ \frac{\text{l}}{\text{min}} = 2\,817{,}56\ \frac{\text{l}}{\text{min}} \quad \rightarrow \quad 2{,}82\ \frac{\text{m}^3}{\text{min}}$$

g. Berechnung der Liefermenge L_B [m³/min] bei einem Verlustzuschlag *v* = 12 %, einer Reserve *r* = 35 % und einem Zuschlag für Fehleinschätzungen von *f* = 8 %

$$L_B = Q_{ges}\,(1 + v + r + f) = 2{,}82\ \frac{\text{m}^3}{\text{min}} \cdot (1 + 0{,}12 + 0{,}35 + 0{,}08) = 4{,}37\ \frac{\text{m}^3}{\text{min}}$$

Stirnradgetriebe

Aufgaben

2. Nach der Inbetriebnahme eines neuen Bearbeitungszentrums sind nun die Optimierungen der Haupt- und Nebenzeiten priorisiert worden. Folgende zwei Operationen sollen detaillierter untersucht werden:
   - Gewindefertigung zur Befestigung des Getriebedeckels [100] auf das Getriebegehäuse [22] (EN-GJS-400-18) → 8 x M10.
     Siehe hierzu Skizze 1.
   - Schleifen des Anschlussdurchmessers ø 35k6 an der Antriebswelle [7] (20MnCr5 einsatzgehärtet auf 48 HRC).
     Siehe hierzu Skizze 2. Es ist von einem Schleifaufmaß von 0,25 mm auszugehen.

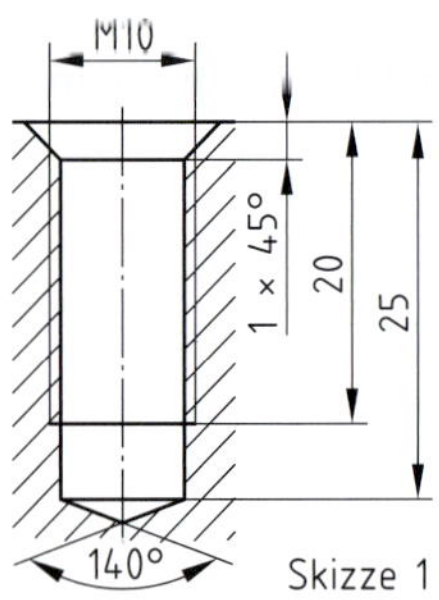

Skizze 1

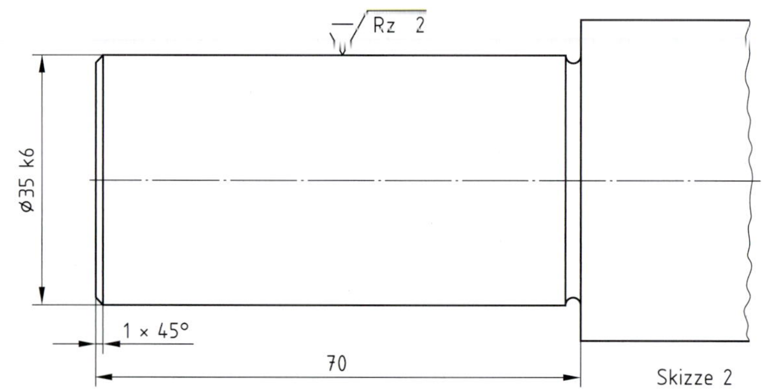

Skizze 2

a. Bestimmung der Werkzeuge zur Fertigung der M10-Gewinde (Skizze + Schneidstoff).
b. Ermittlung der Schnittparameter der Werkzeuge zur Fertigung der M10-Gewinde.
c. Bestimmung der Hauptzeit zur Fertigung eines M10-Gewindes.
d. Auflistung von alternativen Fertigungsmethoden zur Gewindefertigung.
e. Auswahl der Schleifscheibe zur Fertigung des ø 35k6.
f. Ermittlung der Schleifparameter zur Fertigung des ø 35k6.
g. Bestimmung der Hauptzeit zur Fertigung des ø 35k6.

Lösung 2

a. Bestimmung der Werkzeuge zur Fertigung der M10-Gewinde (Skizze + Schneidstoff)

VHM-Bohrer; TiAlN beschichtet; IKZ; $D_C = 8{,}5$ mm; $d_1 = 10$ mm; $l_1 = 103$ mm; $L_C = 49$ mm; $l_2 = 61$ mm; $l_5 = 40$ mm; $z = 2$; 140°

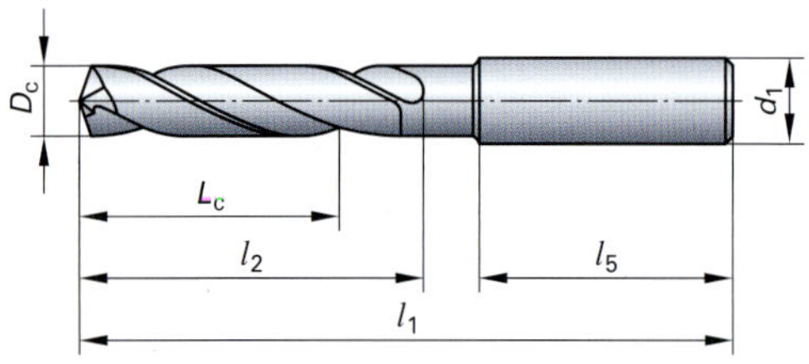

HSS-Kegelsenker; TiAlN beschichtet; $d_C = 13{,}4$ mm; $d_3 = 2{,}9$ mm; $d_1 = 8$ mm; $l_1 = 56$ mm; $z = 3$; 90°

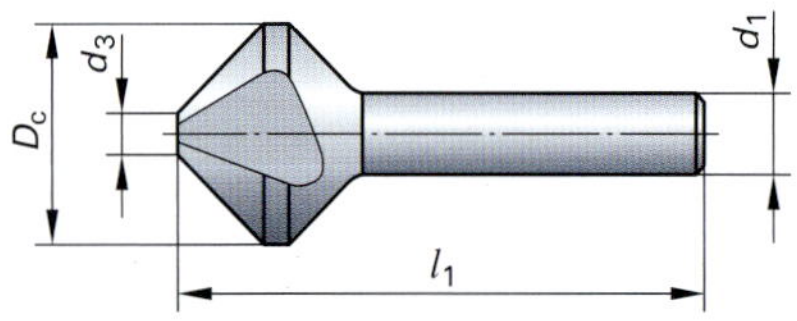

HSSE-Maschinengewindebohrer M10; TiN beschichtet; $d_1 = 10$ mm; $l_1 = 100$ mm; $l_3 = 39$ mm; L_C=15 mm; $z = 3$; Anschnitt $2 \cdot p$

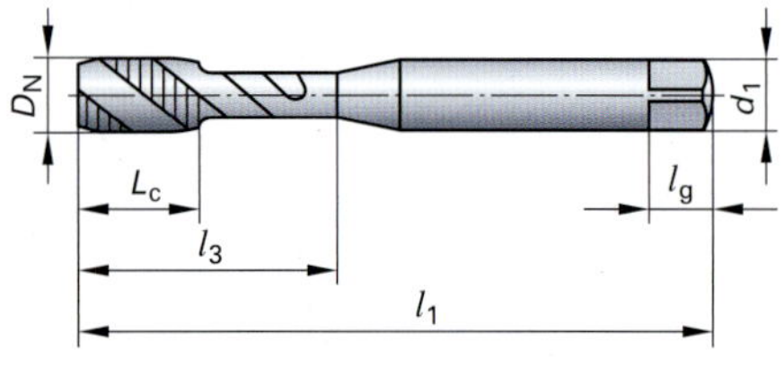

Stirnradgetriebe

Lösung 2

b. Ermittlung der Schnittparameter der Werkzeuge zur Fertigung der M10-Gewinde

VHM-Bohrer: $v_c = 140 \frac{m}{min}$; $f_u = 0{,}35 \frac{mm}{Umdr.}$

HSS-Senker: $v_c = 25 \frac{m}{min}$; $f_u = 0{,}23 \frac{mm}{Umdr.}$

HSSE-Gewindebohrer: $v_c = 30 \frac{m}{min}$

c. Bestimmung der Hauptzeit zur Fertigung eines M10-Gewindes

VHM-Bohrer

$$L_B = l_B + l_{sB} + l_{aB} = 25\ mm + 0{,}18 \cdot 8{,}5\ mm + 1\ mm = 27{,}53\ mm$$

$$n_B = \frac{v_{cB}}{\pi \cdot d_{1B}} = \frac{140\,000 \frac{mm}{min}}{\pi \cdot 8{,}5\ mm} = 5243 \frac{1}{min}$$

$$t_{hB} = \frac{L_B}{n_B \cdot f_{uB}} = \frac{27{,}53\ mm}{5\,243 \frac{1}{min} \cdot 0{,}35 \frac{mm}{Umdr.}} = 0{,}015\ min \rightarrow 0{,}9\ s$$

HSS-Senker

$$L_B = l_S + l_{aS} = 1\ mm + 1\ mm = 2\ mm$$

$$n_S = \frac{v_{cS}}{\pi \cdot d_S} = \frac{25\,000 \frac{mm}{min}}{\pi \cdot 10{,}5\ mm} = 758 \frac{1}{min}$$

$$t_{hS} = \frac{L_S}{n_S \cdot f_{uS}} = \frac{2\ mm}{758 \frac{1}{min} \cdot 0{,}23 \frac{mm}{Umdr.}} = 0{,}0115\ min$$

$$t_{hS} = 0{,}69\ s$$

HSSE-Gewindebohrer

$$L_G = l_G + l_{sG} + l_{aG} = 20\ mm + 2 \cdot 1{,}5\ mm + 1\ mm = 24\ mm$$

$$n_G = \frac{v_{cG}}{\pi \cdot d_{1G}} = \frac{30\,000 \frac{mm}{min}}{\pi \cdot 10\ mm} = 955 \frac{1}{min}$$

$$t_{hG} = \frac{L_G}{n_G \cdot f_{uG}} \cdot 2 = \frac{24\ mm}{955 \frac{1}{min} \cdot 1{,}5 \frac{mm}{Umdr.}} \cdot 2 = 0{,}0335\ min \rightarrow 2{,}01\ s$$

Gesamt

$$t_h = t_{hB} + t_{hS} + t_{hG} = 0{,}9\ s + 0{,}69\ s + 2{,}01\ s = 3{,}6\ s$$

d. Auflistung von alternativen Fertigungsmethoden zur Gewindefertigung

Gewindefräsen, Gewindeformen

e. Auswahl der Schleifscheibe zur Fertigung des ø 35k6

Schleifscheibe ISO 603-1 1 N-300 x 30 x 76,2-A/F 80 L 5 V - 50

f. Ermittlung der Schleifparameter zur Fertigung des ø 35k6

$$n_W = \frac{v_{cW}}{\pi \cdot d_W} = \frac{15\,000 \frac{mm}{min}}{\pi \cdot 35\ mm} = 136 \frac{1}{min}$$

$$n_S = \frac{v_{cS}}{\pi \cdot d_S} = \frac{35\,000 \frac{mm}{s}}{\pi \cdot 300\ mm} = 37{,}14 \frac{1}{s} \rightarrow 2\,228 \frac{1}{min}$$

$$f_u = \frac{3}{8} \cdot b_S = \frac{3}{8} \cdot 30\ mm = 11{,}25 \frac{mm}{Umdr.}$$

g. Bestimmung der Hauptzeit zur Fertigung des ø 35k6

$$L = l - \frac{2}{3} \cdot b_s = 70\ mm - \frac{2}{3} \cdot 30\ mm = 50\ mm$$

$$i = \frac{d_1 - d_W}{2 \cdot a_p} + 2 = \frac{35{,}25\ mm - 35{,}00\ mm}{2 \cdot 0{,}05\ mm} + 2 = 4{,}5 \rightarrow 5$$

$$t_h = \frac{L \cdot i}{n_W \cdot f_u} = \frac{50\ mm \cdot 5}{136 \frac{1}{min} \cdot 11{,}25 \frac{mm}{Umdr.}} = 0{,}163\ min \rightarrow 9{,}8\ s$$

Stirnradgetriebe

Aufgaben

3. In letzter Zeit traten vermehrt Beanstandungen aus der Kostenstelle „Montage“ zum Fügen des Rades [2] auf die Ritzelwelle [3] mittels Passfederverbindung auf. Von Seiten der Werksqualitätssicherung wurde vorgeschlagen eine Prozess-FMEA zum Fügen des Rades [2] auf die Ritzelwelle [3] durchzuführen.
   Erstellung einer Prozess-FMEA zum Fügen des Rades [2] auf die Ritzelwelle [3].

Lösung 3 (Vorlagenblatt)

Fehlermöglichkeits- und Einflussanalyse

☐ System FMEA Produkt ☐ System FMEA Prozess

FMEA-Nr.:

Typ / Modell / Fertigung / Charge:			Sach-Nr.	Änderungsstand:	Verantw.	Firma:		Abt.:	Datum:
System-Nr. / Systemelement:			Sach-Nr.	Änderungsstand:	Verantw.	Firma:		Abt.:	Datum:
Funktion / Aufgabe:									
Mögliche Fehlerfolgen	B	Mögliche Fehler	Mögliche Fehlerursachen	Vermeidungsmaßnahmen	A	Entdeckungsmaßnahmen	E	RPZ	V/T
B: Bewertungszahl für die Bedeutung V: Verantwortlichkeit		A: Bewertungszahl für die Auftretenswahrscheinlichkeit T: Termin für die Erledigung				E: Bewertungszahl für die Entdeckungswahrscheinlichkeit Risikoprioritätszahl RP Z = B * A * E			

Stirnradgetriebe

Lösung 3

Erstellung einer Prozess-FMEA zum Fügen des Rades [2] auf die Ritzelwelle [3]

	Fehlermöglichkeits- und Einflussanalyse ☐ System FMEA Produkt ☒ System FMEA Prozess								FMEA-Nr.: 1235
Typ / Modell / Fertigung / Charge: 3892KW47				Sach-Nr.: KW47 Änderungsstand: 10.01.2023		Verantw. Mustermann Firma: Muster AG			Abt.: Montage Datum: 15.08.2023
System-Nr. / Systemelement: 45/246/3 Funktion / Aufgabe: Montage Rad Ritzelwelle				Sach-Nr.: KW47 Änderungsstand: 10.01.2023		Verantw. Mustermann Firma: Muster AG			Abt.: Montage Datum: 15.08.2023
Mögliche Fehlerfolgen	B	Möglicher Fehler	Mögliche Fehlerursachen	Vermeidungsmaßnahmen	A	Entdeckungsmaßnahmen	E	RPZ	V/T
Montage des Rades (2) auf die Ritzelwelle (3) nicht möglich.	4	Passfedernut zu klein.	Falsches Werkzeug.	Kennzeichnung Werkzeuge.	1	Sichtkontrolle vor Einsatz.	2	8	
			Falsches CNC-Programm.	Eindeutige Programmnummer.	2	Leerdurchlauf.	4	32	
			Falsche Werkzeugparameter im Korrekturspeicher.	Balluff-Chip mit Korrekturdaten in der Aufnahme.	5	Leerdurchlauf.	5	100	Prüfung Werkzeugausgabeautomat. Müller/08.10.2023
Durch das Spiel zwischen Welle und Nabe kann das Rad verkanten und das Getriebe fällt aus.	8	Bohrung am Rad (2) zu groß.	Einstellbare Reibahle falsch eingestellt.	Einstellehre verwenden.	3	Zusätzliche Kontrolle vor dem Einsatz.	2	48	
			Falsche Schnittparameter.	Datenblatt bereitstellen.	1	Vorgabezeitkontrolle.	1	8	
			Aufbauschneide.	Verwendung von KSS.	5				
						Kühlmitteldrucküberwachung.	3	120	Wartungsplan Kühlmitteldrucküberwachung erstellen. Maier/15.10.2023
B: Bewertungszahl für die Bedeutung V: Verantwortlichkeit		A: Bewertungszahl für die Auftretenswahrscheinlichkeit T: Termin für die Erledigung			E: Bewertungszahl für die Entdeckungswahrscheinlichkeit Risikoprioritätszahl RPZ = B * A * E				

Stirnradgetriebe

Aufgaben

4. Es wurde beschlossen ein Kosteneinsparungsprogramm durchzuführen. Hierzu sind für die unterschiedlichsten Zukaufteile wie beispielsweise Wälzlager die optimalen Bestellmengen zu ermitteln. Der Jahresbedarf eines bestimmten Wälzlagers liegt bei 2 400 St. Der Bezugspreis ist unabhängig von der Bestellmenge, da ein Standardartikel verwendet wird. Er liegt bei 45,50 €. Die Bezugskosten pro Lieferung unabhängig von der Bestellmenge liegen bei 95,00 €. Der Lagerkostensatz liegt bei 8 % bezogen auf den Bezugspreis. Der Sicherheitsbestand liegt bei 100 St. Die Bezugsmenge ist auf volle 100 St zu runden. Es ist davon auszugehen, dass der Bedarf über mehrere Jahre konstant bleibt.
   a. Tabellarische Darstellung von Bestellmenge, Bestellhäufigkeit, Bezugs-, Lagerhaltungs- und gesamten Bestellkosten.
   b. Grafische Darstellung von Bezugs-, Lagerhaltungs- und gesamten Bestellkosten bezogen auf die Bestellmenge.
   c. Rechnerische Ermittlung der optimalen Bestellmenge.

Lösung 4

a. Tabellarische Darst. von Bestellmenge, Bestellhäufigkeit, Bezugs-, Lagerhaltungs- und gesamten Bestellkosten

Optimale Bestellmenge					
Menge [St]	**Anz. Best. [St]**	**Bezugskosten [€]**	**∅Lagerbestand [St]**	**Lagerkosten [€]**	**Bestellkosten [€]**
2 400	1	95,00	1 300	4.732,00	4.827,00
1 200	2	190,00	700	2.548,00	2.738,00
800	3	285,00	500	1.820,00	2.105,00
600	4	380,00	400	1.456,00	1.836,00
400	6	570,00	300	1.092,00	1.662,00
300	8	760,00	250	910,00	1.670,00
200	12	1.140,00	200	728,00	1.868,00
100	24	2.280,00	150	546,00	2.826,00

b. Grafische Darstellung von Bezugs-, Lagerhaltungs- und gesamten Bestellkosten bezogen auf die Bestellmenge

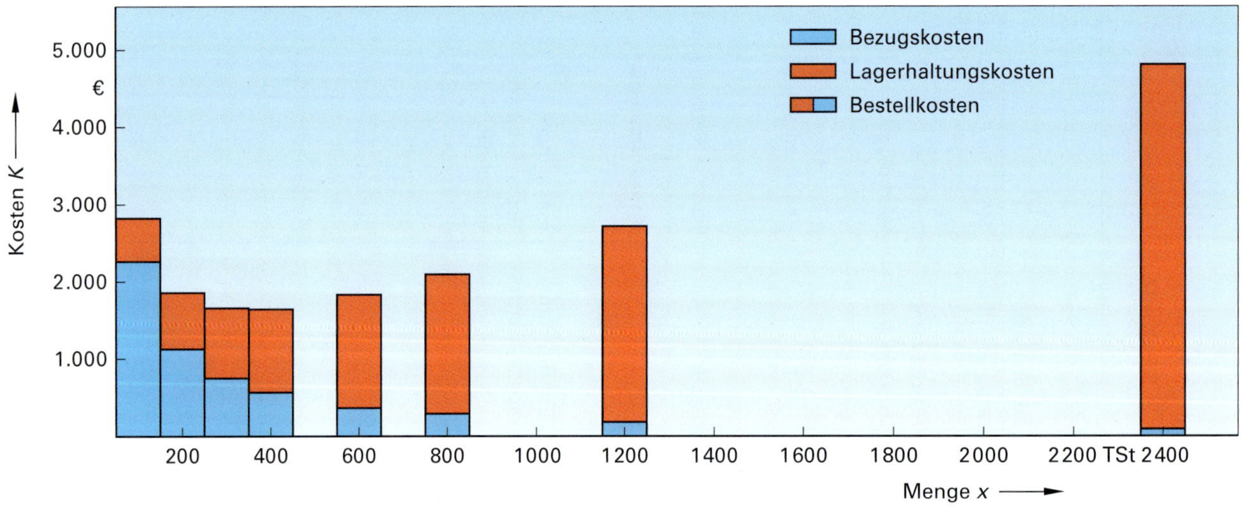

c. Rechnerische Ermittlung der optimalen Bestellmenge

$$x_{opt} = \sqrt{\frac{200 \cdot \text{Jahresbedarf} \cdot \text{feste Bestellkosten}}{\text{Bezugspreis} \cdot \text{Lagerhaltungssatz}}} = \sqrt{\frac{200 \cdot 2\,400\ \text{St} \cdot 95{,}00\ \frac{€}{\text{Bestellung}}}{45{,}50\ \frac{€}{\text{St}} \cdot 8\,\%}} = 354\ \text{St} \rightarrow 400\ \text{St}$$

Stirnradgetriebe

Aufgaben

5. Von Seiten des Fertigungscontrollings wurde eine Plankostenrechnung im Bereich der zerspanenden Fertigung eingeführt. Folgende Plandaten wurden für den Monat April ermittelt:

Plankosten für den Monat April	$K_{PlanApril} = 2.350.000,00$ €
Planbeschäftigung für den Monat April	$x_{PlanApril} = 36\,000$ h
Variator	$VAR = 0,9$

Nach Abschluss des Monats April wurden folgende Istdaten ermittelt:

Istkosten für den Monat April	$K_{IstApril} = 2.530.000,00$ €
Istbeschäftigung für den Monat April	$x_{IstApril} = 38\,500$ h

a. Ermittlung der Verbrauchsabweichung für den Monat April VA_{April}.
b. Nennung möglicher Gründe für die Verbrauchsabweichung.
c. Ermittlung der Beschäftigungsabweichung für den Monat April BA_{April}.
d. Nennung möglicher Gründe für die Beschäftigungsabweichung.
e. Ermittlung der Gesamtabweichung für den Monat April GA_{April}.

Lösung 5

a. Ermittlung der Verbrauchsabweichung für den Monat April VA_{April}

$$K_{PlanAprilvar} = K_{PlanApril} \cdot VAR = 2.350.000,00\,€ \cdot 0,9 = 2.115.000,00\,€$$

$$K_{PlanAprilfix} = K_{PlanApril} - K_{PlanAprilvar} = 2.350.000,00\,€ - 2.115.000,00\,€ = 235.000,00\,€$$

$$K_{SollApril} = K_{PlanAprilfix} + \frac{K_{PlanAprilvar} \cdot x_{istApril}}{x_{PlanApril}} = 235.000,00\,€ + \frac{2.115.000,00\,€ \cdot 38\,500\text{ St}}{36\,000\text{ St}} = 2.496.875,00\,€$$

$$VA_{April} = K_{SollApril} - K_{IstApril} = 2.496.875,00\,€ - 2.530.000,00\,€ = 43.125,00\,€$$

b. Nennung möglicher Gründe für die Verbrauchsabweichung

- Erhöhter Ausschuss
- Erhöhte Wartungskosten
- Erhöhter Bedarf an Hilfs- und Betriebsstoffen
- Erhöhter Werkzeugbedarf

c. Ermittlung der Beschäftigungsabweichung für den Monat April BA_{April}

$$K_{VerrApril} = \frac{K_{PlanApril} \cdot x_{IstApril}}{x_{PlanApril}} = \frac{2.350.000,00\,€ \cdot 38\,500\text{ St}}{36\,000\text{ St}} = 2.513.194,00\,€$$

$$BA_{April} = K_{VerrApril} - K_{SollApril} = 2.513.194,00\,€ - 2.496.875,00\,€ = 16.319,00\,€$$

d. Nennung möglicher Gründe für die Beschäftigungsabweichung

- Istbeschäftigung > Planbeschäftigung
- Mehr Aufträge als geplant.

e. Ermittlung der Gesamtabweichung für den Monat April GA_{April}

$$GA_{April} = BA_{April} + VA_{April} = 16.319,00\,€ + (-\,43.125,00\,€) = -\,26.806,00\,€$$

Stirnradgetriebe

Aufgaben

6. Im Bereich der Ritzelfertigung wird für den kommenden Monat wie folgt geplant:

Plandaten Ritzelfertigung					
Typ [-]	Menge [St]	Maschinenbelegzeit Engpassmaschine [min/St]	Verkaufspreis [€/St]	Fremdbezugspreis [€/St]	Variable Kosten [€/St]
∅ 12	200	20	52,00	38,00	36,00
∅ 16	180	26	70,00	54,00	49,00
∅ 20	140	30	82,00	61,00	54,00
∅ 25	100	35	95,00	62,00	65,00
∅ 32	120	42	115,00	85,00	79,00
∅ 40	80	54	152,00	112,00	98,00

Alle Ritzel müssen auf einer Sondermaschine bearbeitet werden, auf welcher für den kommenden Monat eine Kapazität von 20 520 min zur Verfügung steht. Alle Ritzel können ebenso fremd bezogen werden. Die fixen Kosten für den kommenden Monat belaufen sich auf 15.250,00 €.

a. Kurze Erläuterung der Vorgehensweise zur Ermittlung der Fremdbezugsmengen.

b. Ermittlung der Fremdbezugsmengen sowie der Eigenfertigungsmengen basierend auf wirtschaftlichen Gesichtspunkten.

c. Berechnung des maximal möglichen Betriebsergebnisses, wenn alle geplanten Mengen verkauft werden.

Lösung 6

a. Kurze Erläuterung der Vorgehensweise zur Ermittlung der Fremdbezugsmengen

- Ermittlung der Differenz zwischen Fremdbezugspreis und variablen Kosten. Ist der Fremdbezugspreis kleiner als die variablen Kosten, so wird diese Position generell zugekauft.
- Bildung eines relativen Betrages aus Fremdbezugspreis minus variable Kosten bezogen auf die Maschinenbelegzeit.
- Bestimmung der Rangfolge (größter Wert zuerst).
- Nach Rangfolge Maschinenbelegzeit auffüllen, bis die Maximalkapazität erreicht ist. Rest wird Fremdbezug.

b. Ermittlung der Fremdbezugs- und Eigenfertigungsmengen basierend auf wirtschaftlichen Gesichtspunkten

Fremdbezugsmengen/Eigenfertigungsmengen						
Typ [-]	Fremdbezugspreis -variable Kosten [€/St]	(Fremdbezugspreis -variable Kosten) /Maschinenbelegzeit [€/min]	Rang [-]	Menge Eigenfertigung [St]	Zeit Eigenfertigung [min]	Menge Fremdbezug [St]
∅ 12	2,00	0,10	5	114	2 280	86
∅ 16	5,00	0,19	3	180	4 680	
∅ 20	7,00	0,23	2	140	4 200	
∅ 25	-3,00					100
∅ 32	9,00	0,14	4	120	5 040	
∅ 40	14,00	0,26	1	80	4 320	
				Summe	20 520	

c. Berechnung des maximal möglichen Betriebsergebnisses, wenn alle geplanten Mengen verkauft werden

Fremdbezugsmengen/Eigenfertigungsmengen					
Typ [-]	Menge Eigenfertigung [St]	Menge Fremdbezug [St]	DB Eigenfertigung [€]	DB Fremdbezug [€]	DB gesamt [€]
∅ 12	114	86	1.824,00	1.204,00	3.028,00
∅ 16	180		3.780,00		3.780,00
∅ 20	140		3.920,00		3.920,00
∅ 25		100		3.300,00	3.300,00
∅ 32	120		4.320,00		4.320,00
∅ 40	80		4.320,00		4.320,00
				Summe	**22.668,00**
				$-K_{fix}$	**-15.250,00**
				Betriebserg.	**7.418,00**

Stirnradgetriebe

Aufgaben

7. In der Vergangenheit wurden die benötigten Wälzlager in der Kostenstelle „Montage" wie folgt disponiert: Es wurde bei Lieferanten ein geplanter Jahresbedarf auf Abruf bestellt, welcher jeweils zu fixen Abrufterminen (2x jährlich) abgerufen wurde. Aufgrund des nicht kontinuierlichen Verbrauches wurde festgelegt, ein Bestellpunktverfahren einzuführen, wobei die wöchentlichen Verbräuche festgehalten werden.

Der geplante Jahresbedarf eines bestimmten Wälzlagers liegt bei 26 000 St, die Wiederbeschaffungszeit liegt bei 6 Wochen, die optimale Bestellmenge ist 6 000 St und der Sicherheitsbestand soll eine Reichweite von 2 Wochen gewährleisten. Im Vorfeld ist eine Simulation durchzuführen, bei der die Verbräuche des letzten Jahres zugrunde gelegt werden. Diese Simulation soll zum einen die Bestellpunkte (KW der auszulösenden Bestellung) sowie das mögliche Verwenden der Sicherheitsbestände aufzeigen. Der Inventurbestand zu Jahresbeginn lag bei 4 800 St.

Verbrauchsdaten des Wälzlagers											
KW [-]	**Menge [St]**	**KW [-]**	**Menge [St]**	**KW [-]**	**Menge [St]**	**KW [-]**	**Menge [St]**	**KW [-]**	**Menge [St]**	**KW [-]**	**Menge [St]**
01	200	**10**	600	**19**	500	**28**	500	**37**	600	**46**	500
02	300	**11**	600	**20**	600	**29**	500	**38**	700	**47**	800
03	500	**12**	600	**21**	200	**30**	500	**39**	500	**48**	900
04	500	**13**	500	**22**	200	**31**	300	**40**	400	**49**	900
05	700	**14**	500	**23**	700	**32**	100	**41**	500	**50**	700
06	800	**15**	200	**24**	800	**33**	100	**42**	500	**51**	600
07	800	**16**	200	**25**	500	**34**	100	**43**	400	**52**	400
08	400	**17**	700	**26**	500	**35**	500	**44**	500		
09	500	**18**	700	**27**	500	**36**	500	**45**	200		

a. Bestimmung des Meldebestandes (Bestand zur Bestellauslösung).
b. Nennung der Vorteile des Bestellpunktsystems.
c. Grafische Darstellung der physischen Bestände des Wälzlagers über das Jahr hinweg.
d. Kennzeichnung der Kalenderwochen, in denen eine Bestellung ausgelöst wird.
e. Kennzeichnung bei Verwendung des Sicherheitsbestandes.

Lösung 7

a. Bestimmung des Meldebestandes (Bestand zur Bestellauslösung)

Geplanter Jahresbedarf: 26 000 St → 500 St Verbrauch pro Woche

Reichweite Sicherheitsbestand 2 Wochen → 1 000 St Sicherheitsbestand
Wiederbeschaffungszeit 6 Wochen → 3 000 St Verbrauch in der Wiederbeschaffungszeit

→ 4 000 St Meldebestand

b. Nennung der Vorteile des Bestellpunktsystems

- reagiert variabel auf Bedarfsänderungen im Laufe eines Jahres
- kleinere Lagerbestände
- geringere Lagerhaltungskosten
- geringere Kapitalbindung
- automatisiertes Bestellen möglich

Stirnradgetriebe

Aufgaben

9. Die Auswertung des betrieblichen Vorschlagwesens in der Kostenstelle „Mechanische Fertigung" ist ungenügend. Von diesem Bereich kam im letzten Quartal nur ein Verbesserungsvorschlag, welcher jedoch im Bereich der zentralen Werkzeugverwaltung einen erheblichen Vorteil brachte.

   Es wurde nun beschlossen das betriebliche Vorschlagwesen zu überarbeiten.

   a. Nennung von drei Vorteilen des betrieblichen Vorschlagwesens.

   b. Nennung von drei Nachteilen des betrieblichen Vorschlagwesens.

   c. Darstellung von drei motivationssteigernden Maßnahmen zur Beteiligung am betrieblichen Vorschlagwesen.

Lösung 9

a. Nennung von drei Vorteilen des betrieblichen Vorschlagwesens

Der Zusammenhalt im Unternehmen wird gefördert, wenn Gruppen über ihre Ideen diskutieren und Lösungen ausarbeiten.

Bindung an das Unternehmen wird gestärkt. Durch das betriebliche Vorschlagswesen bekommen Mitarbeiter das Gefühl, zum Erfolg des Unternehmens beizutragen.

Es motiviert die Mitarbeiter, falls der Einsatz angemessen belohnt und anerkannt wird, sonst fühlen sich die Mitarbeiter ausgenutzt. Anerkennung und Wertschätzung der Leistung sind wichtiger als materielle Belohnungen.

Methoden und Maßnahmen zum betrieblichen Vorschlagwesen (zum Beispiel ein Wettbewerb) sind firmenintern sehr einfach und ohne große Kosten bekannt zu machen. Im einfachsten Fall genügt eine E-Mail an alle Mitarbeiter.

Da Ideenfindung immer und überall stattfinden kann, lassen sich mit dem betrieblichen Vorschlagwesen Leerläufe füllen, die unvorhergesehen entstanden sind.

b. Nennung von drei Nachteilen des betrieblichen Vorschlagwesens

Durch das betriebliche Vorschlagwesen kann die Sichtweise der Kunden nur indirekt berücksichtigt werden.

Mitarbeiter sind immer schon geprägt von den bisherigen Abläufen und Vorstellungen eines Unternehmens. Wirklich kreativ und innovativ zu denken, ist für sie viel schwieriger als für Außenstehende.

Es kommt ständig zu Enttäuschungen, da nur wenige Ideen wirklich umgesetzt werden.

c. Darstellung von drei motivationssteigernden Maßnahmen zur Beteiligung am betrieblichen Vorschlagwesen

- Geld-, Sachprämien oder Einkaufsgutscheine
- Lob und Anerkennung durch Führungskräfte
- Veröffentlichung an Informationstafeln

Stirnradgetriebe

Aufgaben

10. In der Kostenstelle „mechanische Fertigung" werden Kühlschmierstoffe eingesetzt. Kühlschmierstoffe bergen bei unachtsamem Umgang gesundheitliche Gefahren. Sie haben außerdem einen großen Einfluss auf unsere Umwelt.
    a. Nennung von drei Gründen, weshalb Kühlschmierstoffe eingesetzt werden.
    b. Aufzeigen von gesundheitlichen Gefahren für den Mitarbeiter beim Einsatz von Kühlschmierstoffen.
    c. Nennung von drei Umwelteinflüssen beim Einsatz von Kühlschmierstoffen.
    d. Beschreibung einer Methode, wie der Verbrauch des Kühlschmierstoffes reduziert werden kann.

Lösung 10

a. Nennung von drei Gründen, warum Kühlschmierstoff eingesetzt wird

- Kühlung des Werkzeuges.
- Verminderung der Reibung zwischen Werkstück und Werkzeug.
- Verschleiß des Werkzeuges minimieren.
- Zerspanungsenergie verringern.
- Abfuhr der Späne.
- Signalgeber bei aussteuerbaren Werkzeugen.

b. Aufzeigen von gesundheitlichen Gefahren für den Mitarbeiter beim Einsatz von Kühlschmierstoffen

- Irritative Effekte: Reizwirkung auf Haut, Atemwege und Schleimhäute.
- Allergisierende Wirkung: Allergische Kontaktekzeme.
- Toxische Wirkung: Veränderungen an Organen und Nervenschädigungen.
- Krebserzeugende Reaktion.
- Erbgutverändernde Effekte.

c. Nennung von drei Umwelteinflüssen beim Einsatz von Kühlschmierstoffen

- Luftreinhaltung.
- Grundwasserreinhaltung.
- Gefahrlose Entsorgung.

d. Beschreibung einer Methode, wie der Verbrauch der Kühlschmierstoffes reduziert werden kann

Einsatz einer Minimalmengenschmierung bei den einzelnen Zerspanprozessen. Als Minimalmengenschmierung sind Zerspanungsprozesse definiert, welche weniger als 20 ml Kühlschmierstoff pro Stunde verwenden. Die Minimalmengenschmierung bietet eine große Zahl an Vorteilen wie beispielsweise den kompletten Entfall der Entsorungstechnik, Folgeprozesse wie das Reinigen oder Waschen der Werkstücke kann entfallen sowie der Wegfall zum Prüfen und Pflegen des Kühlschmierstoffes.

Aufgaben

11. Das Delegieren ist Führungsaufgabe und Entwicklungsmöglichkeit des Mitarbeiters zugleich und ein wichtiges Instrument im Bereich der Personalführung.
    a. Nennung von drei Aufgaben, die nicht delegierbar sind.

Lösung 11

a. Nennung von drei Aufgaben, die nicht delegierbar sind

- Führungsaufgaben.
- Vertrauliche Aufgaben.
- Sicherheitsrelevante Aufgaben.

Stirnradgetriebe

Aufgaben

12. Die Personalentwicklung ist ein zentraler Bereich aller Mitarbeiter mit Führungsverantwortung. Hierzu gibt es die unterschiedlichsten Maßnahmen.
    a. Beschreibung des Job-Enrichments als Maßnahme der Personalentwicklung.
    b. Beschreibung des Job-Enlargements als Maßnahme der Personalentwicklung.
    c. Beschreibung der Job-Rotation als Maßnahme der Personalentwicklung.

Lösung 12

a. Beschreibung des Job-Enrichments als Maßnahme der Personalentwicklung

Job-Enrichment (Arbeitsbereicherung) ist eine Strategie der Arbeitsstrukturierung. Die bisherige Tätigkeit eines Mitarbeiters wird um Arbeitsumfänge auf höherem Anforderungsniveau (siehe Anforderungsermittlung) erweitert. Dies wird durch eine (vorausgesetzte) Weiterbildung des Mitarbeiters ermöglicht. Der Mitarbeiter wird in die Lage versetzt, in höherem Maße eigenverantwortlich zu arbeiten. Man spricht daher auch von einer Maßnahme der vertikalen Umstrukturierung.

Ein allgemeines Beispiel für Job-Enrichment im Tätigkeitsbereich Einkauf ist, einem Mitarbeiter, der bisher nur Bestellungen schreibt, zusätzlich zu übertragen, Lieferanten auszuwählen und Reklamationen abzuwickeln.
Durch Job-Enrichment kann die Tätigkeit eines Mitarbeitenden interessanter und verantwortungsvoller werden. Im Zusammenhang mit der Zwei-Faktoren-Theorie von Herzberg und der Bedürfnispyramide nach Maslow kann davon ausgegangen werden, dass durch Job-Enrichment die Arbeitszufriedenheit steigt, da das Bedürfnis nach Autonomie und Selbstverwirklichung stärker befriedigt wird.

b. Beschreibung des Job-Enlargements als Maßnahme der Personalentwicklung

Job-Enlargement (Arbeitserweiterung) ist eine Strategie der Arbeitsstrukturierung. Ein Mitarbeiter, der bislang auf eine Tätigkeit beschränkt war, führt nun mehrere verschiedene Tätigkeiten mit demselben Anforderungsniveau (siehe Anforderungsermittlung) durch. Man spricht daher auch von einer Maßnahme der horizontalen Umstrukturierung, im Gegensatz zu einer vertikalen Umstrukturierung (siehe Job-Enrichment). Ziel des Job-Enlargements ist es, durch Belastungswechsel eventuell notwendige Erholungen zu ermöglichen, ohne die Arbeit einzustellen, sowie psychische und physische Eintönigkeit zu vermeiden, beispielsweise durch einen Wechsel aus sitzender zu stehender Tätigkeit.

Ein allgemeines Beispiel für Job-Enlargement im Tätigkeitsbereich Einkauf ist, einem Mitarbeiter, der bisher nur Bestellungen schreibt, zusätzlich Angebote einholen und Daten aktualisieren zu lassen.

In Betrieben mit einem Betriebsrat berührt Job-Enlargement die Rechte und Pflichten der Arbeitnehmervertretung. Ergeben sich aus dem Job-Enlargement zusätzliche Belastungen, beispielsweise durch Veränderungen der Arbeitszeiten, durch häufigen Wechsel zwischen den Einzelaufgaben oder durch Arbeitsverdichtung, ist nach dem Arbeitsschutzgesetz eine Gefährdungsbeurteilung erforderlich.

c. Beschreibung der Job-Rotation als Maßnahme der Personalentwicklung

Systematischer Arbeitsplatzwechsel zur Entfaltung und Vertiefung der Fachkenntnisse und Erfahrungen geeigneter Mitarbeiter oder zur Vermeidung von Arbeitsmonotonie und einseitiger Belastung im Sinn einer Humanisierung der Arbeit, wobei i.d.R. nur der Tätigkeits- nicht aber der Entscheidungsspielraum erweitert wird.

Spurkranzrad

Ausgangssituation

Als Fertigungsplaner sind Sie in einem kleineren Betrieb mit 35 Beschäftigten tätig. Bei der Firma handelt es sich um einen auf Sonderlösungen spezialisierten Betrieb, welcher Baugruppen und Einzelteile nach Kundenzeichnungen fertigt und auch komplett montiert ausliefert.

Die Ausstattung der Fertigung umfasst ein CNC-Bearbeitungszentrum und mehrere konventionelle Zerspanungsmaschinen (Drehen, Fräsen, Schleifen). Eine Wärmebehandlungsabteilung ist nicht vorhanden.

In der Regel wird einschichtig gearbeitet (38 Stunden/Woche), wobei die Mitarbeiter bei Bedarf Überstunden und Samstagarbeit durchführen. Zudem können kurzfristig Aushilfskräfte mit einschlägiger Berufserfahrung eingesetzt werden.

Die Flexibilität und die Möglichkeit, auch kleine Losgrößen schnell und unbürokratisch zu liefern, ist ein wichtiger Vorteil dieser Firma. Deshalb obliegt es auch Ihnen, als Fertigungsplaner, kleinere Konstruktionsänderungen auszuführen und freizugeben.

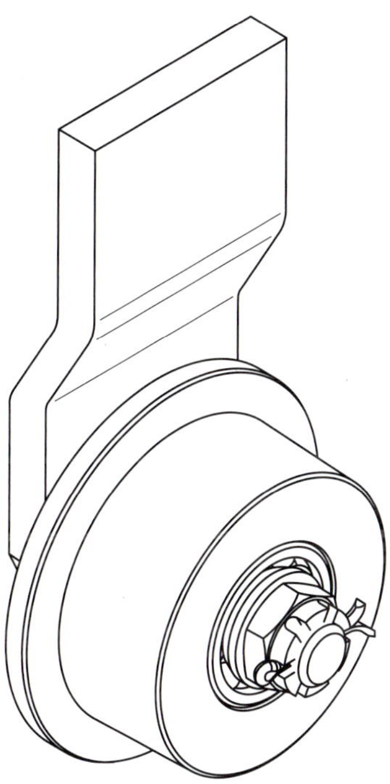

Baugruppe Spurkranzrad

Ein Kunde plant und montiert komplette Härteanlagen. Dabei werden die Werkstück-Chargen mit Transportwagen in Führungsschienen transportiert. Das vorliegende Spurkranzrad wird dabei an den Rahmen des Transportwagens montiert und führt ihn in der Schiene.

Je nach den Räumlichkeiten benötigt er hiervon immer wieder neue Modifikationen. In der Regel sind dies meist kleinere Änderungen an der Aufhängung bzw. Montage der Radachse.

In diesem Fall soll die Tragfähigkeit des Rades 1000 kg bei einem Raddurchmesser von 100 mm betragen.

Das Rad soll aus Stahl gefertigt und mit abgedeckten Rillenkugellagern ausgestattet sein, welche einer mittleren Belastung unterliegen.

Aus Platzgründen muss die Einheit einseitig mit einem gekröpften Halter montiert werden können.

Zudem wird noch eine zweite Variante mit einer anderen Lagerung und eine Kunststoffrolle erwogen.

Vor der Auftragsbestätigung müssen noch einige Fragen abklärt werden.

Spurkranzrad

Konstruktionsentwurf gebogener Spurkranzradhalter

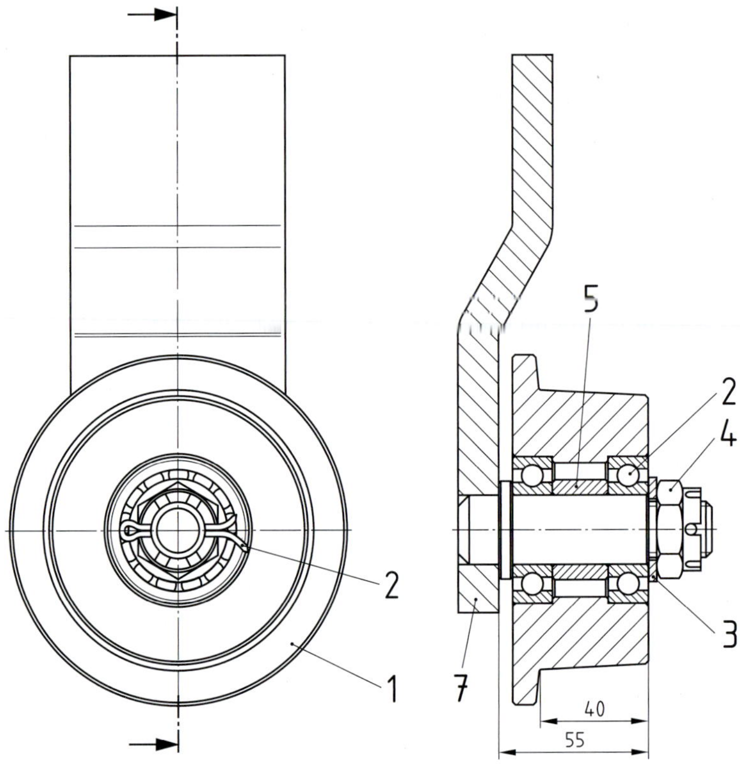

Radkörper

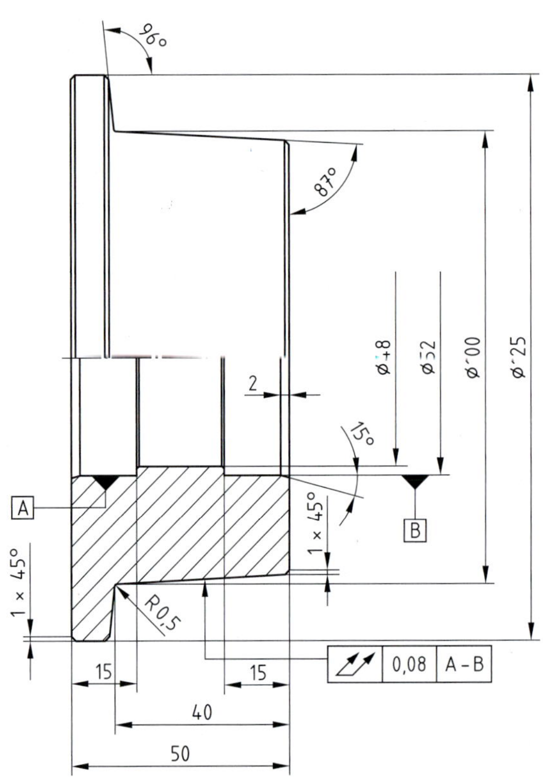

Spurkranzrad

Aufgaben

1. Überprüfung der Tragfähigkeit des Spurkranzrades.

   Berechnung der Biegespannung und Scherspannung in der Radachse. Die Last wird mittig aufgebracht, der Durchmesser ist zur besseren Spurführung um 3° geschrägt. Die Achse soll aus S355J2 gefertigt werden.

2. Die Rillenkugellager werden beim Montieren immer wieder beschädigt, was ihre Lebensdauer beeinträchtigt. Deshalb kommt von den Mitarbeitern die Forderung, zur leichteren Montage die Fügestelle als Spielpassung auszuführen.

   a. Überprüfung der Passung im Radkörper für die Rillenkugellager und Ermittlung der vorhandene Grenzbedingungen. Annahme: schwere Belastung.
   b. Erstellung einer Montagerichtlinie für den Lagereinbau.

3. Beim Montieren des Rades mit dem Radhalter verspannen sich beim Anziehen der Kronenmutter regelmäßig die Rillenkugellager. Dadurch ist ein leichtes Rollen bzw. eine gute Spurführung nicht mehr möglich.

   Im Gespräch mit den Mitarbeitern in der Montage werden die teilweise großen Toleranzunterschiede der Lagerpositionen im Radkörper und des Distanzstückes (Länge 20+0,2) als mögliche Gründe aufgeführt.

   a. Überprüfung der Toleranzen in den Längenmaßen des Rades und des Distanzstückes und die Auswirkung auf den Zusammenbau.
   b. Konstruktionsvorschlag zur Verbesserung des Montageproblems als Basis für das Kundengespräch.

4. Es ist ein Fertigungsplan zur Herstellung des Radkörpers zu erstellen.

   Die Fertigung erfolgt auf einer CNC-Drehmaschine mit angetriebenen Werkzeugen und Stangenlader (Spindeldurchlass maximal 50 mm). Die Maschine hat keine 2. Arbeitsspindel, somit ist keine beidseitige Bearbeitung in einem Durchgang möglich.

   Es sind die Arbeitsschritte mit den Technologiedaten festzulegen.

   Das Ausgangshalbzeug ist ein warmgewalzter, geschälter Rundstahl mit einem Durchmesser von 130 mm aus E295 in normalgeglühtem Lieferzustand.

   a. Festlegung der Bestellangaben für den Werkstoff und das Halbzeug (Zuschnitt erfolgt im Betrieb).
   b. Erstellung eines Arbeitsplanes für die Drehbearbeitung des Radkörpers.

5. Für einen Lebensmittel verarbeitenden Kunden soll die Baugruppe umkonstruiert werden. Dabei wird die leichte Reinigung und die Korrosionsbeständigkeit der Komponenten vorrangig sein. Der Radkörper wird nun in Polyamid PA 6 ausgeführt, die Metallteile aus nichtrostendem Stahl X2CrNi18-9.

   Aufgrund der vorhandenen vielen Zwischenräume wird auf eine Wälzlagerung verzichtet und eine Gleitlagerung vorgeschlagen. Dabei wird das Polyamid direkt gegen die Radachse aus nichtrostendem Stahl ohne Schmierung verwendet.

   a. Berechnung der Flächenpressung im Gleitlager und Überprüfung der Lagerung.
   b. Als Alternative möchte der Kunde eingepresste Gleitlagerbuchsen aus bleifreien Lagerwerkstoffen mit einer Fettschmierung über Nippel und Dichtheit gegen Reinigungswasser.
      Entwurf einer Lösung und Angabe der genormten Lagerbuchsen.

Spurkranzrad

Aufgaben

6. Der Krankenstand ist in der Montage und in der Zerspanung immer wieder hoch. Aus Gesprächen mit den Mitarbeitern ergibt sich, dass es sich oftmals um Ausfälle durch Hauterkrankungen handelt, hervorgeführt durch den falschen Umgang mit Hilfsstoffen.

   Die Mitarbeiter sind in Bezug auf die persönliche Schutzausrüstung und den richtigen Umgang mit Lösemitteln, Klebern und Schmierstoffen zu sensibilisieren.

   a. Darstellung möglicher Motivationen bzw. Vorgehensweisen für die Unterweisungen.
   b. Nennung von Anreizen für die Mitarbeiter zum besserem Umgang mit und bei der Entsorgung von Problemstoffen.
   c. Immer häufiger werden sie von Kunden auf ein Umweltmanagementsystem in Ihrem Betrieb angesprochen.
   Erläuterung möglicher Vor- und Nachteile solcher Systeme.

Lösung 1

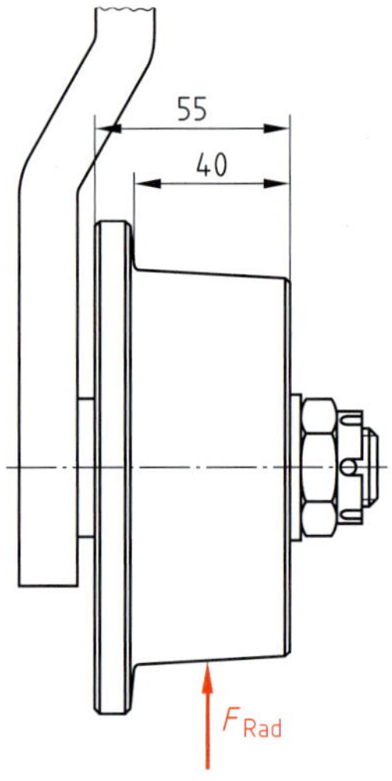

$F_{Rad} = 1\,000 \text{ kg} \cdot 9{,}81 \frac{\text{m}}{\text{s}^2} = 9\,810 \text{ N}$

Aufgrund der Neigung der Lauffläche entsteht eine axiale Kraftkomponente F_a:

$F_a = F_{Rad} \cdot \tan 3° = 9\,810 \text{ N} \cdot \tan 3 = 514{,}1 \text{ N} \approx 514 \text{ N}$

Biegemoment M_b:

$\boldsymbol{M_b} = F_{Rad} \cdot 35 \text{ mm} + F_a \cdot 50 \text{ mm} \quad = 9\,810 \text{ N} \cdot 35 \text{ mm} + 514 \text{ N} \cdot 50 \text{ mm} = \mathbf{369\,050\ Nmm}$

Widerstandsmoment W_b: $\boldsymbol{W_b} = \frac{\pi \cdot d^3}{32} = \frac{\pi \cdot 25 \text{ mm}^3}{32} = 1\,533{,}9 \text{ mm}^3 \approx \mathbf{1\,534\ mm^3}$

Biegespannung σ_b: $\sigma_b = \frac{M_b}{W_b} = \frac{369\,050 \text{ Nmm}}{1\,534 \text{ mm}^3} = 240{,}5 \frac{\text{N}}{\text{mm}^2} \approx \mathbf{241 \frac{N}{mm^2}}$

S355JR zulässige Biegespannung $\sigma_{b\,zul}$:

$\sigma_{b\,zul} = \frac{1{,}2 \cdot R_e}{\nu} = \frac{1{,}2 \cdot 345 \frac{\text{N}}{\text{mm}^2}}{1{,}5} = \mathbf{276 \frac{N}{mm^2}}$ $\quad \sigma_{b\,zul} \geq \sigma_b \rightarrow$ Bolzen ausreichend dimensioniert

Kontrolle auf Abscherung (einschnittige Beanspruchung)

Scherfläche $S = \frac{\pi \cdot d^2}{4} = \frac{\pi \cdot 25^2 \text{ mm}^2}{4} = 490{,}8 \text{ mm}^2$

$\tau_a = \frac{F}{S} = \frac{9\,810 \text{ N}}{490{,}8 \text{ mm}^2} = 19{,}9 \frac{\text{N}}{\text{mm}^2} \approx \mathbf{20 \frac{N}{mm^2}}$

$\tau_{azul} = \frac{0{,}6 \cdot R_e}{\nu} = \frac{0{,}6 \cdot 345 \frac{\text{N}}{\text{mm}^2}}{1{,}5} = \mathbf{138 \frac{N}{mm^2}}$ $\quad \tau_{azul} \geq \tau_a \rightarrow$ Bolzen ausreichend dimensioniert

Spurkranzrad

Lösung 2

a. Passung für Rillenkugellager: mittlere Belastung

Lastfall Umfangslast erfordert Übergangs- oder Übermaßpassung:
empfohlene Passungen ø 52K7 oder ø 52M7.

b. Montagerichtlinie Lagereinbau

- Radkörper auf Schmutz, Späne und Grat untersuchen, eventuell ausblasen bzw. entgraten.
- Fügestelle im Gehäuse und Lageraußendurchmesser leicht einölen.
- Passende Montagehülse verwenden und Lager über den Außenring in Radkörper mit Hydraulikpresse einbauen.
- Kontrolle auf richtigen Sitz.

Lösung 3

a. Toleranzkette

Radkörperzeichnung: Betrachtung des Steges zwischen den Lagern, Allgemeintoleranzen nach DIN EN 2768 m

50 mm ±0,3 mm; 15 mm ±0,2 mm   Distanzstück Länge 20+0,2

maximale Stegbreite: (50 + 0,3) – 2 · (15 – 0,2) = 20,7 mm
minimale Stegbreite: (50 – 0,3) – 2 · (15 + 0,2) = 19,3 mm
} Toleranz von 1,4 mm!

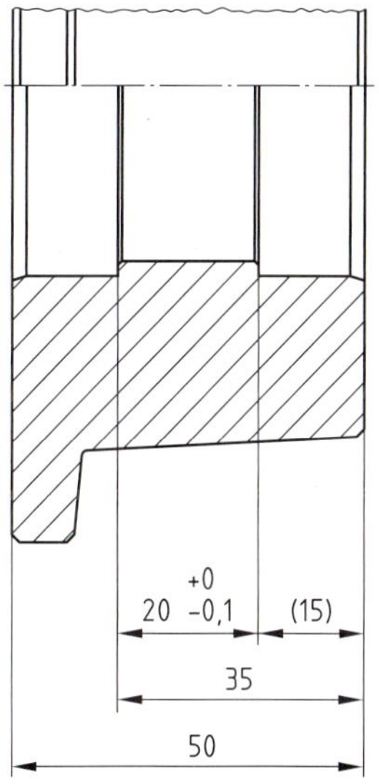

Auswirkung:
Wenn der Steg schmaler als die Distanzstücklänge ist, dann werden die beiden Lager über die Innenringe gegeneinander verspannt.

b. Konstruktionsvorschlag Radkörper

Die Stegbreite wird direkt mit einem Maß und einer Toleranz versehen: 20–0,1 mm.
Ebenso die Länge des Distanzstückes: 20+0,2 mm.
Somit ist kein Verklemmen der Lager mehr möglich,
das Distanzrohr ist gleich lang oder länger.

größtes Übermaß U_g = 20,2 mm – 19,9 mm = 0,3 mm

kleinstes Übermaß U_k = 20,0 mm – 20,0 mm = 0 mm

Lösung 4

a. Rundstab EN 10060 – 130 · 6000* G – Stahl EN 100025-2 – E295 +SH +N

*Annahme Stablänge 6000 mm, Genauigkeit ±25 mm, gewalzt und geschält sowie normalgeglüht bzw. normalisierend gewalzt.

Spurkranzrad

b. Drehbearbeitung Radkörper

Arbeitsplan: Drehen		**Werkstück:** Radkörper		
Auflistung der Schneidstoffe der Werkzeuge: Drehen und Bohren: HM, beschichtet; P-Sorte			**Rohmaterial/Werkstoff:** Rundstab EN 10060 - 130 Stahl EN 100025-2-E295 + SH+N	
Datei:				
Nr	**Arbeitsschritt:**	**Werkzeug/Prüfmittel**	**Schnittgrößen** v_c [m/min]; f [mm]; n [1/min]; a_p [mm]	**Bemerkungen**
1	Stangenabschnitt prüfen und in Backenfutter spannen	Messschieber	Sägeaufmaß 1 mm	Maße prüfen
2	Bohren auf ∅ 45	Wendeschneidplatten-Vollbohrer	Je nach Durchmesserstufungen und Antriebsleistung der Maschine	
3	Plandrehen	Plandrehmeißel	v_c = 280 m/min; f = 0,5 mm; (n = 713 1/min); a_p = 0,4 mm	
4	Werkstückansatz ∅ 125 durch Längsrunddrehen mit Aufmaß 0,2 mm schruppen	Schruppdrehmeißel	v_c = 220 m/min; f = 0,4 mm; (n = 560 1/min); a_p = 2,4 mm	
5	Werkstückansatz ∅ 125 durch Längsrunddrehen schlichten	Schruppdrehmeißel	v_c = 340 m/min; f = 0,4 mm;; (n = 865 1/min); a_p = 2,4 mm	
6	Innenkontur ∅ 48 und ∅ 52 mit Aufmaß 0,2 mm schruppen	Innenschruppdrehmeißel	v_c = 220 m/min; f = 0,1 mm; (n = 1347 1/min)	
7	Innen- und Außenkontur (∅ 48, ∅ 52 und Planseite) auf Maß schlichten und Fasen	Innenschlichtdrehmeißel	v_c = 340 m/min; f = 0,1 mm; (n = 2080 1/min)	
8	Werkstück umdrehen und auf ∅ 125 in weichen, ausgedrehten Backen aufnehmen			weiche Backen für optimalen Rundlauf
9	Werkstückkontur ∅ 100 durch Längsrunddrehen mit Aufmaß 0,2 mm schruppen	Schruppdrehmeißel	v_c = 220 m/min; f = 0,4 mm; (n = 700 1/min); a_p = 2,4 mm	
10	Plandrehen mit Aufmaß 0,2 mm	Plandrehmeißel	v_c = 280 [m/min; f = 0,5 mm; (n = 891 1/min); a_p = 0,4 mm	
11	Außenkontur und Planseite mit Konturzug schlichten und fasen	Plandrehmeißel	v_c = 280 m/min; f = 0,5 [mm]; (n = 891 1/min); a_p = 0,4 mm	
12	Innenkonturabsatz ∅ 52 mit Aufmaß 0,2 mm schruppen	Innenschruppdrehmeißel	v_c = 220 m/min; f = 0,1 mm; (n = 1347 1/min)	
13	Innenkontur ∅ 52 auf Maß schlichten und Fasen	Innenschlichtdrehmeißel	v_c = 340 m/min; f = 0,1 mm; (n = 2080 1/min)	
14	Kontrollieren	Messschieber, Lehrdorn ∅ 52K7		
15				

Spurkranzrad

Lösung 5

a. Berechnung der Flächenpressung

zulässige Pressung *PA* 6 bei Stahlpaarung: $\boldsymbol{p_{zul} = 12 \frac{N}{mm^2}}$

Flächenpressung $\boldsymbol{p = \frac{F}{A}} \rightarrow A_{erf} = \frac{F}{p_{zul}} = \frac{9810\ N}{12\ \frac{N}{mm^2}} = \boldsymbol{817{,}5\ mm^2 = A_{erf}}$

Fläche $\boldsymbol{A = L \cdot d} \rightarrow L_{erf} = \frac{A}{d} = \frac{817{,}5\ mm^2}{25\ mm} = \boldsymbol{32{,}7\ mm = L_{erf}} \leq L = 50\ mm \rightarrow$ **ausreichend dimensioniert!**

Werden jedoch 2 Buchsen aus Messing mit $\boldsymbol{p_{zul} = 58 \frac{N}{mm^2}}$ eingebaut, so ergibt dies eine Mindestlänge

$L_{erf} = \frac{F}{p_{zul} \cdot d} = \frac{9810\ N}{58\ \frac{N}{mm^2} \cdot 25\ mm} = \boldsymbol{6{,}7\ mm}$ – die kürzeste Buchse ist 20 mm lang und damit ausreichend!

$\rightarrow$ **Buchse ISO 4379 – G25 x 32 x 20 – CuZn31Si1** Buchse, fettgeschmiert mit freigegebenem Schmierstoff

b. Gleitlagerbuchsen mit einer Fettschmierung

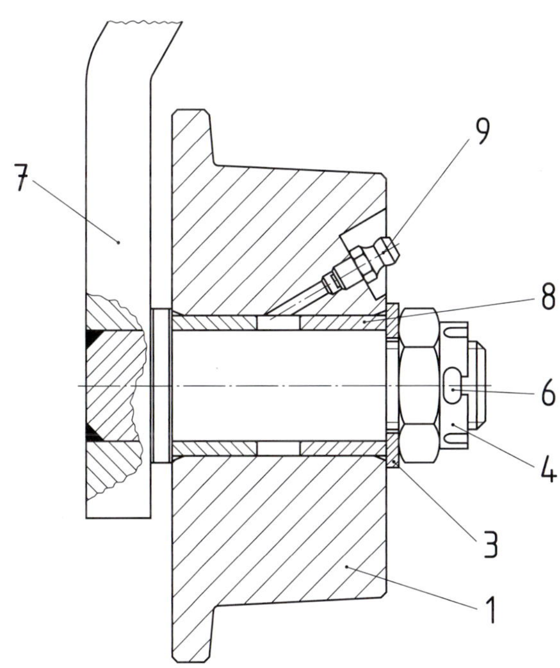

Hinweis:

Die Dichtigkeit gegen Eindringen von Reinigungswasser ist gegeben, solange der Innenraum mit Fett nachgefüllt wird.
Dabei drückt das neue Fett den verbrauchten, alten Schmierstoff aus der Lagerung.

Der Schmierstoff könnte auch über eine axiale Bohrung sowie eine Querbohrung im Lagerbolzen zugeführt werden. Dies wäre einfacher zu fertigen.

Das axiale Spiel der Lagerung wird über die Kronenmutter eingestellt. Bei Bedarf könnten dazu auch noch geeignete Passscheiben zum Spielausgleich eingelegt werden.

POS	Menge	Benennung	Beschreibung
1	1	Radkörper	
3	1	DIN 125 – 2 – B21	Unterlegscheibe
4	1	DIN 979 – M20	Kronenmutter
6	1	DIN EN ISO 1234 – 4 · 36	Splint
7	1	gebogener Radhalter vst.	
8	2	ISO 4379 – 25 · 32 · 20	Gleitlagerbuchse
9	1	DIN 71412 – AM 6	Schmiernippel Form A

Spurkranzrad

Lösung 6

a. Motivation eigene Gesundheit:
Aufzeigen von typischen Krankheitsverläufen und geeignete persönliche Schutzmaßnahmen wie Hautschutzcremes, angepasste Arbeitshandschuhe, Besprechungen zur Optimierung der Montageabläufe – eventuell mit Einbindung eines Arbeitsmediziners.
Motivation Arbeitsausfälle:
- Gruppenbesprechung mit Darlegung der allgemeinen Ausfallszeiten und
- offener Aussprache über Vermeidungsstrategien wie Substitution einzelner Problemstoffe bzw. Arbeitsschritte.

b. Informationen über die Kostenstruktur bei der Entsorgung bzw. Beschaffung von Problemstoffen.
Schaffung von geeigneten Sortier- und Entsorgungsmöglichkeiten z. B. Müllbehältern, Spänebehältern, Zentrifugen für Spänetrocknung usw. mit Einweisungen.

Wahrnehmung der Vorbildfunktion durch systematische Vermeidung von unnötigem Abfall und offene Aussprachen mit den Mitarbeitern.

c. Umweltmanagementsysteme organisieren, ähnlich den Qualitätsmanagementsystemen, alle Aspekte des betrieblichen Umweltschutzes.
Durch systematische Aufnahme und Beurteilung aller Umwelteinflüsse (Umweltprüfung), Erstellung einer Umweltpolitik und Formulierung von Umweltzielen werden mittelfristig die Auswirkungen reduziert. Die klare Organisationsstruktur ermöglicht es den Mitarbeitern die Zuständigen schnell aufzufinden.

Die wesentlichen Vorteile sind
- Reduzierung von Umweltkosten,
- Reduzierung von Entsorgungskosten,
- Einsparung von Energie- und Rohstoffkosten,
- neues Umweltbewusstsein,
- Motivation der Mitarbeiter.

Als Nachteile könnten zuerst höhere Kosten, Offenlegung von Umweltverstößen, Imageverlust bei groben Verstößen, Mehraufwand für den Betrieb des Systems und Ähnliches zählen.

d. Bei Umsetzung eines Systems nach ISO 14000 bzw. EMAS (Eco-Management and Audit Scheme) der EU, erfolgt der Nachweis des Umweltengagements durch ein anerkanntes Zertifikat mit globaler Bekanntheit.
Eine Steigerung des Images nach Außen und eventuell Gewinnung von Neukunden, welche diesem Aspekt einen großen Stellenwert zuweisen ist die Folge.

Zangengreifer

Ausgangssituation

Mit dem dargestellten Zangengreifer sollen zylindrische Werkstücke mit einem Durchmesser $d = 160$ mm und einer Länge $l = 200$ mm an einem Roboterarm bewegt werden. Das Werkstück hat eine Masse von 31,6 kg.

Das Gelenk (1) trägt die Zentrierbacke (2) des Greifers. Auf den beweglichen Spannhebel (3) wirkt die Kraft des Kolbens (7). Wird der Kolben mit Druck beaufschlagt, so öffnet sich der Greifer. Bei Entlüftung wird die Spannkraft der Feder (8) über den Spannhebel (3) wirksam.

Der Pneumatikzylinder (6) erhält seine Druckluft aus der zentralen Versorgung mit einem konstanten Druck von $p = 6$ bar.

Das Gelenk (1) wird an einen Greifarm montiert, der mit einem Schneckengetriebe um seine Achse gedreht werden kann.

Die Zeichnung stellt einen Konstruktionsentwurf dar, der nachfolgend überarbeitet werden soll.

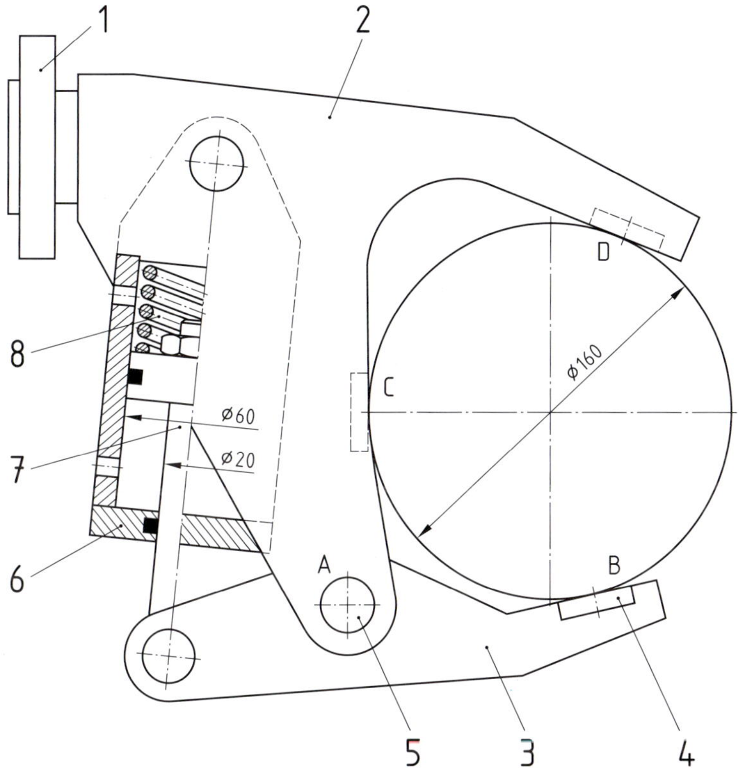

Pos.	Benennung	Stück	Werkstoff
1	Gelenk	1	C45E
2	Zentrierbacke	1	C45E
3	Spannhebel	1	C45E
4	Auflage	3	VHM-HF
5	Bolzen	3	C45E
6	Pneumatikzylinder	1	S235JR
7	Kolben	1	S235JR
8	Feder	1	EN 10270 - SH

Zangengreifer

Aufgaben

1. Definition und Begründung der laut Stückliste vorgeschlagenen Werkstoffe.

2. Aus Kostengründen soll die Auflage (4) entfallen. Man benötigt aber jeweils eine verschleißfeste Auflagestelle.

   Beschreibung des Verfahrens.

3. Durch die Druckluft muss die Federkraft überwunden werden, damit der Greifer gelöst wird. Wie groß ist die mögliche Kraft, wenn folgende Werte vorgegeben sind:

   $p_{Luft} = 6$ bar, $d_{Kolben} = 60$ mm, $d_{Kolbenstange} = 20$ mm

4. Bei Entlüftung am Pneumatikzylinder wird eine Federspannkraft $F_{Sp} = 1\,200$ N über den Spannhebel wirksam.

   Die Klemmkraft im Punkt B des Spannhebels ist zu berechnen.

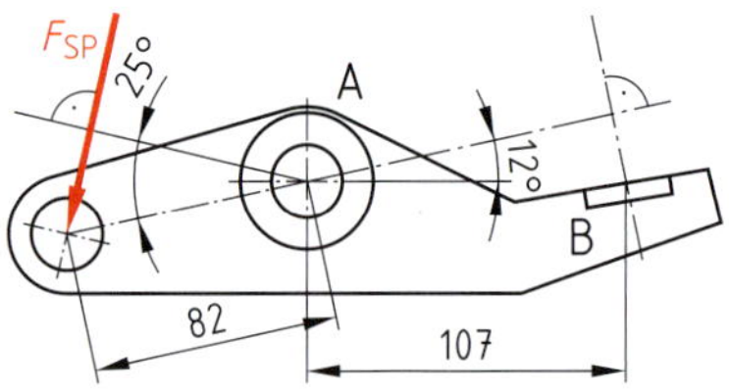

5. Der Spannhebel (3) wird an der Zentrierbacke (2) im Punkt A durch einen Bolzen befestigt. Der Spannhebel sitzt mittig auf dem Bolzen, beidseitig wird der Bolzen in der Zentrierbacke gehalten. Bolzen, Spannhebel und Zentrierbacke sind vergütet.

   - Das Vergüten ist zu beschreiben.
   - Der Durchmesser des Bolzens ist zu bestimmen, bei 4-facher Sicherheit gegen Abscherung.
   - Bestimmung der Dicke des Spannhebels und der Zentrierbacke, wenn die Lochleibungsspannung $\sigma_{dzul} = 100$ N/mm² nicht überschritten werden darf. Im Lager wirkt eine Kraft von 2 000 N.
   - Die Passungen der Bolzenverbindung in Punkt A sind festzulegen.

6. Nach Prüfanweisung der Qualitätssicherung wird in einer Stichprobenprüfung (Tabelle) regelmäßig geprüft. Für das Passmaß 25+0,05 mm einer Bohrung ist

   OEG = 25,0336 mm und UEG = 25,0164 mm.

   Der Prozess ist anhand der Qualitätsregelkarte zu beurteilen.

Tabelle: Stichproben	
Stichprobe Nr.	**Mittelwert x**
1	25,0319
2	25,0336
3	25,0304
4	25,0285
5	25,0263
6	25,0231
7	25,0210
8	25,0192
9	25,0165
10	25,0162

7. Für eine Bohrung mit dem Passmaß 23,020 mm wurde eine statistische Prozesskontrolle durchgeführt. Es wurde ein arithmetischer Mittelwert $\bar{x}$ = 23,020 mm und eine Standardabweichung s = 0,0021 mm ermittelt.

   Die Maschinenfähigkeiten c_m und c_{mk} sind zu berechnen.

8. Für die Kalkulation des Greifers werden folgende Angaben zu Grunde gelegt:

   $t_r = 2$ h; $t_h = 15$ min; $z_{ver} = 10\,\%$; $z_{er} = 10\,\%$ ($T = T_{bB}$)

   $T_{Montage} = 1$ h; $K_{Mh} = 55\,\frac{€}{h}$; Lohnkosten = $21{,}50\,\frac{€}{h}$; Restgemeinkosten = 185 %

   Werkstoffeinzelkosten = 945,00 €; Werkstoffgemeinkosten = 8 %
   Die Herstellkosten sind zu berechnen.

Zangengreifer

Lösungen

1. Definition und Begründung der Werkstoffe

Pos.	Werkstoff	Definition	Begründung
1	C45E	Vergütungsstahl, 0,45 % C	hohe Zugfestigkeit und Streckgrenze
2	C45E	Vergütungsstahl, 0,45 % C	hohe Zugfestigkeit und Streckgrenze
3	C45E	Vergütungsstahl, 0,45 % C	hohe Zugfestigkeit und Streckgrenze
4	VHM-HF	Vollhartmetall, feines Gefüge	hohe Verschleißfestigkeit
5	C45E	Vergütungsstahl, 0,45 % C	hohe Zugfestigkeit und Streckgrenze
6	S235JR	Unl. Baustahl, $R_e = 235\ \text{N/mm}^2$	für einfache Maschinenteile
7	S235JR	Unl. Baustahl, $R_e = 235\ \text{N/mm}^2$	für einfache Maschinenteile
8	EN 10270 - SH	Federstahl	hohe statische Beanspruchung

2. Aus Kostengründen soll die Auflage (4) entfallen

Der Vergütungsstahl C45E kann durch Flamm- oder Induktionshärten verschleißfest gemacht werden.
Beschreibung des Verfahrens.

Erwärmen mit Flamme oder Induktion auf Härtetemperatur (ca. 840 °C). Über der GSK-Linie entsteht Austenit (C im γ-Fe gelöst).

Abschrecken in Wasser. Es entsteht ein sprödhartes, feines Martensit-Gefüge.

Anlassen bei ca. 200 °C. Dadurch wandelt sich verzerrter Martensit um, mit hoher Zähigkeit und Gebrauchshärte.

3. Durch die Druckluft muss die Federkraft überwunden werden, damit der Greifer gelöst wird

$F = p \cdot A$ mit $A = \frac{\pi}{4}(60^2 - 20^2)\ \text{mm}^2 = 2\,513{,}3\ \text{mm}^2$

$$F = p \cdot A = 0{,}6\ \frac{\text{N}}{\text{mm}^2} \cdot 2\,513{,}3\ \text{mm}^2 = 1\,508\ \text{N}$$

4. Klemmkraft im Punkt B

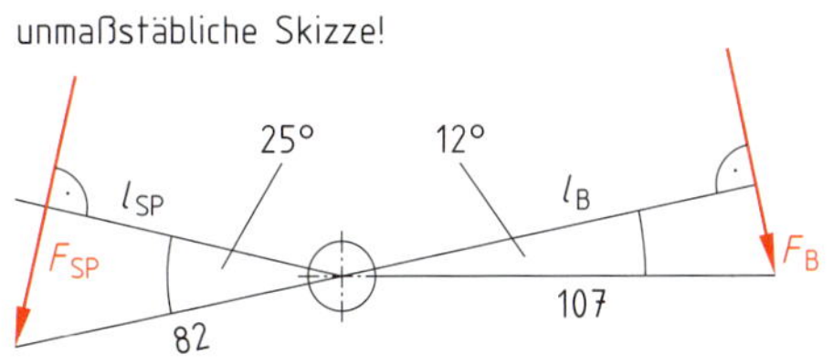

$F_{SP} = 1\,200\ \text{N}$

$F_B \cdot l_B = F_{SP} \cdot l_{SP}$

$l_B = 107\ \text{mm} \cdot \cos 12°$

$l_{SP} = 82\ \text{mm} \cdot \cos 25°$

$F_B = 852{,}1\ \text{N}$

5. Der Spannhebel (3) wird an der Zentrierbacke (2) im Punkt A durch einen Bolzen befestigt. Der Spannhebel sitzt mittig auf dem Bolzen, beidseitig wird der Bolzen in der Zentrierbacke gehalten. Bolzen, Spannhebel und Zentrierbacke sind vergütet.

Vergüten

Zur Steigerung der Dauerfestigkeit wird der Werkstoff C45E vergütet. Es entsteht ein sehr feines Gefüge. Die Zugfestigkeit wird erhöht bei gleichzeitiger Steigerung der Zähigkeit. Der Kohlenstoffgehalt liegt zwischen 0,3 % und 0,6 %, z. B. C35, 42CrMo4 …

Zangengreifer

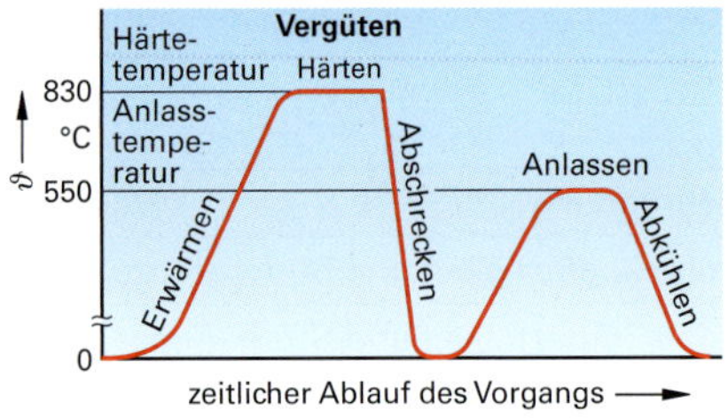

Erwärmen und Halten auf Härtetemperatur. Über GSK–Linie entsteht Austenit (C im γ-Fe gelöst).

Abschrecken in Wasser. Es entsteht ein sprödhartes, feines Martensit-Gefüge.

Anlassen bei 400 °C... 650 °C. Martensit wandelt sich um, mit hoher Festigkeit und Zähigkeit.

Durchmesser des Bolzens

$R_m = 650 \frac{N}{mm^2}$; $\tau_{aB} = 0{,}8 \cdot R_m = 520 \frac{N}{mm^2}$ (bzw. Grenzspannung: $\tau_{aB} = 560 \frac{N}{mm^2}$)

$\tau_{abzul} = \dfrac{520 \frac{N}{mm^2}}{4} = 130 \frac{N}{mm^2}$ (bzw. $140 \frac{N}{mm^2}$)

$A_{Scher} = \dfrac{F_A}{2 \cdot \tau_{abzul}} = \dfrac{2\,000\ N}{2 \cdot 130 \frac{N}{mm^2}} = 7{,}7\ mm^2$ (bzw. $7{,}1\ mm^2$)

$d = \sqrt{\dfrac{4 \cdot A_{Scher}}{\pi}} = 3{,}1\ mm$; (bzw. 3,02 mm) gewählt: $d = 4$ mm

Dicke des Spannhebels und der Zentrierbacke

$p = \dfrac{F_A}{A_{proj}}$; $A_{proj} = \dfrac{2\,000\ N}{100 \frac{N}{mm^2}} = 20\ mm^2$

$A_{proj} = b \cdot d$; $b = \dfrac{20\ mm^2}{4\ mm} = 5\ mm$

An der Zentrierbacke wird der Druck auf zwei Flächen verteilt, folglich ist die Breite auf jeder Seite 2,5 mm

Passungen der Bolzenverbindung in Punkt A

Bolzen / Spannhebel: Spielpassung mit ø 4H7/f7
Bolzen / Zentrierbacke: Übergangspassung mit ø 4H7/j6

6. Qualitätsregelkarte

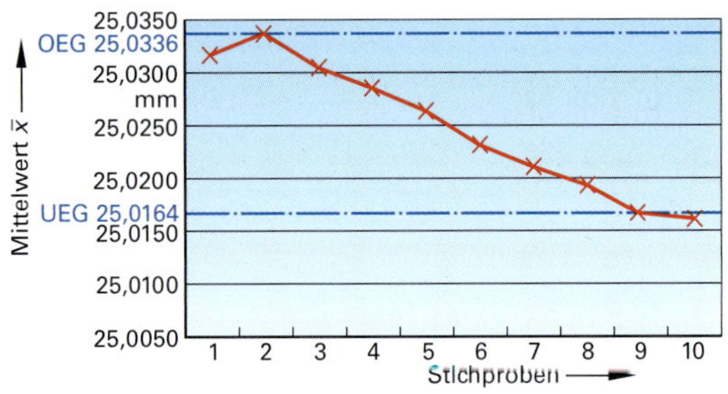

Die Werte unterschreiten die untere Eingriffsgrenze (UEG).
Das Werkzeug ist abgenutzt (Trend ↓)

7. Maschinenfähigkeit

$\bar{x} = 23{,}020$ mm $\quad s = 0{,}0021$ mm

$c_m = \dfrac{T}{6 \cdot s} = \dfrac{0{,}05\ mm}{6 \cdot 0{,}0021\ mm} = 3{,}968 > 1{,}67$

$c_{mk} = \dfrac{\Delta krit}{3} \cdot s$ mit $\Delta krit = 0{,}02$ mm

$= \dfrac{0{,}02\ mm}{3 \cdot 0{,}0021\ mm} = 3{,}0175 > 1{,}67$

Die Maschinenfähigkeit ist nachgewiesen!

8. Kalkulation

Rüsten

t_r = 2h

Ausführen

$t_h = t_g$ = 15,0 min

z_{ver} 10 % = 1,5 min

z_{er} 10 % = 1,5 min

t_e = 18,0 min

$\boldsymbol{T = T_{bB}}$ **= 138 min = 2,3 h**

Werkstoffeinzelkosten	945,00 €
Werkstoffgemeinkosten 8 %	75,60 €
Maschinenkosten 2,3 h 55,00 €/h	126,50 €
Lohnkosten (1 h + 2,3 h) 21,50 €/h	70,95 €
Restgemeinkosten 185 % von 70,95 €	131,26 €
Herstellkosten	**1.349,31 €**

Lösungen ergänzende Aufgaben

Technische Grundlagen / Mathematik und Physik

5/7	h	= 5,00 mm
	d	= 7,26 mm
	d	= 15,4 mm
7/6	N	= 25 mm
	T	= 21 µm
	Einheitswelle; Übergangspassung	
	es	= 0 µm
	ei	= -21 µm
	EI	= -9 µm
	ES	= 12 µm
	G_{OW}	= 25,000 mm
	G_{UW}	= 24,979 mm
	G_{OB}	= 25,012 mm
	G_{UB}	= 24,991 mm
	P_{SH}	= 0,033 mm
8/4	a	= 56,569 mm
	b	= 56,569 mm
	p	= 40 mm
	q	= 40 mm
	α	= 45°
	β	= 45°
	A	= 1 600 mm²
	a	= 163,532 mm
	b	= 91,725 mm
	c	= 187,5 mm
	p	= 142,628 mm
	q	= 44,872 mm
	α	= 60,712°
	β	= 29,288°
9/4	a	= 56,569 mm
	b	= 56,569 mm
	γ	= 90°
	h_c	= 40 mm
	A	= 1 600 mm²
	a	= 36,349 mm
	b	= 59,155 mm
	c	= 80 mm
	β	= 43,454°
	γ	= 111,546°
10/3	t_H	= 2,814 s
	t_H	= 1,52 s
11/2	A	= 81 mm²
	A	= 117 mm²
	A	= 162 mm²
	A	= 12 868 mm²
	A	= 4 320 mm²
	A	= 3 900 mm²
12/2	V	= 1 728 000 mm³
	V	= 212 500 mm³
	V	= 603 186 mm³
	V	= 333 038 mm³
13/4	$d_{(Eb)}$	= 21,68 mm
14/6	n	= 573 1/min
	V_f	= 1 203 mm/min
	t_h	= 21,7 s
15/6	n_{50}	= 1 337 1/min
	f_{50}	= 22,28 HZ
	T_{50}	= 45 ms
	ω_{50}	= 140 1/s
	v_{f50}	= 267 mm/min
	t_{h50}	= 6,7 s
	n_{70}	= 995 1/min
	f_{70}	= 15,92 HZ
	T_{70}	= 63 ms
	ω_{70}	= 100 1/s
	v_{f70}	= 199 mm/min
	t_{h70}	= 27,1 s
	n_{60}	= 1 114 1/min
	f_{60}	= 18,57 HZ
	T_{60}	= 54 ms
	ω_{60}	= 117 1/s
	v_{f60}	= 223 mm/min
	t_{h60}	= 29,6 s
	n_{45}	= 1 485 1/min
	f_{45}	= 24,76 HZ
	T_{45}	= 40 ms
	ω_{45}	= 156 1/s
	v_{f45}	= 297 mm/min
	t_{h45}	= 22,2 s
	n_{35}	= 1 910 1/min
	f_{35}	= 31,83 HZ
	T_{35}	= 31 ms
	ω_{35}	= 200 1/s
	v_{f35}	= 382 mm/min
	t_{h35}	= 4,7 s
16/6	n	= 6 024 1/min
17/5	t	= 65 ms
	s	= 25 mm
18/2	h	= 624 mm
	h	= 441 mm
19/6	α	= 5,6 1/s²
20/3	f_z	= 0,279 mm/Zahn

Technische Grundlagen / Mechanik und Festigkeit

25/4	**a.**	M_{bmax}	= 471,4 Nm
	b.	M_{bmax}	= 471,4 Nm
27/9	**a.**	F_r	= 436,84 Nm
	b.	σ_1	= 96,08 N/m²
34/9	**a.**	ν	= 2,3
		p_{KAufl}	= 221 N/mm²
		p_{SAufl}	= 73 N/mm²
		M_t	= 90,7 Nm
	b.	τ_{amax}	= 8,56 N/mm²
		τ_{tmax}	= 21 N/mm²
	c.	τ_t	= 2,21 N/mm²
	d.	F_{Riemen}	= 755,56 N
		$F_{Schraube}$	= 4 023,61 N
35/5		$F_{Schraube}$	= wird kleiner
37/8		M_R	= 0,168 Nm
41/4		F_3	= 30 kN
43/5		d_{w1}	= 15 mm
		d_{w2}	= 25 mm
45/5		n_{31}	= 500 1/min
		n_{32}	= 700 1/min
		n_{33}	= 1 000 1/min
		n_{34}	= 1 400 1/min

Technische Grundlagen / Wärme und Elektrotechnik

49/8	v_{Bund}	= 1,488 m/s
	$\sin\alpha$	= 0,259
	α	= 15°

57/8 1 Polpaar – Maschine ist 2-polig
$M = 9550 \cdot \frac{P}{n}$

Werkstofftechnologie

77/7 Welle X39CrMo17-1
77/7 Zahnrad X12Cr13
81/5 Erwärmen und Halten auf Glühtemperatur. Lamellarer Zementit wird kugelig. Verbesserung von Kaltumformbarkeit, Zerspanbarkeit und Härtbarkeit.

Betriebstechnik

119/5 $v_{Rücklauf\ 2bar}$ = 900 cm/h = 0,0025 m/s

Qualitätsmanagement

139/7 Qualitätsmanagementsystem
DIN EN ISO 9001
Umweltmanagementssystem
ISO 14001
Arbeitssicherheitsmanagementsys.
DIN EN ISO 45001
Informationssicherteitssys.
ISO 27001
Finanz- und Risikomanagementsys.
ISO 31001

140/2 Darstellung von Arbeitsabläufen
Dokumentation von Prozessen
Softwareprogrammierung

141/2 Darstellung von Arbeitsabläufen
Terminfestlegung
Info an Vorgesetzten
Fragebogen erstellen/verteilen
Auditziele festlegen
Auditbericht erstellen

142/4 Vorteil:
Visuelle Darstellung
Nachteil:
Geringer Aufwand
Wechselwirkungen nicht erkannt

Lösungen ergänzende Aufgaben

Teils unübersichtlich

147/3 A (1)-(4)
B (5)-(12)
C (13)-(20)

148/6 Je älter, je weniger Fälle.
Je älter, je länger die Dauer.
Beides komplett hebt sich fast auf.

152/8 -14 und größer
-19,5 und kleiner

156/8 10:00 c_p und c_{pk} n.i.O
Werkzeug ausgebrochen
12:00 c_p i.O. und c_{pk} n.i.O
Werkzeug korrigieren

158/3 $P_{AQL1,0/0,1\%}$ = 98,7 %
$P_{AQL0,4/0,1\%}$ = 96,8 %
$P_{AQL0,25/0,1\%}$ = 95,1 %
$P_{AQL1,0/10\%}$ = 25,4 %
$P_{AQL0,4/10\%}$ = 3,4 %
$P_{AQL0,25/10\%}$ = 0,5 %

▶ Organisation / Betriebliches Kostenwesen

159/5 K_{1ges} = 262.500,00 €
K_{2ges} = 287.500,00 €
x_{grenz} = 23 530 St
x_{grenz} = 26 000 St

160/5 $p_{18.05.2014}$ = 53,56 €
$p_{14.11.2014}$ = 59,17 €

162/5 RW_{linear} = 155.357,09 €
$RW_{geom.degr.}$ = 104.062,11 €
$RW_{arith.degr.}$ = 104.087,20 €

163/7 $\varnothing Lohn_{1Schicht}$ = 155.357,09 €
$\varnothing Lohn_{2Schicht}$ = 46,42 €
$\varnothing Lohn_{3Schicht}$ = 48,86 €

164/7 $\varnothing Lohn_{Gau}$ = 14,37 €

165/4 Überd.$_{Verw.}$ = 29.985,47 €

166/4 $k_{HK(t)}$ = 42,93 €
$k_{HK(50kg)}$ = 2,50 €
$k_{SK(50kg)}$ = 2,59 €

167/3 $LVP_{\varnothing 6,2}$ = 12,79 €
$LVP_{\varnothing 10,2}$ = 34,62 €

168/4 G = 9,86 %
LVP = 23,98 €
G = 1,18 €/St

169/2 $K_{fixMasch.}$ = 30.650,55 €
$k_{varMasch.}$ = 36,86 €/h

170/2 G = 23,01 %
G = 9,38 €

171/2 BE_{Var1} = 530.906,00 €
BE_{Var2} = 568.776,00 €
BE_{Var3} = 442.116,00 €
BE_{Var4} = 534.936,00 €

172/2 $BE_{10\%Var1}$ = 278.113,00 €
$BE_{10\%Var2}$ = 312.163,00 €
$BE_{10\%Var3}$ = 197.503,00 €
$BE_{10\%Var4}$ = 281.413,00 €
$BE_{2\%Var1}$ = 235.287,00 €
$BE_{2\%Var2}$ = 329.917,00 €
$BE_{2\%Var3}$ = 213.457,00 €
$BE_{2\%Var4}$ = 298.707,00 €

173/5 $K_{s320.000}$ = 358.280,00 €
$K_{var320.000}$ = 371.800,00 €
$BA_{320.000}$ = 13.520,00 €
$VA_{320.000}$ = 38.280,00 €
$GA_{320.000}$ = 51.800,00 €
$K_{s380.000}$ = 358.280,00 €
$K_{var380.000}$ = 371.800,00 €
$BA_{380.000}$ = 13.520,00 €
$VA_{380.000}$ = -21.720,00 €
$GA_{380.000}$ = -8.200,00 €

174/6 x_{BEP} = 446 429 St

175/2 U_{BEP} = 1.416.490,00 €

176/6 FK4738 = 1 500 St
FK4745 = 900 St
FK4832 = - St
FK4912 = 800 St
FK4954 = 645 St
FK4962 = 600 St
BE = 33.171,00 €

177/3 Lohn$_{Akkord}$ = 21,89 €/h

178/7 Nebenz.$_{[\%]}$ = 42,59 %

179/8 Nebenz.$_{[\%]}$ = 51,9 %

▶ Organisation / Arbeits- und Gesundheitsschutz

180/5 Hat keine Verantwortung.
Unterstützung im Arbeitsschutz.
Unterstützung im Gesundheitssch.
In Kenntnis setzen des Vorgesetzten bei Gefahren und Mängel.
Unfallgeschehen zur Kenntnis nehmen.

181/2 CE-Kennzeichnung und EG-Konformitätserklärung
gute Schutzwirkung, geringe Belastung und Behinderung
geringes Gewicht, gute Hautverträglichkeit
guter Tragekomfort, gute Passform
leichte Reinigung, geringer Verschleiß
freiwilliges Sicherheitszeichen GS

182/2 Gefährdung durch Schadstoffe
Brandgefahr
Explosionsgefahr
Umgang mit Gasflaschen
Umgang mit Druckminderern
Umgang mit Gasschläuchen
Umgang mit Brennern
Schweißstromquelle
Schweißstromrückleitung

▶ Organisation/Personalführung

183/8 Nettobedarf = 25 MA

185/2 Bewerbermessen
Stellenanzeigen Printmedien
Vermittlung Arbeitsamt
Anfrage Zeitarbeitsfirmen
Initiativbewerbungen
Stellenausschr. Homepage
Jobbörsen Internet
Pool Potenzialträgern
Kontakte Hochschulen
Betreuung Diplomanden
Empfehlungen
Externe Researcher
Umbesetzungen innerhalb
Interne Stellenausschreibungen

187/4 Situativer Führungsstil
Reifegrad 1 – Delegieren
Reifegrad 2 – Argumentieren
Reifegrad 3 – Partizipieren
Reifegrad 4 – Delegieren